天工开物

（明）宋应星 ◎ 著

U0213834

全本
无
删减

名师
批注

无
障碍
阅读

有声
伴读

原创
手绘

北方妇女儿童出版社

图书在版编目（ＣＩＰ）数据

天工开物 /(明) 宋应星著. -- 长春 : 北方妇女儿
童出版社, 2021.1
　　（悦享丛书）
　　ISBN 978-7-5585-4973-1

　　Ⅰ.①天… Ⅱ.①宋… Ⅲ.①农业史—中国—古代②
手工业史—中国—古代 Ⅳ.①N092

中国版本图书馆CIP数据核字(2020)第262145号

天工开物
TIANGONGKAIWU

出 版 人　师晓晖

责任编辑　张晓峰　李　媛

装帧设计　旧雨出版

开　　本　787mm×1092mm　1/16

印　　张　20

字　　数　470千字

版　　次　2021年1月第1版

印　　次　2023年1月第1次印刷

印　　刷　北京市兴怀印刷厂

出　　版　北方妇女儿童出版社

发　　行　北方妇女儿童出版社

地　　址　长春市福祉大路5788号

电　　话　总编办：0431-81629600

定　　价　50.80元

前 言
Preface

德国诗人歌德说过："读一本好书，就等于和一位高尚的人对话。"阅读中外文学名著，简直就是在和一位文学大师对话。他们创作的名著，纵贯古今，横跨中外，大浪淘沙，沙里淘金，成为全人类共同的宝贵财富。

名著是历史的回音壁，是自然的旅行册。它可以拉近古今的距离：我们阅读名著可以探访在时间长河中和我们擦肩而过的人，看看他们怎样面对生活。它可以缩短地域间的距离：我们阅读名著可足不出户而卧游千山万水，体察各地的风土人情。

名著是全人类智慧的结晶，里面充满了智者的箴言。难道有谁读了《论语》《老子》，不觉得是大师们站在人类思想的巅峰上，为我们播撒智慧的种子吗？！我们阅读他们的书，就是站在巨人的肩膀上俯瞰世界。

名著是人类感情的储藏室，是传承文明的火炬手。它们展示着人类审视、确认、表现自身情感的过程，表现出一种摆脱生活的琐杂而趋向美与高尚的努力，其深厚的底蕴总是能够在我们的生活中唤起这种寓于诗意的情怀，因而具有永恒的魅力。

名著是真、善、美的化身，是人类生活中难得的一片净土。大师们在炼狱中心灵首先得到了净化，他们的作品无处不放射着高尚的光辉。在紧张而浮躁的社会中，我们的心灵有时会由于四处奔波而疲惫，由于过于好斗而阴暗，这时阅读名著绝对能使我们变得宁静而高尚，在阅读的过程中抚慰心灵的创痕，涤荡心灵的浮尘。

本套丛书高中部分有《红楼梦》《茶馆》等中国传统名著，还有《悲惨世界》《战争与和平》等国外经典名著。可以带领高中生领略中外人文差异，徜徉思想之海，探索文字奥秘。编者在编制本套丛书时，本着高中生的认知层面和生活经验，对原著进行了全方位的解读。每一章节前加上了"精彩导读"，帮助他们获取本章的大致内容，增强总结能力；同时，在每一章的大量文段中选取了优美的词句，通过精彩解读的方式引出，帮助他们理解作者的情感变化、写作手法等，提升他们的写作技巧；在章节后有"精彩点拨"，总结中心思想，剖析艺术手法，加深他们的阅读印象；还有"阅读积累"，拓展他们的知识层面。

相信广大高中学子们读完这套为他们精心打造的丛书后一定能开阔眼界，增加智慧，健全人格，铸就人生的新境界！

编　者

学 问 速 递

作者素描

宋应星（1587—约1666），字长庚，汉族，江西奉新人，中国明末清初著名科学家。宋应星一生致力于对农业和手工业生产的科学考察和研究，收集了丰富的科学资料；同时思想上的超前意识使他成为对封建主义和中世纪学术传统持批判态度的思想家。宋应星一生讲求实学，反对士大夫轻视生产的态度。他对劳动人民怀有深刻同情，对官府压榨人民深为不满。

明万历四十三年（1615）举于乡。崇祯十六年（1643）任江西分宜教谕，十一年为福建汀州推官，十四年为安徽亳州知州。明亡后，弃官归里，终老于乡，大约在清康熙年间（1666年前后）去世。在当时商品经济高度发展、生产技术达到新水平的条件下，他在江西分宜教谕任内著成《天工开物》一书。《天工开物》被誉为"中国17世纪的工艺百科全书"。

内容精讲

《天工开物》的书名取自《易·系辞》中"天工人其代之"及"开物成务"，天工开物这四个字是用"巧夺天工"和"开物成务"两句古成语合并而成的。这两句话合并后的主要意思就是只要丰富提高自己的知识技能，遵循事物发展的规律，辛勤劳动，就能生产制造出生活所需的各种物品，其精美的程度胜过天然。全书按"贵五谷而贱金玉之义"分为《乃粒》（谷物）、《乃服》（纺织）、《彰施》（染色）、《粹精》（谷物加工）、《作咸》（制盐）、《甘嗜》（食糖）、《陶埏》（陶瓷）、《冶铸》、《舟车》、《锤锻》、《燔石》（煤石烧制）、《膏液》（食油）、《杀青》（造纸）、《五金》、《佳兵》（兵器）、《丹青》（矿物颜料）、《曲蘖》（酒曲）和《珠玉》共18卷。其中包括当时许多工艺部门世代相传的各种技术，并附有大量插图，注明工艺关键，具体记述生产中各种实际数据。

《天工开物》全书详细叙述了各种农作物和工业原料的种类、产地、生产技术和工艺装备，以及一些生产组织经验，既有大量确切的数据，又有一百二十三幅插图，描绘了一百三十多项生产技术和工具的名称、形状、工序。全书分上、中、下三卷，又细分作十八卷。上卷记载了谷物豆麻的栽培和加工方法，蚕丝棉苎的纺织和染色技术，以及制盐、制糖工艺；中卷内容包括砖瓦、陶瓷的制作，车船的建造，金属的铸锻，煤炭、石灰、硫黄、白矾的开采和烧制，以及榨油、造纸的方法等；下卷记述了金属矿物的开采和冶炼，兵器的制造，颜料、酒曲的生产，以及珠玉的采集加工等。

我国古代物理知识大部分分散体现在各种技术过程的书籍中，《天工开物》中也是如此。如在提水工具（筒车、水车、风车）、船舵、灌钢、泥型铸釜、失蜡铸造、排除煤矿瓦斯方法、盐井中的吸卤器（唧筒）、熔融、提取法等中都有许多力学、热学等物理知识。此外，在《论气》中，宋应星深刻阐述了发声的原因，他还指出太阳也在不断变化。

经典书评

宋应星的著作都具有珍贵的历史价值和科学价值。如在"五金"卷中，宋应星是世界上第一个科学论述锌和铜锌合金（黄铜）的科学家。他明确指出，锌是一种新金属，并且首次记载了它的冶炼方法。这是我国古代金属冶炼史上的重要成就之一，使中国在很长一段时间里成为世界上唯一能大规模炼锌的国家。宋应星记载的用金属锌代替锌化合物（炉甘石）炼制黄铜的方法是人类历史上用铜和锌两种金属直接熔融而得黄铜的最早记录。

宋应星特别注意从一般现象中发现本质，在自然科学理论上也取得了一些成就。

首先，在生物学方面，他在《天工开物》中记录了农民培育水稻、大麦新品种的事例，研究了土壤、气候、栽培方法对作物品种变化的影响，又注意到不同品种的蚕蛾杂交引起变异的情况，说明通过人为的努力，可以改变动植物的品种特性，得出了"土脉历时代而异，种性随水土而分"的科学见解，把我国古代科学家关于生态变异的认识推进了一步，为人工培育新品种提出了理论根据。

在物理学方面，新发现的佚著《论气·气声》篇是论述声学的杰出篇章。宋应星通过对各种音响的具体分析，研究了声音的发生和传播规律，并提出了声是气波的概念。

知识卡片

筒车

　　筒车，又称天车、竹车、水轮、水车，是一种水力灌溉工具。它利用湍急的水流转动车轮，使装在车轮上的水筒自动戽水，提上岸来进行灌溉。据史料记载，筒车发明于隋而盛于唐，距今已有一千多年的历史。这种靠水力自动的古老筒车在郁郁葱葱的山涧、溪流间构成了一幅幅远古的田园春色图，为中国古代人民杰出发明。筒车按照材质，分为竹筒车和木筒车两种。筒车的水轮直立于河边水中，轮周斜装若干竹木制小筒，有达四十二管者。利用水流推动主轮；轮周小筒次序入水舀满，至顶倾出，接以木槽，导入渠田。最早的记载见于唐代，宋以后逐渐推广。南宋张孝祥《于湖居士集》中《竹车》诗云："转此大法轮，救汝旱岁苦"，"老农用不知，瞬息了千亩"。功效显著，较人、畜力翻车为优，一些地区沿用至今。

风车

　　风车，又称风谷车，我国农业种植中用来去除水稻等农作物子实中杂质、瘪粒、秸秆屑等的木制传统农具。木质风车作为一种农具在我国有着悠久的历史，它是中国最精致、最复杂的传统农具之一，由风箱、摇手、车斗、漏粮斗、出风口等部件组成。农民在扇农作物时，要两手紧密配合一致，右手要先摇动风车摇手，让风先扇出来，然后左手把搁条放下几档，让谷物从车斗底板开口处滚落下来。这时风即穿过纷纷漏下的谷物，把草屑杂碎从出风口飘出。饱满的谷粒比较重，则从漏斗口垂直滚下，落到接在漏斗口的箩筐里。

灌钢

　　灌钢，又叫团钢法，或生熟法，是中国早期炼钢技术中一项最突出的成就。17世纪以前，世界各国一般都是采取熟铁低温冶炼的办法，钢铁不能熔化，铁和渣不易分离，碳不能迅速渗入。中国发明的灌钢法成功解决了这一难题，为世界冶炼技术的发展做出了划时代贡献。

盐井

　　盐井，又称盐矿，是食盐的生产源头之一，一般多指内陆地区的盐矿。号称"川东门户"的万县（今重庆万州）、湖北省潜江县、四川省的自贡，其食盐储量都十分丰富。盐的原料来源可分为四类：海盐、湖盐、井盐和矿盐。以海水为原料晒制而得的盐叫作海盐；开采盐湖矿加工制得的盐叫作湖盐；运用凿井法汲取地表浅部或地下天然卤水加工制得的盐叫作井盐；开采古代岩盐矿床加工制得的盐则称矿盐。由于有时岩盐矿床与天然卤水盐矿共存，加之开采岩盐矿床钻井水溶法的问世，因此又有井盐和矿盐的合称——井矿盐，或泛称矿盐。

白矾

　　白矾是一种含有结晶水的硫酸钾和硫酸铝的复盐，化学式为 $KAl(SO_4)_2 \cdot 12H_2O$，其水溶液呈酸性，在水中水解生成氢氧化铝胶状沉淀等。白矾性味酸涩，寒，有微毒，有抗菌作用、收敛作用等，可用作中药，外用能解毒杀虫，燥湿止痒；内用止血，止泻，化痰。主治：中风、癫痫、喉痹、疥癣湿疮、痈疽肿毒、水火烫伤、口舌生疮、烂弦风眼、聤耳流脓、鼻中息肉、疮痔疼痛、崩漏、衄血、损伤出血、久泻久痢、带下阴痒、脱肛、子宫下垂等。白矾磨碎泡水，1：9比率泡脚每周2次，可以治疗脚气。白矾用火烧化，碾碎成末，涂抹在腋下可去除狐臭味（不能治疗狐臭）。

目 录

contents

下篇

上篇

第一　乃粒①

精彩导读

　　《乃粒》是一篇关于百姓以谷物为食的文章。"谷物"涵盖的范围较广，包括大米、小麦、小米、大豆及其他杂粮，是许多亚洲人民的传统主食。

原文

　　宋子曰：上古神农氏②若存若亡，然味其徽号两言③，至今存矣。生人不能久生而五谷生之；五谷不能自生，而生人生之。土脉历时代而异，种性随水土而分。不然，神农去陶唐④，粒食已千年矣，耒耜⑤之利，以教天下，岂有隐焉？而纷纷嘉种，必待后稷⑥详明，其故何也？

　　纨裤之子，以赭衣⑦视笠蓑；经生之家，以农夫为诟詈⑧。晨炊晚饷，知其味而忘其源者众矣！夫先农而系之以神，岂人力之所为哉？

注释

　　①乃粒：《书·益稷》："烝（zhēng，众多）民乃粒。"乃粒，即百姓以谷物为食的意思。此处则代指谷物。②神农氏：炎帝神农氏，神话传说中的古帝王。《礼记·月令》注：土神称神农者，以其主于稼穑。晋王嘉《拾遗记》卷一："炎帝始教民耒耜（lěi sì）。躬勤畎亩之事，百谷滋阜。"故而又称土神。晋干宝《搜神记》卷一："神农以赭鞭鞭百草，尽知其平毒寒温之性，臭味所主。以播百谷，故天下号神农也。"③徽号两言：即指"神农"二字。④陶唐：传说中的古帝王，即尧，国号陶唐，又称陶唐氏。《书·益稷》篇传说即尧时文献。其中言"烝民乃粒"，即"粒食"。⑤耒耜：先秦时期的主要农耕工具。耒为木制的双齿掘土工具，起源甚早。⑥后稷：传说中尧、舜时大臣，掌农之官，又与大禹一起治水。又名弃，为周之始祖，故其事详于《史记·周本纪》中，云："弃为儿时，其游戏，好种树麻、菽，麻、菽美。及为成人，遂好耕农，相地之宜，

宜谷者稼穑焉。民皆法则之。帝尧闻之，举弃为农师，天下得其利。"⑦赭（zhě）衣：古代囚衣。因以赤土染成赭色，故称。⑧诟詈（gòu lì）：辱骂。

译文

宋先生说：上古传说中发明农业生产的神农氏好像真的存在过，又好像没有此人。然而，仔细体味对"神农"这个赞美褒扬开创农耕的人的尊称，就能够理解"神农"这两个字至今仍然有着十分重要的意义。人类自身并不能长久生存下去，人之所以能生活下去，是因为人能依靠五谷养活自己；可是五谷并不能自己生长，而是需要靠人类去种植。土壤的性质经过漫长的时代而有所改变，谷物的种类、特性也会随着不同的水土而有所区别。否则，从神农时代到唐尧时代，人们食用五谷已经长达千年之久了，神农氏教导天下百姓耕种，难道使用耒耜等耕作工具的便利方法还有什么不清楚的吗？可是后来纷纷出现的许多良种谷物一定要等到后稷出来才得到详细说明，这其中又是什么原因呢？

那些不务正业的富贵人家子弟将劳动人民看成罪人；那些读书人把"农夫"二字当成辱骂人的话。他们饱食终日，只知道三餐饭菜的味美，却忘记了粮食是从哪里得来的，这种人真是太多了！这样看来，奉开创农业生产的先祖为"神"就十分自然了，难道这只是人为地制造出来的吗？

总名

原文

凡谷无定名①。百谷，指成数言②。五谷，则麻、菽③、麦、稷④、黍⑤，独遗稻者，以著书圣贤起自西北也。今天下育民人者，稻居十七，而来⑥、牟⑦、黍、稷居什三。麻、菽二者，功用已全入蔬、饵、膏、馔⑧之中，而犹系之谷者，从其朔⑨也。

注释

①定名：固定的称呼。②成数言：综合各类说法。③菽（shū）：豆的总称。④稷：即粟，小米。⑤黍：黏米。⑥来：小麦。⑦牟（móu）：大麦。⑧蔬、饵、膏、馔：菜肴。⑨朔：同"溯"，指根源、本源。

译 文

　　谷物并不是一种固定的名称，特指某一种粮食。百谷是说谷物种类繁多，这是就谷物的总体而言。"五谷"是指麻、菽、麦、稷、黍，其中唯独漏掉了稻子，这是因为著书的先贤是西北人的缘故。现在全国百姓所吃的粮食之中，稻子占了十分之七，小麦、大麦、黍、稷共占十分之三。麻和豆这两类已经被完全列为蔬菜、糕饼、脂油等副食使用了，之所以依然将它们归入五谷之中，只不过是沿用了古代的说法罢了。

稻

原 文

　　凡稻种最多。不粘者，禾曰秔（jīng），米曰粳；粘者，禾曰稌，米曰糯（南方无粘黍，酒皆糯米所为）。质本粳而晚收带粘（俗名婺源光之类），不可为酒，只可为粥者，又一种性也。凡稻谷形有长芒、短芒（江南名长芒者曰浏阳早，短芒者曰吉安早）、长粒、尖粒，圆顶、扁面不一。其中米色有雪白、牙黄、大赤、半紫、杂黑不一。

　　湿种之期，最早者春分以前，名为社种①（遇天寒有冻死不生者），最迟者后于清明。凡播种，先以稻麦稿②包浸数日，俟其生芽，撒于田中。生出寸许，其名曰秧。秧生三十日，即拔起分栽。若田亩逢旱干、水溢，不可插秧。秧过期，老而长节，即栽于亩中，生谷数粒，结果而已。凡秧田一亩所生秧，供移栽二十五亩。

　　凡秧既分栽后，早者七十日即收获（粳有救公饥、喉下急，糯有金包银之类。方语③百千，不可殚述）。最迟者历夏及冬二百日方收获。其冬季播种、仲夏即收者，则广南之稻，地无霜雪故也。

　　凡稻旬日失水，即愁旱干。夏种冬收之谷，必山间源水不绝之亩，其谷种亦耐久，其土脉亦寒，不催苗也。湖滨之田，待夏潦已过，六月方栽者，其秧立夏播种，撒藏高亩之上，以待时也。

　　南方平原田多一岁两栽两获者。其再栽秧，俗名晚糯，非粳类也。六月刈④初禾，耕治老膏田⑤，插再生秧。其秧清明时已偕早秧撒布。早秧一日无水即死，此秧历四五两月，任从烈日旱干无忧。此一异也。

　　凡再植稻，遇秋多晴，则汲灌与稻相终始。农家勤苦，为春酒之需也。凡稻旬日失水，则死期至，幻出⑥早稻一种，粳而不粘者，即高山可插。又一异也。香稻一种，取其芳气以供贵人，收实甚少，滋益全无，不足尚⑦也。

注 释

①社种：古时以立春之后的第五个戊日为春社日，时在春分之前。②稿：秸秆。③方语：地方土语，方言。④刈（yì）：割。⑤膏田：肥沃之田。⑥幻出：变化出。⑦尚：推崇。

译 文

稻的种类最多。不黏的，禾叫秔稻，米叫粳米；黏的，禾叫稌稻，米叫糯米（南方没有黏黍，酒都是用糯米酿制的）。本来属于粳稻的一种而晚熟且带黏性的（俗名叫"婺源光"一类），不能用来做酒，只能用来煮粥，这是另一个稻种。稻谷形状有长芒、短芒（江南称长芒稻为"浏阳早"，短芒稻则叫作"吉安早"）、长粒、尖粒、圆顶、扁粒等多种不一。其中米的颜色有雪白、淡黄、大赤、淡紫和灰黑等多种。

浸种期，最早的是在春分以前，叫作社种（遇到天寒有被冻死而不得生长的），最晚的则在清明以后。播种时，先用稻草或麦秆包好种子，放在水里浸泡几天，等发芽后再撒播到秧田里。苗长到一寸多，就叫作秧。秧龄满三十天，即可拔起分插。如果稻田遇到干旱或者水涝，都不能插秧。秧苗过了育秧期就会变老而拔节，这时即使再插到田里，结谷也很少。通常一亩秧田所培育的秧苗可供移插二十五亩田。

插秧后，早熟的品种大约七十天就能收割（粳稻有"救公饥""喉下急"，糯稻有"金包银"等品种。各地的品种叫法多样，难以尽述）。最晚熟的品种要历经夏天到冬天共二百多天才能收割。至于冬季播种，夏季五月就能收获的，那是广东南部的水稻，因为那里终年没有霜雪。

如果水稻缺水十天，就怕干旱了。夏天种、冬天收的水稻必须种在山间水源不断的田里，这类稻种生长期较长，土温也低，所以禾苗长势较慢。靠近湖边的田地，要等到夏季洪水过后，大约六月才能插秧的，其秧苗应在立夏时节播种，还要播在地势较高的秧田里，等汛期过后才插秧。

南方平原的稻田大多是一年两栽两熟的。第二次插的秧俗名叫作晚糯，不是粳稻。六月割完早稻，田地经过犁耙后，插再生秧。这种秧是在清明就和早稻秧同时播种的。早稻秧一天缺水就会死，而这种秧经过四月和五月两个月，任凭太阳曝晒和干旱都不怕。这是一种不同的类型。

晚稻遇到秋季连续晴天时，就要不断地灌水。农家这样辛勤的劳动，是为了酿造春酒的需要。水稻缺水十天就会死掉。但后来却从中变化出一种旱稻，是不黏的粳稻，即使在高山上也可种植，这又是一种变异的类型。还有一种香稻，它有一股香气，通常专供富贵人家享用。然而其产量很低，也没有什么滋补的益处，不值得提倡。

稻宜

原文

　　凡稻，土脉焦枯，则穗实萧索①。勤农粪田，多方以助之。人畜秽遗，榨油枯饼（枯者，以去膏而得名也。胡麻、莱菔子②为上，芸薹③次之，大眼桐又次之，樟、柏、棉花又次之），草皮、木叶，以佐生机，普天之所同也（南方磨绿豆粉者，取溲浆④灌田，肥甚。豆贱之时，撒黄豆于田，一粒烂土方寸，得谷之息倍焉）。土性带冷浆者，宜骨灰蘸秧根（凡禽兽骨）。石灰淹苗足。向阳暖土不宜也。土脉坚紧者，宜耕垄，叠块压薪而烧之。填坟松土不宜也。

注释

　　①萧索：稀疏，不饱满。②莱菔（lái fú）子：萝卜子。③芸薹：油菜。④溲（sōu）浆：发酵的液体。

译文

　　凡是稻子，如果栽在肥力贫瘠的稻田里，生长出的稻穗上的谷粒就会稀疏不饱满。勤劳的农民使用多种方法来增进稻田的肥力。人畜的粪便、榨了油的枯饼（"枯"是因为榨去了油而得名。其中芝麻籽饼、萝卜籽饼都是最好的，油菜籽饼稍稍差些，油桐籽饼又稍微差些，樟树籽饼、乌桕籽饼、棉花籽饼再稍稍差些）、草皮、树叶都被用来辅助肥力，从而促进水稻生长，全国各地都是这样做的（南方磨绿豆粉的农民用磨粉时滤出来的发酵浆液来浇灌稻田，肥效相当不错。碰上豆子便宜时，将黄豆粒撒在稻田里，一粒黄豆腐烂后可以肥稻田一平方寸，这样所得的收益便是所撒播的黄豆成本的双倍）。对于长年受冷水浸泡的稻田——"冷水田"，插秧时，稻秧的根要用骨灰点蘸（用禽、兽骨都可以），再用石灰撒于秧脚，但对于向阳的暖水田，这一方法就不适用了。对于土质坚硬的田，应该把它耕成垄，将土块叠起堆放在柴草上烧，但对于黏土和土质疏松的稻田就不适合这样处理。

稻工

原文

　　凡稻田刈获不再种者，土宜本秋耕垦，使宿稿化烂，敌粪力一倍。或秋旱无水及怠农春耕，则收获损薄也。凡粪田，若撒枯浇泽，恐霖雨至，过水来，肥质随漂而去。谨视天时，在老农心计也。凡一耕之后，勤者再耕、三耕，然后施耙，则土质匀碎，而其中膏脉释化也。凡牛力穷①者，两人以扛悬耜，项背相望而起土。两人竟日，仅敌一牛之力。若耕后牛穷，制成磨耙，两人肩手磨轧，则一日敌三牛之力也。凡牛，中国惟水、黄两种。水牛力倍于黄。但畜水牛者，冬与土室御寒，夏与池塘浴水，畜养心计亦倍于黄牛也。凡牛，春前力耕汗出，切忌雨点，将雨，则疾驱入室。候过谷雨，则任从风雨不惧也。

　　吴郡②力田者以锄代耜，不藉牛力。愚见贫农之家，会计牛值与水草之资，窃盗死病之变，不若人力亦便。假如有牛者，供办十亩，无牛用锄而勤者半之。既已无牛，则秋获之后，田中无复刍牧之患，而菽麦麻蔬诸种，纷纷可种，以再获偿半荒之亩，似亦相当也。

　　凡稻，分秧之后数日，旧叶萎黄而更生新叶。青叶既长，则籽可施焉（俗名挞禾）。植杖于手，以足扶泥壅根，并屈宿田水草使不生也。凡宿田菵③草之类，遇籽而屈折。而稊稗与茶蓼非足力所可除者，则耘以继之。耘者苦在腰手，辨在两眸。非类既去，而嘉谷茂焉。从此，泄以防潦，溉以防旱，旬月而奄观铚刈矣。

注释

　　①牛力穷：缺少畜力。②吴郡：今江苏苏州一带。③菵（wǎng）：一种生在田里的草，可作饲料。亦称"水稗子"。

译文

　　凡是收割后不再耕种的稻田，应该在当年秋季翻耕、开垦，使稻茬腐烂在稻田里，这样所取得的肥效将比粪肥多一倍。如果秋天干旱没有水，或者是懒散的农家误了农时，到第二年春天才翻耕，那么最终的收获就要减少。在给稻田施肥的时候，最怕碰上连绵大雨，那时雨水一冲，肥分就会随水漂走。因此密切注意掌握天气变化就要靠老农的智慧了。稻田耕过一遍之后，有些勤快的农民还要耕上第二遍、第三遍，然后再耙田地，这样一来，土质就会粉碎得很均匀，而其中的肥分也能均匀地分散开了。

有的农民家里缺少畜力，于是两个人就在犁上绑一根杠子，两人一前一后拉犁翻耕，狠劲干一整天，才能抵得上一头牛的劳动效率。如果犁耕后缺少畜力，就做个磨耙，两人用肩和手拉着耙，这样干上一整天相当于三头牛的劳动效率。我国中原地区只有水牛、黄牛两种。其中水牛力气要比黄牛大一倍。但是养水牛，冬季需要有牛棚来抵御酷寒，夏天还要有池塘供其洗澡，养水牛所花费的心力也要比养黄牛多一倍。耕牛在立春之前耕地时用力过度出了汗，一定要注意避免让耕牛淋雨，将要下雨时，就赶紧将耕牛赶进牛棚。等到过了谷雨之后，任凭风吹雨淋，耕牛也不怕了。

苏州一带的农民用铁锄代替犁，因此不用耕牛。我认为，如果贫苦的农户合计一下购买耕牛的本钱和水草饲料的费用以及被盗窃、生病和死亡等意外损失，倒不如用人力耕作划算些。比方说，有牛的农户能耕种十亩农田，而没牛的农户用铁锄，勤快些也能种上前者田数的一半。既然是没有牛，那么在秋收之后也就不必考虑在田里种牛饲料及放牧的麻烦事，同时可以腾出手来种植豆、麦、麻、蔬菜等作物了。这样，用二次收获来补偿荒废了的那一半田地的损失，似乎也就和有牛的家庭差不多了。

水稻插秧以后，几天之内，旧叶会变得枯黄，从而长出新叶来。新叶长出来后，就可以耔田了（俗名叫作"挞禾"）。人手里拄着木棍，用脚把泥培在稻禾根上，并且把原来田里的小杂草踩进泥里，使它不能生长。稻田里水稗子草之类的杂草用前面的方法就可以轻松解决。但是稗草、苦菜、水蓼等杂草却不是用脚力就能除掉的，必须紧接着进行耘田。耘田的人腰和手会比较辛苦些，认真分辨稻禾和稗草则要靠人的两只眼睛。除净了杂草，禾苗就会长得很茂盛。此后，还要排水防涝，灌溉防旱，一个月后，就要准备开镰收割了。

稻灾

凡早稻种，秋初收藏，当午晒时，烈日火气在内，入仓廪中，关闭太急，则其谷粘带暑气（勤农之家偏受此患）。明年田有粪肥，土脉发烧，东南风助暖，则尽发炎火，大坏苗穗。此一灾也。若种谷晚凉入廪，或冬至数九天收贮雪水、冰水一瓮（交春即不验）。清明湿种时，每石以数碗激洒，立解暑气，则任从东南风暖，而此苗清秀异常矣（祟在种内，反怨鬼神）。

凡稻撒种时，或水浮数寸，其谷未即沉下，骤发狂风，堆积一隅。此二灾也。谨视风定而后撒，则沉匀成秧矣。

凡谷种生秧之后，防雀聚食。此三灾也。立标飘扬鹰俑[1]，则雀可驱矣。

凡秧沉脚未定，阴雨连绵，则损折过半。此四灾也。邀天②晴霁三日，则粒粒皆生矣。

凡苗既函之后，亩土肥泽连发，南风薰热，函③内生虫（形似蚕茧）。此五灾也。邀天遇西风雨一阵，则虫化而谷生矣。

凡苗吐穑④后，暮夜鬼火游烧。此六灾也。此火乃朽木腹中放出。凡木母火子⑤，子藏母腹，母身未坏，子性千秋不灭。每逢多雨之年，孤野坟墓多被狐狸穿塌，其中棺板为水浸，朽烂之极，所谓母质坏也。火子无附，脱母飞扬。然阴火不见阳光，直待日没黄昏，此火冲隙而出，其力不能上腾，飘游不定，数尺而止。凡禾穑叶遇之立刻焦炎。逐火之人，见他处树根放光，以为鬼也，奋梃击之，反有鬼变枯柴之说。不知向来鬼火见灯光而已化矣（凡火未经人间传灯者⑥，总属阴火，故见灯即灭）。

凡苗自函活以至颖栗⑦，早者食水三斗，晚者食水五斗。失水即枯（将刈之时少水一升，谷数虽存，米粒缩小，入碾臼中亦多断碎）。此七灾也。汲灌之智，人巧已无余矣。

凡稻成熟之时，遇狂风吹粒殒落。或阴雨竟旬，谷粒沾湿自烂。此八灾也。然风灾不越三十里，阴雨灾不越三百里，偏方厄难，亦不广被。风落不可为。若贫困之家，苦于无霁，将湿谷升于锅内，燃薪其下，炸去糠膜，收炒糗⑧以充饥，亦补助造化之一端矣。

注　释

①立标飘扬鹰俑：插上竹竿，在上面拴上可以飘扬的假鹰假人。②邀天：期盼上天。③函：这里指刚生出尚未展开的新叶。④吐穑：抽穗。⑤木母火子：宋应星按古代五行相生说，以为火生于木，故木为母，火为子。⑥未经人间传灯者：古时日常用火多靠保存火种，日日相传，或从人家借火。⑦颖栗：生成稻穗并形成稻粒。⑧炒糗（qiǔ）：作为干粮的炒米。

译　文

早稻种子在初秋时收藏，如果中午在烈日下曝晒，种子内的热气还没散发就装入谷仓，之后封闭谷仓又太急的话，稻种就会带暑气（太勤快的农家反倒会受这种灾害）。第二年播种之后，田里的粪肥就会发酵使土壤温度升高，再加上东南风带来的暖热气息，整片稻禾就会如同受到火烧一样发灾，这会给禾苗和稻穗造成很大损害，这是稻子的第一种灾害。如果稻种等到晚上凉了以后再入谷仓，或者是在冬至后的数九寒天时节收藏一缸冰水、雪水（立春之后收藏的就会没有效果）。到来年清明浸种的时候，每石稻种泼上几碗，暑气就能够立刻解除，这样一来，任凭东南风吹拂带来多高的温度，禾苗稻穗都会长得很旺盛（因此说病根便是在稻种里面，有人却无知地去埋怨鬼神）。

在播撒稻种时，如果田里积水过深，稻种没有来得及沉下，这时猛然刮起了狂风，谷种就会堆积在秧田的一个角落，这是第二种灾害。由此可见，要注意在风势平定以后再播撒稻种，这样种子就能均匀地沉下并育成秧苗。

稻种长出秧苗之后，就怕成群的雀鸟飞来啄食，这是第三种灾害。这时在稻田中竖立一根杆子，上面悬挂些假鹰、假人随风飘扬，就可以驱赶雀鸟了。

这样移栽的稻秧还没有完全扎根的时候，一旦赶上阴雨连绵的天气，就会损坏一大半，这是第四种灾害。只要求得连续三个晴天，秧苗就能全部成活了。

秧苗返青长出新叶之后，土壤里的肥力不断散发出来，再加上南风带来的热气一熏，禾稻的叶鞘及茎秆里就会生虫（形状就像蚕茧一样），这是第五种灾害。盼望这时能遇上一阵西风雨，这样害虫就能被消灭，而禾稻便可以正常地生长了。

禾稻抽穗之后，夜晚"鬼火"四处飘游烧焦禾稻，这是第六种灾害。"鬼火"是从腐烂的木头中释放出来的。木与火如同母与子，火藏在木头之中，木头不坏的时候，火也就永远藏在木头里面。每逢多雨的年份，荒野中的坟墓多被狐狸挖穿而塌陷，坟里面的棺材板子被水浸透而腐烂，这就是所谓母体坏了，火子失去依附，于是离开母体而四处飞扬。但是阴火是见不得阳光的，只能等到黄昏太阳落山以后，这种鬼火才从坟墓的缝隙里冲出来，但又不能飞得更高，只能在几尺高的地方飘游不定。禾叶和稻穗一旦遇上，立刻就被烧焦。驱逐"鬼火"的人一看见树根处有火光，便以为是鬼，举起棍棒用力去打，于是就有了"鬼变枯柴"的说法。他不知道"鬼火"向来都是一见灯光就会消失的（没有经过人们灯火传燃的火都属于阴火，所以一见到灯光就熄灭了）。

秧苗自返青到抽穗结实，早熟稻每苗需要水量三斗，晚熟稻每苗需水量五斗，如果没有水，那么就会枯死（如果快要收割之前缺少一升水，虽然谷粒数目还是那么多，但米粒会变小，用碾或白加工的时候，也会多有破碎），这是第七种灾害。在引水灌溉方面，人们的聪明才智已经得到充分发挥了。

稻子成熟的时候，如果遇到刮狂风，它就会将稻粒吹落；如果遇上连续十来天的阴雨天气，谷粒就会受水湿后自行腐烂，这是第八种灾害。但是风灾范围一般不会超过方圆三十里。阴雨成灾的范围一般也不会超过方圆三百里，这都只是局部地区的灾害，涉及范围并不是很广。谷粒被风吹落这是没有办法的。如果贫苦的农家遇到阴雨天时，可以把湿稻谷放在锅里，烧火爆去谷壳，做成炒米来充饥，这也算是度过天灾的一种补救办法吧。

水利

原文

　　凡稻，妨旱藉水独甚五谷。厥土沙泥、硗①腻②，随方③不一，有三日即干者，有半月后干者。天泽不降，则人力挽水以济。

　　凡河滨有制筒车者，堰陂障流，绕于车下，激轮使转，挽水入筒，一一倾于枧④内，流入亩中。昼夜不息，百亩无忧（不用水时，栓木碍止，使轮不转动）。其湖池不流水，或以牛力转盘，或聚数人踏转。车身长者二丈，短者半之，其内用龙骨拴串板，关水逆流而上。大抵一人竟日之力，灌田五亩，而牛则倍之。

　　其浅池、小浍⑤不载长车者，则数尺之车。一人两手疾转，竟日之功，可灌二亩而已。扬郡以风帆数扇，俟风转车，风息则止。此车为救潦，欲去泽水，以便栽种，盖去水非取水也，不适济旱。用桔槔、辘轳，功劳又甚细已。

注释

　　①硗（qiāo）：瘦土。②腻：肥土。③随方：根据地方。④枧（jiǎn）：水槽。⑤浍（kuài）：水沟。

译文

　　在"五谷"之中，水稻是最怕干旱的，比其他各种谷物需要的水量更多。稻田的土质有沙土、黏土及地力贫瘠、肥沃的差别，各地情况都不一样。有的稻田灌水三天之后干涸了，也有半个月以后才干涸的。如果天不降雨，就要靠人力引水浇灌来补救。

　　靠近江河边有使用筒车的，先筑个堤坝来阻挡水流，使水流绕过筒车的下部，冲击筒车的水轮旋转，并装水进入筒内，这样一筒筒的水便会倒进引水槽，然后导流进入田里。这样昼夜不停地引水，即便浇灌上百亩田地也不成问题（不用水时，可用木栓卡住水轮，不让水轮转动）。在没有流水的湖边、池塘边，有的使用牛力拉动转盘，进而带动水车，有的用几个人一齐踩踏来转动水车。水车车身长的达两丈，短的也有一丈。车内用龙骨连接一块块串板，笼住一格格的水使它向上逆行。一人用水车干一整天活儿，大概能浇灌田地五亩，如果用牛力，功效就可以高出一倍。

　　如果浅水池和小水沟安放不下长水车，就可以使用几尺长的手摇水车。一个人用两手握住摇把迅速转动，一天的工夫能浇灌两亩田地。扬州一带使用几扇风帆，以风力带动水车，刮风时，水车旋转；风停止，水车不动。这种车是专为排涝而使用的，排除积水以便于栽种。因为是用来排涝而不是用于取水灌溉的，所以并不适于抗旱。至于使用桔槔和辘轳取水灌溉，那工效就更加低了。

麦

原 文

凡麦有数种。小麦曰来，麦之长也；大麦曰牟，曰穬；杂麦曰雀，曰荞，皆以播种同时，花形相似、粉食同功，而得麦名也。

四海之内，燕、秦、晋、豫、齐、鲁诸道，烝民粒食①，小麦居半，而黍、稷、稻、粱仅居半。西极川、云，东至闽、浙，吴、楚腹焉②，方长六千里中，种小麦者，二十分而一，磨面以为捻头、环饵、馒首、汤料③之需，而饔飧不及焉④。种余麦者，五十分而一，间阎作苦⑤，以充朝膳，而贵介⑥不与焉。

穬麦独产陕西，一名青稞，即大麦，随土而变而皮成青黑色者，秦人专以饲马，饥荒人乃食之（大麦亦有粘者，河洛用以酿酒）。雀麦细穗⑦，穗中又分十数细子，间亦野生。荞麦实非麦类⑧，然以其为粉疗饥，传名为麦，则麦之而已。

凡北方小麦，历四时之气，自秋播种，明年初夏方收。南方者，种与收期，时日差短。江南麦花夜发，江北麦花昼发，亦一异也。大麦种获期与小麦相同。荞麦则秋半下种，不两月而即收。其苗遇霜即杀，邀天降霜迟迟，则有收矣。

注 释

①烝民粒食：老百姓以粮为食。②腹焉：其中部。③捻头、环饵、馒首、汤料：大致相当于今天的花卷、面饼、馒头及汤面馄饨之类。④饔飧（yōng sūn）不及焉：常用的主食则麦粉不在其内。⑤间阎（lú yán）作苦：在市井百姓中做苦力的人。⑥贵介：富贵之家。⑦细穗：细小的麦穗。⑧荞麦实非麦类：在现代的植物分科中，麦为禾本科，而荞麦属蓼科。

译 文

麦子有很多种。小麦叫作来，是麦子中最主要的一种。大麦有叫作牟的，也有叫作穬的。其他的杂麦有叫作雀的，有叫作荞的。因为它们的播种时间相同，花的形状相似，又都是磨成面粉用来食用的，所以都称为麦。

在我国，河北、陕西、山西、河南、山东等地老百姓吃的粮食当中，小麦占了一半，而黍子、小米、稻子、高粱等加起来总共占了一半。最西向到四川、云南，东向到福建、浙江以及江苏和江西、湖南、湖北等中部地区，方圆六千里之内，种植小麦的大约占了二十分之一。将小麦磨成面粉用来做花卷、饼糕、馒头和汤面等食用，但早晚正餐都不用它。种植其他麦类的只有五十分之一，民间贫苦百姓拿来当早餐吃，富贵人家是不会吃它们的。

稞麦只产自陕西一带，又叫青稞，也就是大麦，它随土质的差别而皮色相应变化，陕西人专门用它来喂马，只有在饥荒的时候，人们才吃它（大麦也有带黏性的，在黄河、洛水之间的地区人们用它来酿酒）。雀麦的麦穗比较细小，每个麦穗中又分长开十多个小穗，这种麦偶尔也有野生的。至于荞麦，实际上它并不算是麦类，但因为人们也用它磨成粉来充饥，麦的名称流传下来，所以也就归为麦类了。

北方的小麦经历秋、冬、春、夏四季的气候变化，秋天的时候播种，第二年初夏时节才收获。南方的小麦从播种到收割的时间相对短一些。江南麦子晚间开花，江北麦子白天开花，这也算是一件奇事。大麦的播种和收割日期与小麦基本相同。荞麦则应在中秋时播种，不到两个月就可以收割了。因为荞麦苗遇到霜就会被冻死，所以希望得天时，降霜的时间相对晚些，这样荞麦就可能获得丰收了。

麦工

凡麦与稻，初耕垦土则同，播种以后，则耘耔诸勤苦皆属稻，麦惟施耨①而已。凡北方厥土坟垆易解释②者，种麦之法，耕具差异，耕即兼种③。其服牛起土④者，末不用耕，并列两铁于横木之上，其具方语曰耩⑤。耩中间盛一小斗，贮麦种于内，其斗底空梅花眼，牛行摇动，种子即从眼中撒下。欲密而多，则鞭牛疾走，子撒必多；欲稀而少，则缓其牛，撒种即少。既播种后，用驴驾两小石团压土埋麦。凡麦种紧压方生。南方地不北同者，多耕多耙之后，然后以灰拌种，手指拈而种之，种过之后，随以脚根压土使紧，以代北方驴石也。

耕种之后，勤议耨锄。凡耨草用阔面大锄⑥，麦苗生后，耨不厌勤（有三过四过者），余草生机尽诛锄下，则竟亩精华尽聚嘉实矣。功勤易耨，南与北同也。

凡粪麦田，既种以后，粪无可施，为计在先也。陕、洛之间忧虫蚀者，或以砒霜拌种子，南方所用惟炊烬⑦也（俗名地灰）。南方稻田有种肥田麦者，不冀麦实⑧。当春小麦、大麦青青之时，耕杀田中，蒸罨土性，秋收稻谷必加倍也。

凡麦收空隙，可再种他物。自初夏至季秋，时日亦半载，择土宜而为之，惟人所取也。南方大麦，有既刈之后乃种迟生粳稻者。勤农作苦，明赐无不及也⑨。凡荞麦，南方必刈稻、北方必刈菽稷而后种。其性稍吸肥腴，能使土瘦。然计其获入，业偿半谷有余，勤农之家何妨再粪⑩也。

注 释

①耨（nòu）：除草。②厥土坟垆易解释：其土质疏松易于分解。③耕即兼种：耕的同时进行播种。④服牛起土：套上牛来翻地。⑤耩：疑当为"耩"，北方又叫耧。其具可耕可播，单耕叫耩地，兼播则叫摇耧。⑥镈：锄。⑦炊烬：即灶中草木灰。⑧不冀麦实：不指望收获麦粒。⑨勤农作苦，明赐无不及也：勤劳的农民付出了劳苦，大自然总是会给他相应的回报的。⑩再粪：再次施肥。

译 文

在最初的翻土整地上，种麦子与种水稻的工序相同。但播种以后，种水稻还需要多次耘、耔等勤苦的劳动，麦田却只要锄锄草就可以了。北方的土壤是容易耕作的疏松黑土，种麦的方法和工具都与种稻子有所不同，耕和种是同时进行的。用牛拉着起土的农具，不装犁头，而是装一根横木，在横木上并排着安装两块尖铁，方言把它称为耩。耩的中间装个小斗，斗内盛麦种，斗底钻些梅花眼。牛走时摇动斗，种子就从梅花眼中撒下。如想要种得又密又多，就赶牛快走，这样种子就撒得多；如要稀些少些，就让牛慢走，这样撒种就少。播种后，用驴拖两个小石砘压土埋麦种。土压紧了，麦种才能发芽。南方土壤与北方的不同，先将麦田经过多次耕耙，然后用草木灰拌种，用手指拈着种子点播，接着用脚后跟把土踩紧，代替北方用驴拉石砘子压土。

播种后，要勤于锄草。锄草要用宽面大锄。麦苗生出来后，锄得越勤越好（有锄三四次的），杂草锄尽，田里的全部肥分就都可以用来结成饱满的麦粒了。工夫勤奋，草就容易除净，这在南方和北方都是一样的。

麦田应当预先施足基肥，在播种后就不要施肥了。陕西和河南洛水流域怕害虫蛀蚀麦种，有用砒霜拌种的，南方则只用草木灰（俗称地灰）拌种。南方稻田有种麦子来肥田的，并不要求收获麦粒，当春小麦或大麦还在青绿的苗期时，就把它们耕翻压死在田里，作为绿肥来改良土壤，秋收时，稻谷的产量必定能倍增。

麦收后的空隙可以再种其他作物。从夏初到秋末有近半年时间，完全可以因地制宜地来选种其他一些作物。南方就有在大麦收割后再种植晚熟粳稻的。农民的辛勤劳动总会得到酬报。荞麦是在南方收割水稻后和北方收割豆或谷子后才种的。荞麦的特性是吸收肥料较多，会使土壤变瘦。但仔细算来，它的产量抵得上原先谷物的一半还多，因此，勤劳的农家又何妨再施些肥料呢！

麦灾

原文

凡麦防患，祗稻三分之一。播种以后，雪、霜、晴、潦皆非所计。麦性食水甚少，北土中春再沐雨水一升，则秀华成嘉粒矣。荆、扬以南①，唯患霉雨。倘成熟之时，晴干旬日，则仓廪皆盈，不可胜食。扬州谚云"寸麦不怕尺水"，谓麦初长时，任水灭顶无伤；"尺麦只怕寸水"，谓成熟时寸水软根，倒茎沾泥，则麦粒尽烂于地面也。

江南有雀一种，有肉无骨，飞食麦田数盈千万，然不广及，罹害者数十里而止。江北蝗生，则大浸②之岁也。

注释

①荆、扬以南：泛指长江流域及以南地区。②大浸：大灾。

译文

种麦子的灾害相当于种植稻子的三分之一。播种以后，遇上雪天、霜天、晴天、洪涝天气都没有什么影响。麦子的特性是它需要的水量很少，北方在中春时节再下一场能痛快地浇透地的大雨，麦子就能开花并结出饱满的麦粒。在荆州、扬州这类长江以南的地区，最怕的就是"霉雨"（梅雨）天气，如果在麦子成熟的时段，天气晴上十来天，麦子就能确保大丰收，到时候吃也吃不完了。扬州有句农业谚语："寸麦不怕尺水"，这就是说麦子刚成长的时候，任水淹没都没有什么关系。"尺麦只怕寸水"，就是说等到麦子成熟的时候，哪怕一寸深的水都能把麦根泡软，这时茎秆就会倒伏在泥里，麦粒也就都烂在地里了。

江南有一种鸟雀，有肉无骨，成千上万地飞来啄食麦子，但受灾的范围不广，不过方圆几十里罢了。而长江以北的地区一旦闹蝗虫灾害，就会变成很大的灾患。

黍 稷 粱 粟

 原 文

凡粮食米而不粉者种类甚多。相去数百里，则色、味、形、质，随方而变，大同小异，千百其名。北人唯以大米呼粳稻，而其余概以小米名之。

凡黍与稷同类，粱与粟同类。黍有黏有不黏（黏者为酒）。稷有粳无黏。凡黏黍、黏粟统名曰秫，非二种外更有秫也。黍色赤、白、黄、黑皆有，而或专以黑色为稷，未是。至以稷米为先他谷熟，堪供祭祀，则当以早熟者为稷，则近之矣。凡黍在《诗》《书》，有虋①、芑②、秬③、秠④等名，在今方语有牛毛、燕颔、马革、驴皮、稻尾等名。种以三月为上时，五月熟；四月为中时，七月熟；五月为下时，八月熟。扬花结穗总与来、牟不相见也。凡黍粒大小，总视土地肥硗、时令害育。宋儒拘定以某方黍定律，未是也。

凡粟与粱统名黄米。黏粟可为酒，而芦粟一种，名曰高粱者，以其身高七尺如芦、荻也。粱粟种类名号之多，视黍稷犹甚。其命名或因姓氏、山水，或以形似、时令，总之不可枚举。山东人唯以谷子呼之，并不知粱粟之名也。

已上四米皆春种秋获，耕耨之法与来、牟同，而种收之候则相悬绝云。

注 释

①虋（mén）：红色的粟米。②芑（qǐ）：白色的粟米。③秬（jù）：黑黍。④秠（pī）：稃米。

译 文

各种粮食之中，碾成粒而不磨成粉来食用的粮食品种有很多。相距仅几百里地，这些粮食的颜色、味道、形状和质量就大不一样了。虽然大同小异，但名称却是成百上千。北方人只把粳稻叫大米，其余的都叫小米。

黍与稷同属一类，粱与粟又属同一类。黍也有黏与不黏之分（黏的可以酿酒），稷只有不黏的，没有黏的。黏黍、黏粟统称为秫，除了这两种以外，还另有叫秫的作物。黍有红色、白色、黄色、黑色等色，有人专把黑黍称为稷，这不正确。至于因为稷米比其他谷类早熟，更适宜于祭祀，于是把早熟的黍称作稷，这个说法还差不多。在《诗经》《尚书》中记载芑、秬、秠等名称，现在的方言中也有牛毛、燕颔、马革、驴皮、稻尾等名

称。黍最早的在三月下种，五月成熟，稍晚的是在四月下种，七月成熟，最晚则是五月下种，八月成熟，开花和结穗的时间总和麦子（大、小麦）不同时。黍粒的大小是由土地肥力的厚薄、时令的好坏所决定的。宋朝的儒生死板地以某个地区的黍粒为依据来规定度量衡的标准，这是错误的。

粟与粱统称黄米，其中黏粟还可以用于酿酒。此外，有一种名叫高粱的芦粟，这是因为它的茎秆高达七尺，很像芦、荻。粱粟的种类、名称比黍和稷的还要多。它们有的用人的姓氏或山水来命名，有的则根据其形状和时令来命名，总之无法一一列举出来。山东人并不知道粱和粟有这些名称，于是把它们统称为谷子。

以上四种粮米都是在春天播种而秋天收获的。耕作的方法与麦子的耕作方法相同，但播种和收割的时间却和麦子相差很远。

麻

原 文

凡麻可粒可油①者，惟火麻、胡麻②种。胡麻，即脂麻，相传西汉始自大宛来。古者以麻为五谷之一，若专以火麻当之，义岂有当哉？窃意《诗》《书》五谷之麻，或其种已灭，或即菽、粟之中别种，而渐讹其名号，皆未可知也。

今胡麻味美而功高，即以冠百谷不为过。火麻子粒压油无多，皮为疏恶布，其值几何？胡麻数龠③充肠，移时不馁。粗饵④、饧饧得粘其粒，味高而品贵。其为油也，发得之而泽，腹得之而膏，腥膻得之而芳，毒厉得之而解。农家能广种，厚实可胜言哉！

种胡麻法，或治畦圃，或垄田亩。土碎草净之极，然后以地灰微湿，拌匀麻子而撒种之。早者三月种，迟者不出大暑前。早种者，花实亦待中秋乃结。耨草之功惟锄是视。其色有黑、白、赤三者。其结角长寸许，有四棱者房小而子少，八棱者房大而子多。皆因肥瘠所致，非种性也。收子榨油每石得四十斤余，其枯⑤用以肥田。若饥荒之年，则留供人食。

注 释

①可粒可油：可以当粮食用，也可榨油。②火麻、胡麻：火麻即大麻，为中国本土所有，汉人将其列入"五谷"以诠释经籍，即指此。胡麻，即芝麻，又作脂麻，因据说是汉代张骞从西域引进，故称胡麻。下文宋应星以为古之"五谷"中麻不应仅为火麻，或另有他种，而已绝迹。此亦一猜测，但20世纪60年代，在浙江湖州新石器时期遗址中发现了芝麻，可证宋氏的猜测是有道理的。但必须指出，周、秦时代所言之"五谷"并未指明其

中有麻一种。③龠（yuè）：古代容量单位，等于半合。④粔（jù）饵：米糕。⑤枯：榨油剩下的渣滓。

译文

麻类既可以当作粮食，又可以当作油料的，只有大麻和胡麻两种。胡麻就是芝麻，据说是西汉时期才从中亚的大宛国传来的。古时把麻列为"五谷"之一，如果是专指大麻，难道是恰当的吗？在我看来，古代《诗经》《尚书》中所说"五谷"中的麻或者已经绝种了，或者就是豆、粟中的某一种，后来逐渐被传错了名称，这都很难确定。

现在的芝麻味道好，用途大，即使把它摆在百谷的首位也不过分。大麻子榨不出多少油，麻皮做成的又是粗布，它的价值不大。芝麻只要有少量进肚，就很久都不会饿。糕饼、糖果上粘点芝麻，就会使味道好而质量高。芝麻油搽发能使头发光泽，吃了能增加脂肪，煮食能去腥臊而生香味，还能治疗毒疮。如果农家能多种些芝麻，那好处是说不尽的。

种植芝麻的方法有的起畦，有的作垄。把土块尽可能地打碎并把杂草清除，然后用潮湿的草木灰拌匀芝麻种子来撒播。早种的芝麻在三月种，晚种的芝麻要在大暑前播种。早种的芝麻要到中秋才能开花结实。芝麻地除草全靠用锄。芝麻有黑、白、红三种颜色。所结的果实长约一寸。果实有四棱的，果小粒少；有八棱的，果大粒多。这都是由于土地肥瘦所造成的，跟品种的特性没有关系。每石芝麻可榨油四十斤，剩下的枯渣用来肥田；若碰上饥荒的年份，就留给人吃。

菽

原文

凡菽，种类之多与稻、黍相等。播种收获之期，四季相承。果腹之功在人日用，盖与饮食相终始。

一种大豆，有黑、黄两色。下种不出清明前后。黄者有五月黄、六月爆、冬黄三种。五月黄收粒少，而冬黄必倍之。黑者刻期八月收。淮北长征①骡、马必食黑豆，筋力乃强。

凡大豆视土地肥硗、耨草勤怠、雨露足悭，分收入多少。凡为豉、为酱、为腐，皆于大豆中取质②焉。江南又有高脚黄，六月刈早稻方再种，九十月收获。江西吉郡种法甚妙：其刈稻田竟不耕垦，每禾稿头中③拈豆三四粒，以指扱之，其稿凝露水以滋豆，豆性充发④，复浸烂稿根以滋。已生苗之后，遇无雨亢干，则汲水一升以灌之。一灌之后，再

耨之余，收获甚多。凡大豆入土未出芽时，防鸠雀害，驱之惟人。

一种绿豆。圆小如珠。绿豆必小暑方种。未及小暑而种，则其苗蔓延数尺，结荚甚稀；若过期至于处暑，则随时开花结荚，颗粒亦少。豆种亦有二，一曰摘绿，荚先老者先摘，人逐日而取之。一曰拔绿，则至期老足，竟亩⑤拔取也。凡绿豆磨澄晒干为粉，荡片搓索⑥，食家珍贵。做粉溲浆⑦，灌田甚肥。凡畜藏绿豆种子，或用地灰、石灰、马蓼，或用黄土拌收，则四五月间不愁空蛀。勤者逢晴频晒，亦免蛀。凡已刈稻田，夏秋种绿豆，必长接斧柄，击碎土块，发生⑧乃多。

凡种绿豆，一日之内遇大雨扳土⑨则不复生。既生之后，防雨水浸，疏沟浍以泄之。凡耕绿豆及大豆田地，耒耜欲浅，不宜深入。盖豆质根短而苗直，耕土既深，土块曲压，则不生者半矣。深耕二字不可施之菽类，此先农之所未发者。

一种豌豆。此豆有黑斑点，形圆同绿豆，而大则过之。其种十月下，来年五月收。凡树木叶迟⑩者，其下亦可种。

一种蚕豆。其荚似蚕形，豆粒大于大豆。八月下种，来年四月收。西浙桑树之下遍环种之。盖凡物树叶遮露则不生，此豆与豌豆，树叶茂时彼已结荚而成实矣。襄、汉上流，此豆甚多而贱，果腹之功不啻黍稷也。

一种小豆。赤小豆入药有奇功，白小豆（一名饭豆）当餐助嘉谷。夏至下种，九月收获，种盛江淮之间。

一种稆（音吕）豆。此豆古者野生田间，今则北土盛种。成粉荡皮，可敌绿豆。燕京负贩者，终朝呼稆豆皮，则其产必多矣。

一种白扁豆。乃沿篱蔓生者，一名蛾眉豆。

其他豇豆、虎斑豆、刀豆，与大豆中分青皮、褐色之类，间繁一方者，犹不能尽述。皆充蔬代谷，以粒烝民者。博物者其可忽诸！

注 释

①长征：行远途。②取质：取材。③禾稿头中：此禾稿是指收割后的稻茬。④充发：为水所泡而充涨。⑤竟亩：整块田地。⑥荡片搓索：做成粉皮，搓成粉条。⑦溲浆：做粉剩下的浆汁再经发酵。⑧发生：萌发幼芽。⑨遇大雨扳土：遇上大雨后土地板结。⑩树木叶迟：有的树木在春天生叶较晚。

译 文

豆子的种类与稻、黍的种类一样繁多，播种和收获的时间在一年四季中接连不断。人们将豆子视为日常饮食中始终离不开的重要食品。

一种是大豆，其有黑色和黄色两种颜色，播种期都在清明节前后。黄色的有"五月黄""六月爆"和"冬黄"三种。"五月黄"产量低，"冬黄"则要比它高一倍。黑豆一定要到八月才能收获，淮北地区长途运载货物的骡马一定要吃黑豆，才能筋强力壮。

大豆收获的多少要视土质的好坏、锄草勤与不勤、雨水充足与否而定。豆豉、豆酱和豆腐都是以大豆为原料做成的。江南还有一种叫作"高脚黄"的大豆，等到六月割了早稻时才种，九十月便可收获。江西吉安一带大豆的种法十分巧妙，收割后的稻茬田不再翻耕，只在每蔸稻茬中用手指捅进三四粒种豆。稻茬所凝聚的露水滋润着种豆，豆子胚芽长出以后，又有浸烂的稻根来滋养。豆子出苗后，遇到干旱无雨的时候，每蔸需浇灌约一升水。浇水以后，再除草一次，就可以获得丰收了。当大豆播种后没发芽之时，要防避鸠雀祸害，这时就需要有人去驱赶。

一种是绿豆，像珍珠一样又圆又小，必须在小暑时分播种。如果在小暑以前就下

种，豆秧就会蔓生至好几尺长，结的豆荚却非常稀少。如果过了小暑甚至到了处暑时才播种，就会随时开花结荚，但豆粒数目很少。绿豆也有两个品种，一种叫作"摘绿"，其豆荚先老的先摘，人们每天都要摘取；另一种叫作"拔绿"，要等全部成熟时再一起收获。把绿豆磨成粉浆，澄去浆水，晒干可制成淀粉、粉皮、粉条，这都是人们十分喜爱的食品。做豆粉剩下的粉浆水可以用来浇灌田地，肥效很高。储藏绿豆种子，有的人用草木灰、石灰，有的人用马蓼，有的人用黄土和种子拌匀后再进行收藏，这样，即使在四五月间也不必担心被虫蛀。勤快的人每逢晴天时就将绿豆拿出来进行多次晾晒，这样也能避免虫蛀。夏、秋两季在已经收割后的稻田里种绿豆，必须使用接长了柄的斧头将土块打碎，这样才能长出较稠的苗。

绿豆播种后，如果在当天遇上了大雨，土壤板结后，就长不出豆苗来了。绿豆出苗以后，要防止雨水浸泡，应该及时将田地里的水排出。种绿豆和大豆时，耕地要浅而不能太深。因为豆子是根短苗直的作物，如果耕土过深的话，豆芽就会被土块压弯，起码会有一半长不出苗来。因此，"深耕"并不适用于豆类，这是过去的农民所不曾了解的。

一种是豌豆，这种豆有黑斑点，形状圆圆的，有些像绿豆，但又比绿豆大。十月播种，第二年五月收获。春天出叶晚的落叶树下也可以种植。

一种是蚕豆，它的豆荚像蚕形，豆粒比大豆要大。八月下种，第二年四月收获，浙江西部地区的人在桑树下普遍种植。本来有树叶遮盖，作物就长不好，但等到树叶繁茂时，蚕豆和豌豆已经结荚长成豆粒了。在湖北襄水和汉水上游一带，蚕豆很多而且价格便宜，当作粮食来吃，其价值并不比黍稷小。

一种是小豆，红小豆入药有很高的特殊疗效，白小豆（也叫饭豆）可以当饭吃——饭食里掺进它就会更好吃了。小豆夏至时播种，九月收获，大量种植于长江、淮河之间的地区。

一种是稆（音吕）豆，从前野生在田里，现在北方已经大量种植了。用来做淀粉、粉皮，可以抵得上绿豆。北京的小商贩整天叫卖"稆豆皮"，可见它的产量一定是很高的。

一种是白扁豆，它是沿着篱笆而蔓生的，也叫蛾眉豆。

其他如豇豆、虎斑豆、刀豆与大豆中的青皮、褐皮等品种仅在个别地方有种植的，就不能一一详尽叙述了。这些豆类都是寻常百姓用来当作蔬菜或代替粮食吃的，关心自然的见识广博的读书人怎么能够忽视它们呢！

精彩点拨

　　"乃粒"出自《书经》："烝民乃粒，万邦作乂。"意思是民众都有粮食吃，天下才会安定，因此在本书中"乃粒"指的是谷物。又有俗语说"民以食为天"，由此可见，谷物的种类和粮食作物的生产技术是非常重要的将《乃粒》列在第一卷是原作者宋应星的有意安排。本篇的内容主要是讲水稻、小麦的种植栽培技术以及各种农具、水利灌溉器具，顺便也提到除了主食之外的其他黍、粟、菽（豆类）等副食品。本篇尤其对南方水稻的种植技术有特别详细的介绍。

阅读积累

五谷

　　对于"五谷"，古代有多种不同说法，最主要的有两种：一种是指稻、黍、稷、麦、菽；另一种是指麻、黍、稷、麦、菽。两者的区别是：前者有稻无麻，后者有麻无稻。古代中国的经济文化中心在黄河流域，稻的主要产地在南方，而北方种稻有限，所以"五谷"中最初无稻。五谷文化举足轻重，可谓人类文明之起源。据权威资料显示，人类在十多万年前的石器上观察到高粱的痕迹，这说明五谷孕育了人类十多万年。人类将野生杂草培育成五谷杂粮，这不能不说是人类史上的一个壮举。五谷孕育了人类文明，人类与五谷有着不解情缘。五谷粮食画是五谷文化的最高艺术体现，是五谷文化的艺术写照。

第二 乃服①

精彩导读

　　《乃服》来自《天工开物》上篇，主要是阐述衣服与丝绵的关系，为作者记述养蚕的方法做铺垫的一篇文章。丝绵是一种蚕丝制成的绵絮、被用材料，是用茧表面的乱丝加工而成的。古人在衣服里面充以丝绵作为御寒之衣，或者做成蚕丝被。丝绵制作是汉族历史悠久的传统手工艺。余杭丝绵制作有着悠久的历史，最早可追溯到周朝，到了唐代，浙江丝绵被列为贡赋，从宋代起，浙江上调的丝绵占全国上调的三分之二以上。据清《嘉庆余杭县志》记载，余杭狮子池"以其水缫丝（含制绵）最白，且质重云"。

原文

　　宋子曰：人为万物之灵，五官百体②，赅③而存焉。贵者垂衣裳，煌煌山龙④，以治天下。贱者裋褐⑤、枲裳⑥，冬以御寒，夏以蔽体，以自别于禽兽。是故其质则造物之所具也。属草木者，为枲、麻、苘、葛，属禽兽与昆虫者为裘、褐、丝、绵，各载其半，而裳服充焉矣。

　　天孙机杼⑦，传巧人间。从本质而见花，因绣濯而得锦。乃杼柚⑧遍天下，而得见花机之巧者，能几人哉？"治乱""经纶"字义⑨，学者童而习之，而终身不见其形象，岂非缺憾也！先列饲蚕之法，以知丝源之所自。盖人物相丽，贵贱有章，天实为之⑩矣。

注释

　　①乃服：汉韩婴《韩诗外传》："于是黄帝乃服黄衣。"梁周兴嗣《千字文》："乃服衣裳。"乃服，此作衣服解。②五官百体：人体的各种器官。③赅：完备。④垂衣裳，煌煌山龙：《周易·系辞》："黄帝、尧、舜垂衣裳而天下治。"注：垂衣裳以辨贵贱。《诗·采芑》："服其命服，朱芾斯皇。"注：皇，犹煌煌也。煌煌，鲜明。山龙，绘绣在衣裳上的图案。《书·益稷》："予欲观古人之象，日、月、星辰、山、龙、华虫。"注：画三辰、山、龙、华虫于衣服旌旗。⑤裋褐：粗陋布衣。

⑥枲（xǐ）裳：麻织的粗衣。枲：麻的一种。⑦天孙机杼：天孙，天上的织女。《史记·天官书》："织女，天女孙也。"机杼，织机与梭。⑧杼柚：都是织机上的梭子，一纬一经。《诗·小雅·大东》："杼柚其空。"朱熹《诗集传》：杼，持纬者。柚，受经者。⑨"治乱""经纶"字义：人们将"治乱、经纶"都作为治国的名词，其实这两组词全是由织布、治丝演变而来。所以学童自小诵读它，却不明其本源。⑩贵贱有章，天实为之：人有贵贱，是天经地义，即以所穿衣服的等级而言，老天就生有丝、麻，以为区别。这种说法当然是不妥的。

译 文

宋先生说：人为万物之灵长，五官和全身肢体都长得很齐备。尊贵的帝王穿着堂皇富丽的龙袍而统治天下，穷苦的百姓穿着粗制的短衫和毛布，冬天用来御寒，夏天借以遮掩身体，因此而与禽兽相区别。人们所穿着的衣服的原料是自然界所提供的。其中属于植物的有棉、麻、葛，属于禽兽昆虫的有裘皮、毛、丝、绵。二者各占一半，于是衣服充足了。

巧妙如同天上的织女那样的纺织技术已经传遍了人间。人们把原料纺出带有花纹的布匹，又经过刺绣、染色而造就华美的锦缎。尽管人间织机普及天下，但是真正见识过花机巧妙的又能有多少呢？像"治乱""经纶"这些词的原意，文人学士们自小就学习过，但他们终其一生都没有见过它的实际形象，难道人们对此不感到遗憾吗？现在我先来讲讲养蚕的方法，让大家明白丝是从何而来的。大概是人和衣服相互映衬，其中的贵与贱自然分明，这实在是上天的安排吧！

蚕种

原 文

凡蛹变蚕蛾，旬日破茧而出，雌雄均等。雌者伏而不动，雄者两翅飞扑，遇雌即交，交一日半日方解。解脱之后，雄者中枯而死，雌者即时生卵。承藉卵生者，或纸或布，随方所用（嘉、湖①用桑皮厚纸，来年尚可再用）。一蛾计生卵二百余粒，自然粘于纸上，粒粒匀铺，天然无一堆积。蚕主收贮，以待来年。

注 释

①嘉、湖：今浙江嘉兴、湖州一带。

蚕由蛹变成蚕蛾，需要经过约十天的时间才能破茧而出，雌蛾和雄蛾数目大致相等。雌蛾伏着不活动，雄蛾振动两翅飞扑，遇到雌蛾就要交配，交配半天甚至一天才脱身。分开之后，雄蛾因体内精力枯竭而死，雌蛾则立刻开始产卵。用纸或布来承接蚕卵，各地的习惯有所不同（嘉兴和湖州使用桑皮做的厚纸，第二年仍然可以再使用）。一只雌蛾可产卵二百多粒，所产下的蚕卵自然地粘在纸上，一粒一粒均匀铺开，天然无一堆积。养蚕的人把蚕卵收藏起来，准备第二年使用。

蚕浴

原文

凡蚕用浴法，惟嘉、湖两郡。湖多用天露、石灰，嘉多用盐卤水。每蚕纸一张，用盐仓走出卤水二升，掺水于盂内，纸浮其面（石灰仿此）。逢腊月十二即浸浴，至二十四，计十二日，周即漉起，用微火烘干。从此珍重箱匣中，半点风湿不受，直待清明抱产。其天露浴者，时日相同。以篾盘盛纸，摊开屋上，四隅小石镇压。任从霜雪、风雨、雷电，满十二日方收。珍重待时如前法。盖低种经浴则自死不出，不费叶故，且得丝亦多也。晚种不用浴。

译 文

对蚕种进行浸浴的只有嘉兴、湖州两个地方。湖州多采用天露浴法和石灰浴法，嘉兴则多采用盐水或卤水浴法。每张蚕纸用从盐仓流出来的卤水约两升掺水倒在一个盆盂内，将蚕纸浮在水面上（石灰浴仿照此法）。每逢腊月开始浸种，从腊月十二到二十四，共浸浴十二天，到时候把蚕纸捞起，用微火将水分烤干。然后小心妥善保管在箱、盒里，不让蚕种受半点儿风寒湿气，一直等到第二年清明节时才取出蚕卵进行孵化。天露浴的时间与前述方法相同。将蚕纸摊开平放在屋顶的竹篾盘上，将蚕纸的四角用小石块压住，任凭它经受霜雪、风雨、雷电吹打，放够十二天后再收起来。用前述相同的方法珍藏起来等到时候再用。大概是因为孱弱的蚕种经过浴种就会死掉不出，所以不会浪费桑叶，而且这样处理后，蚕吐丝也多。而对于一年中孵化、饲养两次的"晚蚕"则不需要浴种。

种忌

 原文

凡蚕纸，用竹木四条为方架，高悬透风避日梁枋之上。其下忌桐油、烟煤火气。冬月忌雪映，一映即空。遇大雪下时，即忙收贮，明日雪过，依然悬挂，直待腊月浴、藏。

译文

用四根竹棍或者木棍做成的方架将装蚕种的纸撑开，将方架挂在高处通风避阳光的梁枋上。方架下面忌讳放桐油和烟熏火燎。冬天要避免被雪的反射光映照，蚕卵一经雪光映照，就会变成空壳。因此，遇到下大雪时，要赶紧将蚕种收藏起来，等到第二天雪停了以后，依旧把它挂起来，一直等到十二月浴种之后再进行收藏。

种类

原文

凡蚕有早、晚二种①。晚种每年先早种五六日出（川中者不同），结茧亦在先，其茧较轻三分之一。若早蚕结茧时，彼已出蛾生卵，以便再养矣（晚蛹戒不宜食）。凡三样浴种，皆谨视原记。如一错误，或将天露者投盐浴，则尽空不出矣。凡茧色惟黄、白二种。川、陕、晋、豫有黄无白，嘉、湖有白无黄。若将白雄配黄雌，则其嗣变成褐茧。黄丝以猪胰漂洗，亦成白色，但终不可染漂白、桃红二色。

凡茧形亦有数种：晚茧结成亚腰葫芦样，天露茧尖长如榧子形，又或圆扁如核桃形。又一种不忌泥涂叶者②，名为贱蚕，得丝偏多。

凡蚕形亦有纯白、虎斑、纯黑、花纹数种，吐丝则同。今寒家有将早雄配晚雌者，幻出嘉种。一异也。野蚕自为茧，出青州、沂水③等地，树老即自生。其丝为衣，能御雨及垢污。其蛾出即能飞，不传种纸上。他处亦有，但稀少耳。

注释

①早、晚二种：早蚕为一年孵化一次，晚蚕则一年孵化两次。②不忌泥涂叶者：桑叶沾泥，则蚕不食，只有此种蚕不忌。③青州、沂水：皆在今山东境内。此处所生野蚕即柞蚕。

蚕分为早蚕和晚蚕两种。晚蚕每年比早蚕先孵化五六天（四川的蚕不是这样的），结茧也在早蚕之前，但它的茧约比早蚕的茧轻三分之一。当早蚕结茧的时候，晚蚕已经出蛾产卵了，可用来继续喂养（晚蚕的蚕蛹不能吃）。用三种不同方法浸浴的蚕种，无论采用其中任何哪种，都要认真记准原来的标记，一旦弄错了，例如将天露浴的蚕种放到盐卤水中进行盐浴，那么蚕卵就会全部变空，培育不出蚕来了。茧的颜色只有黄色和白色两种，四川、陕西、山西、河南有黄色的茧而没有白色的茧，嘉兴和湖州有白色的茧而没有黄色的茧。如果将白色茧的雄蛾和黄色茧的雌蛾相交配，它们的下一代就会结出褐色的茧。如果用猪胰漂洗黄色的蚕丝，也可以将其变成白色，但终究不能漂成纯白，也不能染上桃红色。

茧的形状也有几种。晚蚕的茧结成束腰的葫芦形，经过天露浴的蚕结的茧尖长，很像榧子形。也有的茧结得像核桃形。还有一种不怕吃带泥土的桑叶的蚕，名叫"贱蚕"，吐丝反而会比较多。

蚕的体色有纯白、虎斑、纯黑、花纹色几种，吐丝都是一样的。现在的贫苦人家有用雄性早蚕蛾与雌性晚蚕蛾相交配而培育出良种的，真是很不寻常啊！有一种野蚕，它不用人工饲养管理而能自己结茧，多产于山东的青州及沂水一带。当树叶枯黄时，自然就会有长出的野蚕蛾。用这种蚕吐的丝织成的衣服能防雨且耐脏。野蚕蛾钻出茧后就能飞走，不在蚕纸上产卵传种。别的地方也有野蚕，只是不多罢了。

抱养

原文

凡清明逝三日，蚕妙①即不偎衣衾暖气，自然生出。蚕室宜向东南，周围用纸糊风隙，上无棚板者宜顶格②，值寒冷则用炭火于室内助暖。凡初乳蚕，将桑叶切为细条。切叶不③束稻麦稿为之，则不损刀。摘叶用瓮坛盛，不欲风吹枯悴。

二眠以前，誊筐④方法皆用尖圆小竹筷提过。二眠以后则不用箸，而手指可拈矣。凡誊筐勤苦，皆视人工。急于腾者，厚叶与粪湿蒸，多致压死。凡眠齐时，皆吐丝而后眠。若腾过，须将旧叶些微拣净。若粘带丝缠叶在中，眠起之时，恐其即食一口，则其病为胀死。三眠已过，若天气炎热，急宜搬出宽凉所，亦忌风吹。凡大眠后，计上叶十二餐方腾，太勤则丝糙。

注 释

①蚕蚁：幼蚕。②顶格：以木为格，扎于屋顶，糊纸。③朵（dǔn）：砧板，木墩。④誊筐：养蚕欲洁，为清除蚕筐中的蚕粪及残叶，须将蚕移入另一筐内，称作誊筐。

译 文

清明节过后三天，幼蚕不必依靠衣被的遮盖来保暖就可以自然地生出了。蚕室的位置最好是面向东南方，蚕室周围墙壁上透风的缝隙要用纸糊好，如果室内房顶上没有天花板，那么就要装上天花板。遇到天气寒冷的时候，蚕室内还要使用炭火来加温。喂养初生的蚕宝宝时，要把桑叶切成细条。切桑叶的砧板要用稻麦秆捆扎成的，这样就不会损坏刀口了。摘回来的桑叶要用陶瓷、陶坛子装好，不要被风吹干了水分。

蚕在二眠以前，誊筐的方法都是用尖圆的小竹筷子把蚕夹过去。二眠以后就用不着竹筷子，可以直接用手捡了。誊筐次数的多少关键在于人是不是真的勤劳。如果人懒得誊筐，堆积的残叶和蚕粪太多就会变得湿热，有时往往会把蚕给压死。蚕总是先吐丝而后一齐睡眠。在这个时候誊筐，需要把零碎的残叶都拣干净了，如果还有粘着丝的残叶留下来的话，蚕觉醒之后，哪怕只吃一口残叶，也会得病胀死。三眠过后，如果天气十分炎热，就应该赶快将蚕搬到宽敞凉爽的房间里，但也忌受风。大眠之后，要喂食桑叶十二次以后再誊筐，如果誊筐次数太多，蚕吐的丝就会变得粗糙。

养忌

原 文

凡蚕畏香复畏臭。若焚骨灰、淘毛圊①者，顺风吹来，多致触死。隔壁煎鲍鱼、宿脂②，亦或触死。灶烧煤炭，炉爇沉檀③，亦触死。懒妇便器④动气侵，亦有损伤。若风则偏忌西南，西南风太劲，则有合箔皆僵者。凡臭气触来，急烧残桑叶烟以抵之。

注 释

①毛圊（qīng）：粪坑。②宿脂：放置时间过长而变质的猪油。③沉檀：沉香、檀香。④懒妇便器：懒惰妇人所用的便溺器具，必甚污秽。

译文

蚕既害怕香味，又害怕臭味。如果烧骨头或掏厕所的臭味顺风吹来，接触到蚕，往往会把蚕熏死。隔壁煎咸鱼或不新鲜的肥肉之类的气味也能把蚕熏死。灶里烧煤炭或香炉里燃沉香、檀香，当这些气味接触到蚕时，也会把蚕熏死。懒妇的便桶摇动时散发出的臭气也会损伤蚕。如果是刮风，蚕则怕西南风，当西南风太猛时，有满筐的蚕都被冻僵的情况。每当臭气袭来时，要赶紧烧起残桑叶，用烟来抵挡它。

叶料

原文

凡桑叶，无土不生。嘉、湖用枝条垂压。今年视桑树傍生条，用竹钩挂卧，逐渐近地面，至冬月则抛土压之。来春每节生根，则剪开他栽。其树精华皆聚叶上，不复生葚与开花矣。欲叶便剪摘，则树至七八尺即斩截当顶，叶则婆娑可扳伐，不必乘梯缘木①也。其他用子种者，立夏桑葚紫熟时取来，用黄泥水搓洗，并水浇于地面，本秋即长尺余，来春移栽。倘灌粪勤劳，亦易长茂。但间有生葚与开花者，则叶最薄少耳。又有花桑，叶薄不堪用者，其树接②过，亦生厚叶也。

又有柘叶三种，以济桑叶之穷。柘叶浙中不经见，川中最多。寒家用浙种，桑叶穷时，仍啖③柘叶，则物理一也。凡琴弦、弓弦丝，用柘养蚕，名曰棘茧，谓最坚韧。

凡取叶必用剪。铁剪出嘉郡桐乡者最犀利，他乡未得其利。剪枝之法，再生条次月叶愈茂，取资既多，人工复便。凡再生条叶，仲夏以养晚蚕，则止摘叶而不剪条。二叶摘后，秋来三叶复茂，浙人听其经霜自落，片片扫拾，以饲绵羊，大获绒毡之利。

注释

①缘木：爬树。②接：嫁接。③啖（dàn）：喂养。

译文

桑树在各个地方都可以生长。浙江嘉兴和湖州用压条的方法培植桑树，选当年桑树的侧枝用竹钩坠挂，使它逐渐接近地面，到了冬天就用土压住枝条。第二年春天，每节树枝都能长出根来，这时便可以剪开再进行移植了。用这种方法培植成的桑树，养分都会聚积在叶片上，不再开花结实了。为了便于剪摘桑树叶子，可以等到桑树长到七八尺高的时候就截去树尖，以后繁茂的枝叶就会披散下来，不必登梯爬上树去也能随手扳摘、采叶了。此外，还可以用桑树的种子进行种植，等到立夏时节紫红色的桑葚果子成熟的时候，摘下来后用黄泥水搓洗，然后连水一块儿浇灌在地里，当年秋天就可以长到一尺多高，第二年春天再进行移植。如果浇水施肥较频繁，枝叶也会很容易长得茂盛。虽然其中也有开花结果的，但是叶子会薄而又少。还有一种桑树，名叫花桑，叶子太薄不能用，但这种桑树通过嫁接也能长出厚叶。

另外还有三种柘树的叶子，可以弥补桑叶的不足。柘树在浙江并不常见，而在四川最多。当穷苦人家饲养的蚕在浙江种的桑叶不够喂时，也让蚕吃柘树叶，同样能够将蚕喂养大。琴弦和弓弦都是采用喂柘叶的蚕所吐之丝做的，所得的蚕茧名叫棘茧，据说这种丝最为坚韧。

采摘桑叶必须要用剪刀，以嘉兴桐乡出的铁剪刀最为锋利，其他地方出产的都比不上桐乡的好。桑树经过剪枝之后，新生枝条一个月后就会长出许多叶子，这时枝条也就很茂盛了，而且便于采摘。再生枝条的桑叶，农历五月便可用来喂养晚蚕，那时就只采摘桑叶而不再进行剪枝了。第二茬的桑叶摘取以后，第三茬叶子到秋天又长得很茂盛了，浙江人让它经霜自落，然后将落叶全都收拾起来用来饲养绵羊，剪取更多羊毛，从而取得更加可观的收益。

食忌

原文

凡蚕大眠以后，径食①湿叶。雨天摘来者，任从②铺地加餐，晴日摘来者，以水洒湿而饲之，则丝有光泽。未大眠时，雨天摘叶，用绳悬挂透风檐下，时振其绳，待风吹干。若用手掌拍干，则叶焦而不滋润，他时丝亦枯色。凡食叶，眠前，必令饱足而眠，眠起，即迟半日上叶无妨也。雾天湿叶甚坏蚕。其晨有雾，切勿摘叶，待雾收时，或晴或雨，方剪伐也。露珠水亦待旴干③而后剪摘。

注释

①径食：直接喂食。②任从：随便，任意。③旴（yú）干：晾干。

译 文

蚕到大眠以后，就可以直接吃潮湿的桑叶了。下雨天摘来的叶子也可以随便放在地上拿来给它吃；天晴时摘来的叶子还要用水淋湿后再去喂蚕，这样结出的丝才更有光泽。但在蚕还没有到大眠的时候，雨天摘来的桑叶要用绳子悬挂在通风的屋檐下，经常抖动绳子，让风将桑叶吹干。如果是用手掌轻轻拍干的，叶子就不会新鲜滋润了，将来蚕吐的丝也就没有什么光泽。喂养蚕的时候，一定要让蚕在睡眠前能吃饱吃足，在蚕睡醒之后，即使晚半天喂叶子，也不会有什么影响。雾天里潮湿的桑树叶子对蚕的危害很大，因此一旦看见早晨有雾，就一定不要再去采摘桑叶了。等雾散以后，无论晴雨，都可以对桑叶进行剪摘了。带露珠的桑叶要等太阳出来把露水晒干后才能进行剪摘。

病症

原 文

凡蚕卵中受病，已详前款①。出后湿热积压，防忌在人。初眠腾②时，用漆盒者，不可盖掩逼出恶水。凡蚕将病，则脑上放光，通身黄色，头渐大而尾渐小。并及眠之时，游走不眠，食叶又不多者，皆病作也。急择而去之，勿使败群。凡蚕强美者必眠叶面；压在下者，或力弱，或性懒，作茧亦薄。其作茧不知收法，妄吐丝成阔窝者，乃蠢蚕，非懒蚕也。

注 释

①前款：前面的章节。②腾：清理蚕的排泄，除沙。

译 文

蚕在卵期受的病害已经在前面谈过了。蚕孵化出来后要防止湿热、堆压，这关键在于养蚕人的工作状况。在蚕初眠腾筐时，用漆盒装的不要盖上盖，以便于水分蒸发。当蚕将要发病的时候，脑部透明发亮，全身发黄，头部渐渐变大而尾部慢慢变小。此外，有些蚕在该睡眠的时候仍然游走不眠，吃的桑叶又不多，这都是病态的表现，应该立即将其挑拣出去扔掉，以免传染蚕群。健康而色泽美好的蚕一定会在叶面上睡眠，压在桑叶下面的蚕不是体弱，就是不健康的，所结的蚕茧也薄。那种结茧、吐丝都不按规则形状排列而是胡乱吐丝结成松散丝窝的是不正常的蚕，而不是懒于活动的蚕。

老足

凡蚕食叶足候①，只争时刻。自卵出茧，多在辰、巳二时，故老足②结茧亦多辰、巳二时。老足者，喉下两颊通明。捉时嫩一分，则丝少；过老一分，又吐去丝，茧壳必薄。捉者眼法高，一只不差方妙。黑色蚕不见身中透光，最难捉。

注 释

①足候：成熟的时候。②老足：发育成熟的蚕。

译 文

当蚕吃够了桑叶并日趋成熟的时候，要特别注意抓紧时间捉蚕结茧。蚕卵孵化在上午七至十一点，成熟的蚕结茧也多在这个时间。老熟的蚕胸部透明。在捉成熟的蚕时，如果捉的蚕嫩一分、不够成熟的话，吐丝就会少些；如果捉的蚕过老一分，因为它已吐掉一部分丝，所以这样茧壳必然会比较薄些。捉蚕的人要善于分辨蚕的成熟程度，如果能够做到一只不错才算高手。体色黑的蚕，即便到了老熟时，也看不见其身体透明的部分，因此最难辨捉。

结茧

原 文

凡结茧，必如嘉、湖，方尽其法。他国①不知用火烘，听蚕结出，甚至丛秆之内，箱匣之中，火不经，风不透。故所为屯、漳②等绢，豫、蜀等绸，皆易朽烂。若嘉、湖产丝成衣，即入水浣濯百余度，其质尚存。其法：析竹编箔，其下横架料木，约六尺高，地下摆列炭火（炭忌爆炸），方圆去四五尺即列火一盆。初上山时，火分两③略轻少，引他成绪④，蚕恋火意，即时造茧，不复缘走。

茧绪既成，即每盆加火半斤，吐出丝来，随即干燥，所以经久不坏也。其茧室不宜楼板遮盖，下欲火而上欲风凉也。凡火顶上者不以为种，取种宁用火偏者。其箔上山用麦稻稿斩齐，随手纠掠成山，顿插箔上。做山之人最宜手健。箔竹稀疏，用短稿略铺洒，防蚕跌坠地下与火中也。

注 释

①他国：此国为郡国之国，他国即其他州府。②屯、漳：安徽屯溪、福建漳州。③分两：即分量，此指火力程度。④成绪：吐出丝缕的头绪。

译 文

当处理蚕所结的茧时，必须采用嘉兴、湖州那样的方法。其他地方都不懂得怎样用火烘烤除湿，而是任由蚕随便吐丝、四处结茧，导致有时蚕茧结在丛秆当中或者箱匣里，既不通风，也不透气。用这种蚕丝织成的屯溪、漳州等地的绢，以及河南、四川等地的绸都容易朽烂。如果用嘉兴、湖州产的蚕丝做衣服，即使放在水里洗上一百多次，丝质也还是完好的。嘉兴、湖州的做法是削竹篾编成蚕箔，在蚕箔下面用木料搭上一个离地约六尺高的木架子，地面放置炭火（注意在这里不能用会爆炸的炭），前后左右每隔四五尺就摆放一个火盆。蚕开始上山结茧时，火力稍微小一些，这时，蚕因为喜欢暖和而被诱引，便马上开始结茧，不再到处爬动。

当茧衣结成之后，每盆炭火再添上半斤炭，使温度升高。蚕吐出的丝随即干燥，这样吐出来的丝能经久不坏。供蚕结茧的屋子不应当用楼板遮盖，因为结茧时下面要用火烘，而上面需要通风。凡是火盆正顶上的蚕茧不能用做蚕种，取种要用离火盆稍远的。蚕箔上的山簇是用切割整齐的稻秆和麦秸随手扭结而成的，垂直插放在蚕箔上。做山簇的人最好是手艺纯熟的。蚕箔编得稀疏的，可以在上面铺一些短稻草秆，以防蚕掉到地下或火盆中。

取茧

原 文

凡茧造三日，则下箔而取之。其壳外浮丝，一名丝框者，湖郡老妇贱价买去（每斤百文），用铜钱坠打成线，织成湖绸。去浮①之后，其茧必用大盘摊开架上，以听治丝、扩绵②。若用厨箱掩盖，则浥郁③而丝绪断绝矣。

注 释

①去浮：除去浮丝。②听：准备。治丝、扩绵：缫丝、制丝绵。③浥郁：受潮，霉湿。

译 文

蚕上山簇上结茧三天之后，就可以拿下蚕箔进行取茧。蚕茧壳外面的浮丝名叫丝匡（茧衣），湖州的老年妇女用很便宜的价钱将其买了回去（每斤约一百文钱），用铜钱坠子做纺锤，打线，织成湖绸。剥掉浮丝以后的蚕茧必须摊在大盘里，放在架子上，准备缫丝或者造丝绵。如果用橱柜、箱子装盖起来，就会因湿气郁结疏解不良而造成断丝。

物害

原 文

凡害蚕者，有雀、鼠、蚊三种。雀害不及①茧，蚊害不及早蚕，鼠害则与之相终始。防驱之智是，不一法②，唯人所行也（雀屎粘叶，蚕食之立刻死烂）。

注 释

①不及：影响不到。②防驱之智：预防和消除的办法。不一法：不光一种方法。

译 文

危害蚕的动物有雀、老鼠、蚊子三种。雀危害不到茧，蚊子危害不到早蚕，老鼠的危害则始终存在着。防害除害的办法是多种多样的，随人施行（雀屎粘在桑叶上，蚕吃了会立即死亡、腐烂）。

择茧

原 文

凡取丝，必用圆正①独蚕茧，则绪不乱。若双茧并四五蚕共为茧，择去取绵用；或以为丝，则粗甚。

注 释

①圆正：形状圆滑、端正。

译 文

　　缫丝用的茧必须选择茧形圆滑端正的单茧，这样缫丝时丝绪就不会乱。如果是双宫茧（即两条蚕共同结的茧）或由四五条蚕一起结的同宫茧，就应该挑出来造丝绵。如果用来缫丝，丝就会因为太粗而容易断头。

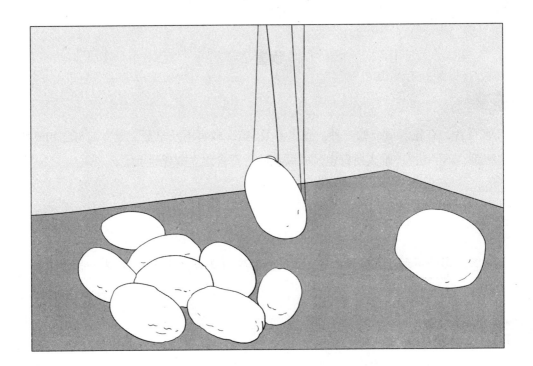

造绵

原文

凡双茧，并缫丝锅底零余，并出种茧壳，皆绪断乱，不可为丝，用以取绵。用稻灰水煮过（不宜石灰），倾入清水盆内。手大指去甲净尽，指头顶开四个，四四数足，用拳顶开又四四十六拳数，然后上小竹弓①。此庄子所谓洴澼絖②也。

湖绵独白净清化者，总缘手法之妙。上弓之时，惟取快捷，带水扩开。若稍缓，水流去，则结块不尽解，而色不纯白矣。其治丝余者，名锅底绵。装绵衣、衾内以御重寒，谓之挟纩。凡取绵人工，难于取丝八倍，竟日只得四两余。用此绵坠打线③织湖绸者，价颇重。以绵线登花机者名曰花绵，价尤重。

注释

①手大指去甲净尽……小竹弓：大意为把大拇指的指甲剪净，然后用指头顶开四个蚕茧，套在其他四个指头上，每个指头各套四只蚕茧，即所谓"四四数足"；再用拳头把蚕茧顶开，如此共顶四四一十六拳，然后就上小竹弓来弹丝绵。②《庄子》所谓"洴澼絖（píng pì kuàng）"：《庄子·逍遥游》里，"宋人有善为不龟手药者，世世以洴澼絖为事"。此"洴澼絖"乃指在水中漂洗绵絮。③绵坠打线：即前"取茧"条所云。

译文

双茧和缫丝后残留在锅底的碎丝断茧，以及种茧出蛾后的茧壳，丝绪都已断乱，不能再用来缫丝，只能用来造丝绵。将这些造丝绵的茧子用稻灰水煮过（不宜用石灰）之后，倒在清水盆内。将两个大拇指的指甲剪干净，用指头顶开四个蚕茧，套在左手并拢的四个指头上作为一组，连续套入四个蚕茧后，将其取下，为一个小抖。做完四组，再用两手拳头把它们一组一组地顶开，拉宽到一定范围，连拉四个小抖共十六个茧，然后套在小竹弓上，这就是《庄子》中所说的"洴澼絖"。

唯有湖州的丝绵特别洁白、纯净，这是因为造丝绵的人手法非常巧妙。在将蚕往竹弓上套时，必须动作敏捷，带水拉开。如果动作稍慢一点儿，水已流去，丝绵就会板结，不能完全均匀地被拉开，颜色看起来也就不纯白了。那些缫丝剩下的叫作"锅底绵"。把

这种丝绵装入衣被里用来御寒，叫作丝绵衣被，即挟纩。制作丝绵的工夫要比缲丝所花的工夫多八倍，每人劳动一整天也只得四两多丝绵。用这种绵坠打成线，然后织成湖绸，其价值很高。用这种绵线在花机上织出来的产品叫作花绵，价格更高。

治丝

凡治丝，先制丝车^①，其尺寸、器具开载后图。锅煎极沸汤。丝粗细视投茧多寡。穷日之力，一人可取三十两。若包头丝^②则只取二十两，以其苗长也。凡绫罗丝^③，一起投茧二十枚，包头丝只投十余枚。凡茧滚沸时，以竹签拨动水面，丝绪自见。提绪入手，引入竹针眼，先绕星丁头^④（以竹棍做成，如香筒样），然后由送丝竿勾挂，以登大关车。断绝之时，寻绪丢上，不必绕接。其丝排匀不堆积者，全在送丝竿与磨不之上。川蜀丝车制稍异，其法架横锅上，引四五绪而上，两人对寻锅中绪。然终不若湖制之尽善也。

凡供治丝薪，取极燥无烟湿者，则宝色不损。丝美之法有六字：一曰"出口干"，即结茧时用炭火烘；一曰"出水干"，则治丝登车时，用炭火四五两，盆盛，去车关五寸许。运转如风转时，转转火意照干。是曰"出水干"也（若晴光又风色，则不用火）。

注 释

①丝车：即缲车。②包头丝：古人以丝巾包头发，其中即称包头，用以织包头之丝即称包头丝。③绫罗丝：用以织绫罗衣料的丝。较包头丝为粗。④星丁头：与下文送丝竹、磨不等皆为缲车部件，详见图。

译 文

对于缲丝，第一步就是要制作缲车。缲车的尺寸、部件及其组合构造都列在后面的附图上。缲丝时，首先要将锅内的水烧得滚开，把蚕茧放进锅中，生丝的粗细取决于投入锅中的蚕茧的多少。一个人劳累一整天，只能得到三十两丝。如果是织造头巾等用的包头丝，就只能得到二十两，这是因为那种丝缕比较细。织绫罗用的丝一次要投进去二十个蚕茧；织造头巾等用的包头丝只需投进去十几个蚕茧。当煮蚕茧的水滚沸的时候，用竹签拨动水面，丝头自然就会出现。将丝头提在手中，穿过竹针眼，先绕过星丁头（用竹棍做成，如香筒的形状），然后挂在送丝竿上，再连接到大关车上。遇到断丝的时候，只要找到丝绪头搭上去，不必绕结原来的丝。如果想要丝在大关车上排列均匀而不会堆积在一起，关键要靠送丝竿和脚踏摇柄相互配合。四川生产的缫车结构稍有不同，缫丝的方法是把支架横架在锅上，两人面对面站在锅旁寻找丝绪头，一次牵引上四五缕丝上车，但这种方法终究不如湖州制作的缫车完善。

供缫丝用的柴火要选择非常干燥且无烟的，这样的话，丝的色泽就不会被损坏。使丝质量美好的办法有六字口诀：一叫"出口干"，即蚕结茧时用炭火烘干；二叫"出水干"，就是把丝绕上大关车时，用盆盛装四五两炭生火，放在离大关车五寸左右的地方。当大关车飞快旋转时，丝一边转，一边被火烘干，这就是所说的"出水干"（如果是晴天又有风，那么就不用火烘烤了）。

调丝

原文

凡丝议织时，最先用调①。透光檐端宇下，以木架铺地，植竹四根于上，名曰络笃。丝匡竹上，其傍倚柱高八尺处，钉具斜安小竹偃月挂钩，悬搭丝于钩内，手中执篗旋缠，以俟牵经织纬之用。小竹坠石为活头②，接断之时，扳之即下。

注释

①调：即绕丝。②活头：即图中"活套"。

译文

准备织丝的时候，首先要进行调丝。调丝要在屋檐下光线明亮的室内进行。将木架平放在地上，木架上竖立起四根竹竿，这就叫作络笃。丝套在四根竹上，在络笃旁边靠近立柱上八尺高的地方，用铁钉固定一根斜向的小竹竿，上面装一个半月形的挂钩，将丝悬挂在钩子上，手里拿着大关车旋转绕丝，以备牵经和卷纬时用。小竹竿的一头垂下一个小石块为活头。当连接断丝时，一拉小绳，小钩就落下来了。

纬络

原 文

凡丝既籰①之后，以就经纬。经质用少，而纬质用多。每丝十两，经四纬六，此大略也。

凡供纬籰，以水沃湿丝，摇车转锭②，而纺于竹管之上（竹用小箭竹）。

注 释

①既籰（yuè）：用绕丝棒绕完丝。②锭：丝锭。

译 文

丝绕在大关车上以后，就可以做经线和纬线了。经线用的丝少，纬线用的丝多。每十两丝大约要用经线四两、纬线六两。绕到大关车上的丝先用水淋湿浸透以后，摇动大关车转锭将丝缠绕于竹管之上（竹管是用小箭竹做成的）。

经具

原 文

凡丝既籰之后，牵经就织。以直竹竿穿眼三十余，透过筬圈，名曰溜眼。竿横架柱上，丝从圈透过掌扇，然后缠绕经耙之上。度数既足，将印架捆卷①。既捆，中以交竹二度，一上一下间丝，然后扱于筘内（此筘非织筘②）。扱筘之后，以的杠③与印架相望，登开五七丈。或过糊者，就此过糊；或不过糊，就此卷于的杠，穿综④就织。

注 释

①度数既足，将印架捆卷：当所缠绕的丝适合所用的时候，就用印架把这些丝捆卷起来。②筘（kòu）：织筘为织机之部件，呈梳状，将经线穿入梳齿，使其按一定宽度排

列，以控制织品的宽度，又称定幅筘。③的杠：织机上卷绕经线的经轴。④综：织机上使经线上下交错以受纬线的部件。

译文

丝绕在大关车上以后，便可以牵拉经线准备织造了。在一根直竹竿上钻出三十多个孔，然后穿上一个名叫"溜眼"的篾圈。把这条竹竿横架在柱子上，丝通过篾圈，再穿过"掌扇"，然后缠绕在经耙上。当达到足够的长度时，就用印架卷好、系好。卷好以后，中间用两根交棒把丝分隔成一上一下两层，然后将其穿入梳筘里面（这个梳筘不是织机上的织筘）。穿过梳筘之后，把经轴与印架相对拉开五丈到七丈远。如果需要浆丝，就在这个时候进行；如果不需要浆丝，就直接卷在经轴上，这样就可以穿综筘而投梭织造了。

过糊

原文

凡糊，用面筋内小粉为质。纱罗所必用，绫绸或用或不用。其染纱不存素质①者，用牛胶水为之，名曰清胶纱。糊浆承于筘上，推移染透，推移就干。天气晴明，顷刻而燥，阴天必藉风力之吹也。

注释

①素质：丝的本来性质。

译文

浆丝用的糊要用揉面筋沉下的小粉为原料。织纱、罗的丝必须浆过，织绫和绸的丝则可以浆，也可以不浆。有些丝染过色后失去了原来的特性，这时就要用牛胶水来浆，这种纱叫清胶纱。浆丝的糊料要放在梳筘上，来回推移梳筘使丝浆透、放干。如果天气晴朗，丝很快就能干，而阴天时就要借助风力把丝吹干。

边维

原文

　　凡帛，不论绫、罗，皆别牵边①。两傍各二十余缕。边缕必过糊，用筘推移梳干。凡绫罗必三十丈、五六十丈一穿，以省穿②接繁苦。每匹应截画墨于边丝之上，即知其丈尺之足。边丝不登的杠，别绕机梁之上。

注释

　　①牵边：织边。②穿：穿筘。

译文

　　丝织品不管是厚的绫，还是薄的罗，都要另外进行牵边。两边都要各牵引丝二十多根。边丝必须要上浆，用筘推移梳干。一般来说，绫罗的经丝，每三十丈或五六十丈穿一次筘，这样就可以减少穿筘的繁忙和辛苦。丝的长度每够一匹的时候就应该用墨在边丝上留个记号，这样就可以知道是织够一匹了。边丝不必绕在的杠上，而是另外绕在织机的横梁上。

经数

原文

　　凡织帛，罗纱筘以八百齿为率①。绫绢筘以一千二百齿为率。每筘齿中度经过糊者，四缕合为二缕，罗纱经计三千二百缕，绫绸经计五千、六千缕。古书八十缕为一升②。今绫绢厚者，古所谓六十升布也。凡织花文必用嘉、湖出口、出水皆干丝为经，则任从提挈，不忧断接。他省者即勉强提花，潦草而已。

注释

　　①率：标准。②古书八十缕为一升：《仪礼·表服》："缌者十五升。"郑玄注："以八十缕为升。"

译 文

织相对薄的纱、罗用的筘以八百个齿为标准，织相对厚的绫、绢用的筘则以一千二百个齿为标准。每个筘齿中穿引上过浆的经线，把每四根合成两股，罗、纱的经线共计有三千二百根，绫、绸的经线总计有五六千根。古书上记载每八十根为一升，现在较厚的绫、绢也就是古时所说的六十升布。织带花纹的丝织品必须用浙江嘉兴和湖州两地在结茧和缲丝时都烘干了的丝作为经线，这种丝可以任意提拉而不必担心会断头。其他地区的丝，即使能勉强当作提花织物，也是相对粗糙而不是很精致的。

花机式

原 文

凡花机①通身度长一丈六尺，隆起花楼，中托衢盘，下垂衢脚（水磨竹棍为之，计一千八百根）。对花楼下掘坑二尺许，以藏衢脚（地气湿者，架棚二尺代之）。提花小厮坐立花楼架木上。机末以的杠卷丝，中用叠助木两枝，直穿二木，约四尺长，其尖插于筘两头。叠助，织纱罗者视织绫绢者减轻十余斤方妙。其素罗不起花纹，与软纱绫绢踏成浪梅小花者视素罗只加桄②二扇，一人踏织自成，不用提花之人，闲住花楼，亦不设衢盘与衢脚也。其机式两接③，前一接平安④，自花楼向身一接斜倚低下尺许，则叠助力雄。若织包头细软，则另为均平不斜之机，坐处斗二脚，以其丝微细，防遏叠助之力也。

注 释

①花机：提花机。②桄（guàng）：同"框"。③两接：两截。④平安：水平安装。

译 文

提花机全长约一丈六尺，其中高高耸起的是花楼，中间托着的是衢盘，下面垂着的是衢脚（用加水磨光滑的竹棍做成，共有一千八百根）。在花楼的正下方挖一个约两尺深的坑用来安放衢脚（如果地底下潮湿，就可以架两尺高的棚来代替）。提花的小工坐在花楼的木架子上。花机的末端用的是杠卷丝，中间用叠助木两根，垂直穿接两根约四尺长的木棍，木棍尖端分别插入织筘的两头。

织纱、罗的叠助木要比织绫、绢的轻十多斤才算好。素罗不用起花纹。此外，要在软纱、绫、绢上织出波浪纹和梅花等小花纹，只需比织素罗多加两片综框，由一个人踏织就可以了。而不用一个人闲坐在提花机的花楼上，也不用设置衢盘与衢脚。花机的形制分为两段，前一段水平安放，自花楼朝向织工的一段，向下倾斜一尺多，这样叠助木的力量就会大些。如果织包头纱一类的细软织物，就要重新安放不倾斜的花机。在人坐的地方装上两个脚架，这是因为织包头纱的丝很细，要防止叠助木的冲力过大。

腰机式

凡织杭西、罗地等绢，轻、素等绸，银条、巾帽等纱，不必用花机，只用小机。织匠以熟皮一方置坐下①，其力全在腰尻②之上，故名腰机。普天织葛、苎、棉布者，用此机法，布帛更整齐坚泽③。惜今传之犹未广也。

注 释

①置坐下：放在座位下。②腰尻：腰部和臀部。③坚泽：结实，有光泽。

译 文

织杭西和罗地等绢与轻素等绸，以及织银条和巾帽等纱，都不必使用提花机，而只用小织机就可以了。织匠用一块熟皮当靠背，因为操作时全靠腰部和臀部用力，所以又叫作腰机。各地织葛、苎麻、棉布的都用这种织机。用这种机器织出的织品更加整齐结实而具有光泽，只是可惜这种机器的织法至今还没有普遍传开呢。

结花本

原 文

凡工匠结花本①者，心计最精巧。画师先画何等花色于纸上，结本者以丝线随画量度，筹计分寸秒忽②而结成之。张悬花楼之上，即织者不知成何花色，穿综带经，随其尺寸度数提起衢脚，梭过之后居然花现。盖绫绢以浮轻而现花，纱罗以纠纬而现花。绫绢一梭一提，纱罗来梭提，往梭不提。天孙机杼，人巧备矣。

注 释

①结花本：按照花样设计的运行于织机的底本。②杪忽：极小，甚微，这里指计算精确。

译 文

结织花的纹样的工匠心思最为精细巧妙。无论画师先将什么样的图案在纸上画出，结织花的纹样的工匠都能用丝线按照画样仔细量度，精确细微地计算分寸而编结出织花的纹样来。织花的纹样张挂在花楼上，即便织工不知道会织出什么花样，但只要穿综带经，按照织花纹样的尺寸、度数，提起纹针，穿梭织造，图案就会呈现出来了。绫绢是以突起的经线来形成花样的，纱罗是以绞纠纬线来形成花样的。织绫绢是投一梭提一次衢脚，织纱罗是来梭时提，去梭时不提。现在，人间的巧匠能较全面地掌握天上织女的那种纺织技术了。

穿经

原 文

凡丝穿综度经，必用四人列坐。过筘之人，手执筘耙先插，以待丝至。丝过筘，则两指执定，足五、七十筘，则绲结之。不乱之妙，消息全在交竹①。即接断，就丝一扯即长数寸，打结之后，依还原度。此丝本质自具之妙也。

注 释

①交竹：一种工具，可将丝上下分开而不致紊乱。

译 文

将蚕丝穿过综，再穿过织筘，需要四个人前后排列坐着操作。掌握穿筘的人手握筘钩先穿过筘齿中，等对面的人把丝递过来准备接丝。等丝经过筘后，就用两个手指捏住，

每穿好五十到七十个筘齿，就把丝合起来编一个结。丝之所以能够不乱，其中的奥妙全在将丝分开的交竹上。如果是接断丝，把丝一拉就伸长几寸。将其打上结后，仍会回缩到原来的长度，这种良好的弹性是丝本身就具有的。

分名

凡罗，中空小路以透风凉，其消息全在软综①之中。衮头②两扇打综，一软一硬。凡五梭三梭（最厚者七梭）之后，踏起软综，自然纠转诸经，空路不粘。若平过不空路而仍稀者曰纱，消息亦在两扇衮头之上。直至织花绫绸，则去此两扇，而用桄综③八扇。

凡左右手各用一梭交互织者，曰绉纱。凡单经④曰罗地，双经曰绢地，五经⑤曰绫地。凡花分实地与绫地，绫地者光，实地者暗。先染丝而后织者曰缎（北土屯绢，亦先染丝）。就丝绸机上织时，两梭轻，一梭重，空出稀路者，名曰秋罗，此法亦起近代。凡吴越秋罗、闽广怀素⑥，皆利缙绅当暑服。屯绢则为外官、卑官逊别锦绣用也。

注 释

①软综：即绞综，以软线制成，用以织平纹。②衮（gǔn）头：相当于花机中的老鸦翅，即织地纹的提花杠杆。③桄综：辘踏牵动的综，八扇桃棕，此起彼伏，即织成花纹。④单经：经线单起单落叫单经，双起双落叫双经。⑤五经：经线每隔四根提起一根，叫五经。⑥怀素：即熟罗。

译 文

罗这种丝织物中间有一小列纱孔排成横路，用来透风取凉，织造的关键全在于织机上的绞综。绞综的两扇衮头一软一硬，打综既可织成平纹，又可起绞孔。一般织五梭或者三梭（多的能织七梭）之后，提起绞综，自然就会使经丝绞起纱孔，形成清晰的网眼。如果是全面地起纱孔，不排成横路而显得稀疏的，叫作纱。织造的关键在于绞综的两扇衮头上。至于织造其他的绫绸，就要去掉绞综的两扇衮头，而改用桄综八扇。

用左捻、右捻的丝线一梭一梭地交互织成的，叫作绉纱；单起单落织成的，叫作罗地；双起双落织成的，叫绢地；五枚同时织成的，叫绫地。花织物分为平纹地与绫纹地两种结构，绫纹地光亮，而平纹地较暗。先染丝而后织的，叫作织锦（北方叫作屯锦的也是先染色的）。如果在丝织机上织两梭平纹，一梭起绞综，形成横路的，叫作秋罗。这个织法也是近代才出现的。江苏省南部和浙江省的秋罗以及福建省、广东省的熟纱都是大官们用来做夏服的；屯绢则是不够资格穿锦绣的地方官、小官所用的。

熟练[1]

原文

凡帛织就，犹是生丝，煮练方熟。练用稻稿灰入水煮。以猪胰脂陈宿一晚，入汤浣之，宝色烨然。或用乌梅者，宝色略减。凡早丝为经、晚丝为纬者，练熟之时每十两轻去三两。经纬皆美好早丝，轻化只二两。练后日干张急，以大蚌壳磨使乖钝，通身极力刮过，以成宝色。[2]

注释

①熟练：即煮练。利用化学药剂除去丝胶的过程。②按：此节似应在"穿经"一条之后，因与上下两节均不连贯。

译文

丝织品织成以后还是生丝，要经过煮练之后，才能成为熟丝。煮练的时候，用稻秆灰加水一起煮，并用猪胰脂浸泡一晚，再放进水中洗濯，这样丝色就会很鲜艳。如果是用乌梅水煮的，丝色就会差些。用早蚕的蚕丝为经线，晚蚕的蚕丝为纬线，煮过以后，每十两会减轻三两。如果经纬线都是用上等的早蚕丝，那么十两只减轻二两。丝织品煮过之后，要用热水洗掉碱性并立即绷紧晾干。然后用磨光滑的大蚌壳用力将丝织品全面地刮过，使它现出光泽来。

龙袍

原文

　　凡上供龙袍，我朝局在苏杭。其花楼①高一丈五尺，能手两人，扳提花本，织来数寸即换龙形。各房斗合，不出一手②。赭黄亦先染丝，工器原无殊异，但人工慎重与资本皆数十倍，以效忠敬之谊。其中节目微细，不可得而详考云。

注释

　　①花楼：指织机的花楼。②一手：一人之手。

译文

　　上供给皇帝所使用的龙袍，在本朝（明朝）的织染局设在苏州和杭州两地。龙袍的纱机，花楼高达一丈五尺，由两个技术精湛的织造能手手提花样提花，每织成几寸以后，就变换织成另一段龙形图案。一件龙袍要由几部织机分段织成，而不是由一个人完成的。

所用的丝要先染成赭黄色，所用的织具本来没有什么特别，但织工须小心谨慎，工作繁重，人工和成本都要多增加几十倍，以此表示对朝廷忠诚敬重的心意。至于织造过程中的许多细节，就无法详细考察明白了。

倭缎

原文

凡倭缎①，制起东夷，漳、泉海滨效法为之。丝质来自川蜀，商人万里贩来，以易胡椒归里。其织法亦自夷国传来。盖质已先染，而斫绵夹藏经面，织过数寸即刮成黑光。北虏②互市者见而悦之。但其帛最易朽污③，冠弁之上，顷刻集灰；衣领之间移日损坏。今华、夷皆贱之，将来为弃物，织法可不传云。

注释

①倭缎：日本织缎。②北虏：北方的少数民族。③朽污：污损，毁坏。

译文

制作倭缎的方法是自日本创始的，福建漳州、泉州等沿海地区随即也加以仿造。织倭缎的丝来自四川，由商贩从很远的地方运过来卖，同时再买些胡椒回去卖。这种倭缎的织法也是从日本传来的，先将丝进行染色作为纬线织入经线之中。织成数寸以后，就用刀削断丝锦即成绒缎，然后将其刮成墨光。当时北方的少数民族在贸易时一看见就很喜欢。但是这种丝织品最容易被弄脏，用它做的帽子很快便会集满灰尘；用它织成的衣服，没过几天，衣领就会破损。因此现在我国各民族都不喜欢它，将来，这种倭缎一定会被抛弃，织法也就不再流传了。

布衣

原文

凡棉布御寒，贵贱同之。棉花，古书名枲麻①，种遍天下。种有木棉、草棉两者，花有白、紫二色。种者白居十九，紫居十一。凡棉春种秋花，花先绽者逐日摘取，取不一

时。其花粘子于腹，登赶车而分之。去子取花，悬弓弹化（为挟纩温衾、袄者，就此止功②）。弹后以木板擦成长条，以登纺车，引绪纠成纱缕。然后绕篗，牵经就织。凡纺工能者一手握三管，纺于锭上（捷则不坚）。

凡棉布寸土皆有，而织造尚松江，浆染尚芜湖。凡布缕紧则坚，缓则脆。碾石③取江北性冷质腻者（每块佳者值十余金）。石不发烧，则缕紧不松泛。芜湖巨店，首尚佳石。广南为布薮，而偏取远产，必有所试矣。为衣敝浣，犹尚寒砧捣声④，其义亦犹是也。

外国朝鲜造法相同，惟西洋则未核其质，并不得其机织之妙。凡织布有云花、斜文、象眼等，皆仿花机而生义。然既曰布衣，太素⑤足矣。织机十室必有⑥，不必具图。

译 文

用棉和布来御寒，穷人和富人都一样。在古书中，棉花被称为枲麻，全国各地都有人种植。棉花有木棉和草棉两种，花也有白色和紫色两种颜色。其中种白棉花的占了十分之九，种紫棉花的约占十分之一。棉花都是春天种下，秋天结棉桃，先裂开吐絮的棉桃先摘回，而不是所有棉桃同时摘取。在棉花里，棉籽是同棉絮粘在一起的，要将棉花放在赶车上将棉籽挤出去。棉花去籽以后，再用悬弓将其弹松（作为棉被和棉衣中用的棉絮就加工到这一步为止）。棉花弹松后，用木板搓成长条，再用纺车纺成棉纱，然后绕在大关车上便可牵经织造了。熟练的纺纱工一只手能同时握住三个纺锤，把三根棉纱纺在锭子上（如果纺得太快，棉纱就不结实了）。

各地都生产棉布，但棉布织得最好的是松江，浆染得最好的是芜湖。棉布的纱缕纺得紧的，棉布就结实耐用，纺得松的棉布就不结实。碾石要选用江北那种性冷质滑的（好的每块能值十多两银子）。碾布时，石头不容易发热，棉布的纱缕就紧，不松懈。芜湖的大布店最注重用这种好碾石。广东是棉布集中的地方，但广东人却偏要用远地出产的碾石，这一定是因为试用过后才这样做的。正如人们浆洗旧衣服时也喜欢放在性冷的石砧上捶打，道理也是如此。

朝鲜棉布的织布方法与此相同，只是对西洋的棉布还没有进行研究，也不了解那里机织上的特点。棉布上可以织出云花、斜纹、象眼等花纹，这些都是仿照花机的丝织品的花样而织出的。但既然叫作布衣，用最朴实的织法也就行了。每十家之中必有一架织机，也就不必附图了。

枲著

原文

凡衣衾挟纩御寒，百有之中止一人用茧绵，余皆枲著①。古缊袍，今俗名胖袄。棉花既弹化，相衣衾格式②而入装之。新装者附体轻暖，经年板紧，暖气渐无，取出弹化而重装之，其暖如故。

注释

①枲著：麻布衣，这里指棉袄。②格式：款式，样子。

译文

做棉衣和棉被御寒，采用丝绵的人只有百分之一，其余的都是用的棉絮。古代的棉袍大致相当于今天人们通常所说的胖袄。将棉花弹松以后，根据衣被的式样将棉花装进去。新的穿盖起来既轻柔，又暖和，用过几年以后，就会变得紧实板结，逐渐不暖和了，这时再将棉花取出来弹松软，重新装制，就又会变得像原来一样暖和了。

夏服

原文

凡苎麻无土不生。其种植有撒子、分头①两法（池郡②每岁以草粪压头，其根随土而高。广南青麻，撒子种田茂甚）。色有青、黄两样。每岁有两刈者，有三刈者，绩为当暑衣裳、帷帐。

凡苎皮剥取后，喜日燥干，见水即烂。破析时则以水浸之，然只耐二十刻，久而不析则亦烂。苎质本淡黄，漂工化成至白色（先用稻灰、石灰水煮过，入长流水再漂，再晒，以成至白）。纺苎纱，能者用脚车，一女工并敌三工，惟破析时穷日之力只得三五铢重。织苎机具与织棉者同。凡布衣缝线、革履串绳，其质必用苎纠合。

凡葛蔓生，质长于苎数尺。破析至细者，成布贵重。又有苘麻一种，成布甚粗，最粗者以充丧服。即苎布有极粗者，漆家以盛布灰③，大内以充火炬。又有蕉纱，乃闽中取芭蕉皮析缉为之，轻细之甚，值贱而质枵④，不可为衣也。

注　释

①分头：分株。②池郡：今安徽贵池。③漆家以盛布灰：漆匠用以蘸灰，磨拭漆器使光。④质枵（xiāo）：质地松虚。

译　文

苎麻没有哪个地方不能生长，种植的方法有撒播种子和分根种植两种（安徽贵池地区每年都用草粪堆在苎麻根上，麻根随着压土而长高。广东的青麻是播撒种子在田里而种植的，生长得非常茂盛）。苎麻颜色有青色和黄色两种颜色。每年有收割两次的，也有收割三次的，纺织成布后可以用来做夏天的衣服和帐幕。

苎麻皮剥下来后，最好在太阳下晒干，这样浸水后就会腐烂。撕破成纤维时，要先用水浸泡，但是也只能浸泡四五小时，时间久了不撕破就会烂掉。苎麻本来是淡黄色的，但经过漂洗后会变成白色（先用稻草灰、石灰水煮过，然后放到流水中漂洗晒干，这样就会变得特别白）。一个熟练的纺苎纱能手使用脚踏纺车，能达到三个普通纺工的效率；但是将麻皮撕破成纤维时，一个人干一整天，也只能得麻三五铢重。织麻布的机具与织棉布的相同。缝布衣的线、绱皮鞋的串绳都是用苎麻搓成的。

葛则是蔓生的，它的纤维比苎麻的要长几尺，撕破的纤维非常细，织成布就很贵重。另外，还有一种苘麻，织成的布很粗，最粗的用来做丧服用。即使是苎麻布，也有极粗的，供油漆工包油灰，皇宫里用它来制作火炬。还有一种蕉纱是福建人用芭蕉皮破析后纺成的，非常轻盈纤弱，价值低微而丝缕质地稀薄，不能用来做衣服。

裘

原文

凡取兽皮制服，统名曰裘。贵至貂、狐，贱至羊、麂，值分百等。貂产辽东外徼建州地①及朝鲜国。其鼠好食松子，夷人夜伺树下，屏息悄声而射取之。一貂之皮方不盈尺，积六十余貂，仅成一裘。服貂裘者，立风雪中，更暖于宇下；眯入目中，拭之即出，所以贵也。色有三种：一白者曰银貂，一纯黑，一黯黄（黑而长毛者，近值一帽套已五十金）。凡狐、貉，亦产燕、齐、辽、汴诸道。纯白狐腋裘价与貂相仿；黄褐狐裘，值貂五分之一，御寒温体功用次于貂。凡关外狐，取毛见底青黑，中国者吹开见白色，以此分优劣。

羊皮裘，母贱子贵。在腹者名曰胞羔（毛文略具），初生者名曰乳羔（皮上毛似耳环脚），三月者曰跑羔，七月者曰走羔（毛文渐直）。胞羔、乳羔为裘不膻。古者羔裘为大夫之服，今西北缙绅亦贵重之。其老大羊皮，硝熟为裘，裘质痴重，则贱者之服耳，然此皆绵羊所为。若南方短毛革，硝其鞟②如纸薄，止供画灯之用而已。服羊裘者，腥膻之气习久而俱化，南方不习者不堪也，然寒凉渐杀，亦无所用之。

麂皮去毛，硝熟为袄裤，御风便体，袜靴更佳。此物广南繁生外，中土则积集聚楚中，望华山为市皮之所。麂皮且御蝎患，北人制衣而外，割条以缘衾边，则蝎自远去。虎豹至文，将军用以彰身；犬豕至贱，役夫用以适足③；西戎尚獭皮，以为毳衣领饰。襄、黄④之人穷山越国射取而远货，得重价焉。殊方异物如金丝猿，上用为帽套；扯里狲，御服以为袍，皆非中华物也。兽皮衣人，此其大略。方物则不可殚述。飞禽之中有取鹰腹、雁胁毳毛，杀生盈万，乃得一裘，名天鹅绒⑤者，将焉用之？

注释

①建州地：明建州地在今东北吉林、辽宁境，时已为女真族占领。②鞟（kuò）：皮革去毛之后称鞟。③适足：为皮靴。④襄、黄：似指今湖北之襄阳一带，襄阳、房县，古称黄棘，或以襄黄称之。⑤杀生盈万，乃得一裘，名天鹅绒：此似望文生义，对天鹅绒之误解。

译文

　　凡是用兽皮做的衣服，统称为裘。最贵重的比如貂皮、狐皮，最便宜的比如羊皮、麂皮，价格的等级有上百种之多。貂产自关外辽东、吉林等地区，直到朝鲜国一带。貂喜欢吃松子，那里的少数民族中捕貂的人在夜里悄悄躲藏在树下守候并伺机射取。一张貂皮还不到一尺见方，要用六十多张貂皮连缀起来才能做成一件皮衣。穿着这种貂皮衣的人站在风雪中比待在屋里还觉得暖和。遇到灰沙进入眼睛，用这种貂皮毛一擦就抹出来了，所以十分贵重。貂皮的颜色有三种：一种是白色的，叫作银貂，一种是纯黑色的，一种是暗黄色的（近来，一个黑色的、毛较长的貂皮帽套已经能值五十多两银子了）。狐狸和貉也产自河北、山东、辽宁和河南等地。纯白色的狐腋下皮制成的皮衣价钱和貂皮差不多，黄褐色的狐皮衣价钱是貂皮衣的五分之一，御寒保暖的功效比貂皮要差些。关外出产的狐皮，拨开毛露出的皮板是青黑色的，内地出产的狐皮把毛吹开露出的皮板则是白色的，用这种方法来区分优劣。

　　羊皮衣服，老羊皮价格低贱而羔皮衣价格昂贵。孕育在胎中而未生出来的羊羔叫胞羔（皮上略有一些毛纹），刚刚出生的叫作乳羔（皮上的毛卷得像耳环的钩脚一样），三个月大的叫作跑羔，七个月大的叫作走羔（毛纹逐渐变直了）。用胞羔、乳羔做皮衣没有羊膻气。古时候，羔皮衣只有士大夫们才能穿，而现今西北的地方官吏也能讲究地穿羔皮衣了。老羊皮经过芒硝鞣制之后，做成的皮衣很笨重，是穷人们穿的，然而这些都是绵羊皮做的。如果是南方的短毛羊皮，经过芒硝鞣制之后，皮板就会变得像纸一样薄，只能用来做画灯了。穿羊皮袄的人对于羊皮的腥膻气味，穿久了就习惯了，南方不习惯穿的人就受不了。但是，往南，天气逐渐变暖，皮衣也就没什么用处了。

　　麂子皮去了毛，经过芒硝鞣制之后做成袄裤，穿起来又轻便又暖和，做鞋子、袜子就更好些。广东有很多这种动物，此外，在中原地区则集中于湖南、湖北一带，望华山是买卖麂皮的地方。麂皮还有防御蝎子蜇人的功用，北方人除了用麂皮做衣服之外，还用麂皮做被子边，这样蝎子就会避得远远的。虎豹皮的花纹最美丽，将军们用它来装饰自己，以显示威武。猪皮和狗皮最不值钱，脚夫苦力用它来做靴子、鞋子穿。西部各少数民族最注重用水獭皮做成细毛皮衣的领子。湖北襄黄人翻山越岭去猎取它，然后将其运到很远的地方去，可以赚很多钱。异域他乡的珍奇物产，如金丝猴的皮，皇帝用来做帽套；猞猁狲皮，皇帝用来做皮袍，这些都不是内地出产的。以上是人类用兽皮做衣服的大致情形，各地的特产在这里就不能详细叙述了。在飞禽之中，有用鹰的腹部和大雁腋部的细毛做衣服的，杀上万只才能做一件名叫天鹅绒的衣服，可是，耗费这么大，用这个又有什么意思呢？

褐毡

原文

凡绵羊有二种。一曰蓑衣羊。剪其毳为毡、为绒片，帽袜遍天下，胥此出焉①。古者西域羊未入中国，作褐为贱者服，亦以其毛为之。褐有粗而无精，今日粗褐亦间出此羊之身。此种自徐淮②以北州郡无不繁生。南方惟湖郡饲畜绵羊，一岁三剪毛（夏季稀革不生）。每羊一只，岁得绒袜料三双。生羔牝牡合数得二羔，故北方家畜绵羊百只，则岁入计百金云。

一种羖羊（番语），唐末始自西域传来，外毛不甚蓑长，内毳细软，取织绒褐，秦人名曰山羊，以别于绵羊。此种先自西域传入临洮，今兰州独盛，故褐之细者皆出兰州，一曰兰绒，番语谓之孤古绒，从其初号也。山羊毳绒亦分两等；一曰搧绒，用梳栉搧下，打线织帛，曰褐子、把子诸名色；一曰拔绒，乃毳毛精细者，以两指甲逐茎拔下，打线织绒褐。此褐织成，揩面如丝帛滑腻。每人穷日之力打线只得一钱重，费半载工夫方成匹帛之料。若搧绒打线，日多拔绒数倍。凡打褐绒线，冶铅为锤，坠于绪端，两手宛转搓成。

凡织绒褐机，大于布机，用综八扇，穿经度缕，下施四踏轮，踏起经隔二抛纬③，故织出纹成斜现。其梭长一尺二寸，机织、羊种皆彼时归夷④传来（名姓再详）。故至今织工皆其族类，中国无与也。凡绵羊剪毳，粗者为毡，细者为绒。毡皆煎烧沸汤投其中搓洗，俟其粘合，以木板定物式，铺绒其上，运轴赶⑤成。凡毡绒白、黑为本色，其余皆染

色，其氍毹、氆氇等名称，皆华夷各方语所命。若最粗而为毯者，则驽马诸料杂错而成，非专取料于羊也。

注 释

①胥此出焉：俱由此出。②徐淮：徐州及淮河流域。③踏起经隔二抛纬：每踏起两根经线，过一根纬线。④归夷：归化之夷，即内附的少数民族。⑤赶：即擀。

译 文

绵羊有两种，一种名叫蓑衣羊，剪下它的细毛用来制成毛毡或者绒片，全国各地的绒帽、绒袜子等原料都来自这种羊。在古时候西域的羊还没有传到内地之前，专门为穷人制作的粗陋的毛布衣就是用的这种羊毛。毛布只有粗糙的，而没有太精致的。现在的粗毛布有的也是用这种羊毛织成的。这种羊在徐州、淮河流域喂养得很多。南方只有浙江湖州喂养绵羊，一年之中剪羊毛三次（绵羊夏季不长新毛）。每只羊的毛一年可以得到做三双绒袜的原料。一只公羊和一只母羊配种后可生两只小羊，如果一个北方家庭一年喂养一百只绵羊，便可以收入一百两银子。

另外一种羊叫作矞芳羊（西部地区少数民族的称呼），唐代末期才从西域地区传入。这种羊外毛不是很长，内毛很细软，用来织绒毛布。陕西人把它叫作山羊，以此区别于绵羊。这种羊先从西域地区传到甘肃临洮，现在以兰州为最多，由于细软的毛布都出自甘肃兰州，因此又名兰绒。少数民族把它叫作孤古绒，这是沿用它起先的名字。山羊的细毛绒也可以分为两种，一种叫作抢绒，是用梳子从羊身上梳下来的，打成线织成绒毛布，有褐子或把子等名称；另一种叫作拔绒，是细毛中比较精细的，用两个手指甲逐条从羊身上拔下，打成线织成绒毛布。这样织成的毛布摸起来像丝织品一样光滑柔软。每人打线辛苦一天也只能得到一钱重的毛料，要花半年时间才够织成一匹织品的原料。如果是用抢绒打成线，一天能比拔绒多好几倍。打绒线的时候，用铅锤坠着线端，用手宛转揉搓而成。

织绒毛布的机器用综片八扇，经线从此通过，下面装四个踏轮，每踏起两根经线，才过一次纬线，这样就能织成斜纹。现在用的梭长一尺二寸，机器织的方法和羊种都是当时从归化的少数民族传来的（名称还有待查考），所以到现在织布工匠还全是那个民族的人，而没有内地人。从绵羊身上剪下的细毛，粗的能做毡子，细的可以做绒。毡子都是将羊毛放到沸水中搓洗，等到黏合后，才用木板格成一定的式样，把绒铺在上面，转动机轴轧成。毡绒的本色是白与黑，其他颜色都是染成的。至于"氍毹""氆氇"等都是各地方言的称呼。最粗的毯子里面掺杂着各种劣马的毛，并不是用纯羊毛制成的。

精彩点拨

相传蚕丝是黄帝的妻子嫘祖发现的。她在桑树上看到吃桑叶的蚕，后来蚕结茧，她把茧取下来，发现上面是一层层的丝，光亮又柔软。她想，如果能把丝抽下来织成布料一定很好，于是便动手抽丝。但用手容易抽断，后来她把茧先用热水烫过再抽，就很容易了。虽然这只是民间传说，但是我们可以合理地假设当初的先民发现树上野蚕的茧可以抽丝，而且可以拿来织成衣料，后来才慢慢把野蚕培养成家蚕，专门用来结茧抽丝。

后来养蚕的方法渐渐传开，而且逐步改进发展，于是采桑、养蚕、织绸就成了传统妇女们一个重要的生产项目。

阅读积累

蚕

鳞翅目的昆虫，丝绸的主要原料来源，在人类经济生活及文化史上占有重要地位。原产中国，华南地区及台湾俗称之蚕宝宝或娘仔。

蚕是变态类昆虫，最常见的是桑蚕，又称家蚕，以桑叶为食料的吐丝结茧的经济昆虫之一。桑蚕起源于中国，其发育温度是7℃～40℃，饲育适温为20℃～30℃。桑蚕以桑叶为食，不断吃桑叶后，其身体便成白色，一段时间后，它便开始脱皮。脱皮时约有一天的时间，如睡眠般不吃也不动，这叫休眠。经过一次脱皮后，就是二龄幼虫。它脱一次皮就算增加一岁，幼虫共要脱皮四次，成为五龄幼虫，再吃桑叶8天成为熟蚕，开始吐丝结茧。

家蚕的英文名为"silkworm"（意为"丝虫"）这是因为它用丝织茧。茧是由一根300~900米长的丝织成的。现如今，我国茧丝绸产量与出口量均占世界总量的70%以上，已成为可以主导世界茧丝价格走势的茧丝绸大国。

第三 彰施

彰施是明施，鲜明地展现出来的意思。染色即染上颜色，也称上色，是指用化学的或其他的方法影响物质本身而使其着色。在技术允许的条件下，通过染色可以使物体呈现出人们所需要的各种颜色，用五颜六色来装点我们的生活。染色之法自古有之，并不断发展。

原文

宋子曰：霄汉之间，云霞异色；阎浮之内①，花叶殊形。天垂象而圣人则之②，以五彩彰施于五色③，有虞氏岂无所用其心哉④？飞禽众而凤则丹，走兽盈而麟则碧。夫林林青衣望阙而拜黄朱⑤也，其义亦犹是矣。君子曰："甘受和，白受采。"世间丝、麻、裘、褐，皆具素质，而使殊颜异色得以尚焉，谓造物不劳心者，吾不信也。

注释

①阎浮之内：阎浮提，佛经中语，或译南瞻部洲。本仅指印度本土，后用指整个人间世界。②天垂象而圣人则之：《周易·系辞上》："天垂象，见吉凶，圣人象之；河出图，洛出书，圣人则之。"此处"天垂象"是指上文所言之霞、花等自然界的图像。③以五彩彰施于五色：《书·益稷》："以五彩彰施于五色作服。"意即用各种颜色在衣服上染绘出各种图案。④有虞氏岂无所用其心哉：有虞氏即虞舜，《书·益稷》中的那段话就是虞舜对大禹所说。⑤林林青衣，望阙而拜黄朱：林林，林林总总，众多。青衣，指百姓。黄朱，指身着黄袍的帝王和穿红袍的大官。此句是指用特殊的颜色规定贵人的衣服，以区别于众庶，正如百鸟中唯凤色丹，百兽中唯麟色碧。

译文

宋先生说：天空中的云霞有着七彩各异的颜色，大地上的花叶也是美丽多姿、异彩纷呈。大自然呈现出种种美丽景象，上古的圣人遵循的提示，按照五彩的颜色将衣服染成青、黄、赤、白、黑五种颜色，难道虞舜没有这种用心吗？众多飞禽之中只有凤凰的颜色是丹红无比的，成群走兽之中唯独麒麟是青碧异常的。那些身穿青衣的平民望着皇宫，向穿黄袍、红袍的帝王将相们遥拜，这也是同样的道理。有君子说："甜味容易与其他各种味道相调合，白的底子上容易染成各种色彩。"世界上的丝、麻、皮和粗布都是素的底色，因而才能染上各种颜色。如果说，造物不花费心思，那么我是不相信的。

诸色质^①料

原文

大红色。（其质红花饼一味，用乌梅水煎出，又用碱水澄数次。或稻稿灰代碱，功用亦同。澄得多次，色则鲜甚。染房讨便宜者先染芦木打脚^②。凡红花最忌沉、麝^③，袍服与衣香共收，旬月之间其色即毁。凡红花染帛之后，若欲退转^④，但浸湿所染帛，以碱水、稻灰水滴上数十点，其红一毫收转，仍还原质。所收之水藏于绿豆粉内，放出染红，半滴不耗。染家以为秘诀，不以告人。）

莲红、桃红色，银红、水红色。（以上质亦红花饼一味，浅深分两^⑤加减而成。是四色皆非黄茧丝所可为，必用白丝方现。）

木红色。（用苏木煎水，入明矾、棓子^⑥。）

紫色。（苏木为地，青矾尚之。）

赭黄色。（制未详。）

鹅黄色。（黄檗煎水染，靛水盖上。）

金黄色。（芦木煎水染，复用麻稿灰淋碱水漂。）

茶褐色。（莲子壳煎水染，复用青矾水盖。）

大红官绿色。（槐花煎水染，蓝淀盖，浅深皆用明矾。）

豆绿色。（黄檗水染，靛水盖。今用小叶苋蓝煎水盖者名草豆绿，色甚鲜。）

油绿色。（槐花薄染，青矾盖。）

天青色。（入靛缸浅染，苏木水盖。）

葡萄青色。（入靛缸深染，苏木水深盖。）

蛋青色。（黄檗水染，然后入靛缸。）

翠蓝，天蓝。（二色俱靛水，分深浅。）

玄色。（靛水染深青，栌木、杨梅皮等分煎水盖。又一法：将蓝芽叶水浸，然后下青矾、梧子同浸，令布帛易朽。）

月白、草白二色。（俱靛水微染，今法用苋蓝煎水，半生半熟染。）

象牙色。（栌木煎水薄染，或用黄土。）

藕褐色。（苏木水薄染，入莲子壳、青矾水薄盖。）

附：染包头青色。（此黑不出蓝靛，用栗壳或莲子壳煎煮一日，漉起，然后入铁砂、皂矾锅内，再煮一宵即成深黑色。）

附：染毛青布色法。（布青初尚芜湖，千百年矣，以其浆碾成青光，边方外国皆贵重之。人情久则生厌。毛青乃出近代，其法取松江美布染成深青，不复浆碾，吹干，用胶水掺豆浆水一过。先蓄好靛，名曰标缸，入内薄染即起。红焰之色隐然，此布一时重用。）

注 释

①质：此指所用材料。②打脚：打底色。③沉、麝：沉香、麝香。④退转：还原本色。⑤分两：分量。⑥梧（bèi）子：即五倍子。

译 文

大红色。（用红花饼作为原料，用乌梅水煎煮出来后，再用碱水澄清几次。如果用稻草灰代替碱水，效果大致相同。多澄清几次之后，颜色就会非常鲜艳。有的染家图便宜，先将织物用黄栌木水染上黄色打底子。红花最怕沉香和麝香，如果红色衣服与这类香料放在一起，一个月之内，衣服的颜色就会褪掉。用红花染过的红色丝帛，如果想要变成原来的颜色，只要把所染的丝帛浸湿，然后滴上几十滴碱水或者稻灰水，红色就可以完全退掉恢复原来的颜色了。将洗下来的红色水倒在绿豆粉里进行收藏，下次再用它来染红色，效果半点也不会耗损。染坊把这种方法作为秘方而不肯向外传播。）

莲红色、桃红色、银红色、水红色。（以上四种颜色所用的原料也是红花饼，颜色的深浅根据所用红花饼分量的多少而定。黄色的蚕茧丝不能染成这四种颜色，只有白色的蚕茧丝才可以。）

木红色。（用苏木煎水，再加入明矾、五倍子染成。）

紫色。（用苏木水染上底色，再用青矾作为配料一起渲染而成。）

赭黄色。（制法不太清楚。）

鹅黄色。（先用黄檗煮水染上底色，再用蓝靛水套染。）

金黄色。（先用黄栌木煮水染色，再用麻秆灰淋水，最后用碱水漂洗。）

茶褐色。（用莲子壳煎水染色，再用青矾水染成。）

大红官绿色。（先用槐花煎水染色，再用蓝靛套染，浅色和深色都要用明矾来进行调节。）

豆绿色。（用黄檗水染上底色，再用蓝靛水套染。现在用小叶苋蓝煎水套染的，叫作草豆绿，颜色十分鲜艳。）

油绿色。（用槐花稍微染一下，再用青矾水染成。）

天青色。（放在靛缸里稍微染一下，再用苏木水套染而成。）

葡萄青色。（放进靛缸里染成深蓝色，再用深苏木水套染而成。）

蛋青色。（用黄檗水染，然后放入靛缸中染成。）

翠蓝，天蓝。（这两种颜色都是用蓝靛水染成，只是深浅各有不同。）

玄色。（先用蓝靛水染成深青色，再用黄栌木和杨梅树皮各一半煎水套染。还有一种方法是：在蓝芽嫩叶水中先浸染过，然后放进青矾、五倍子的水中一块儿浸泡。但是用这种方法浸染，容易使布和丝帛腐烂。）

月白、草白色。（都是用蓝靛水稍微染一下，现在的方法是用苋蓝煮水，煮到半生半熟的时候染。）

象牙色。（用黄栌木煎水稍微染一下，或者用黄土染。）

藕褐色。（用苏木水稍微染一下后，再放进莲子壳和青矾一起煮的水中进行渲染。）

附：

包头青色的染法。（这种黑色不是用蓝靛染出来的，而是用栗子壳或莲子壳放在一块儿熬煮一整天，然后捞出来将水沥干，再加入铁砂、皂矾煮一整夜，这样就会变成深黑色。）

附：

毛青布色的染法。（布青色最初流行于安徽芜湖地区，到现在已有近千年的历史。因为这种颜色的布经过浆碾之后带有青光，所以边远地区和国外的人都很珍爱它，将青布视为贵重的布料。但是人们用得时间长了，也就不那么稀罕它了。毛青色是近代才出现的，方法是用松江产的上等好布，先染成深青色，不再浆碾。吹干后，用掺入胶水和豆浆

的水过一遍，再放在预先装好的质量优良的靛蓝"标缸"里，稍微渲染一下就立即取出，这时布上就会隐隐约约带有红光。这种布曾经很受人们的欢迎。）

蓝淀

原 文

凡蓝五种，皆可为淀①。茶蓝即菘蓝，插根活。蓼蓝、马蓝、吴蓝等皆撒子生。近又出蓼蓝小叶者，俗名苋蓝，种更佳。

凡种茶蓝法，冬月割获，将叶片片削下，入窖造淀；其身斩去上下，近根留数寸。薰干，埋藏土内；春月烧净山土使极肥松，然后用锥锄（其锄勾末向身长八寸许），刺土，打斜眼，插入于内，自然活根生叶。其余蓝皆收子撒种畦圃中。暮春生苗，六月采实，七月刈身造淀。

凡造淀，叶者茎多者入窖，少者入桶与缸。水浸七日，其汁自来。每水浆一石下石灰五升，搅冲数十下，淀信即结。水性定时，淀沉于底。近来出产，闽人种山皆茶蓝，其数倍于诸蓝。山中结箬篓②，输入舟航。其掠出浮沫晒干者，曰靛花。凡靛入缸必用稻灰水先和，每日手执竹棍搅动，不可计数，其最佳者曰标缸。

注 释

①淀：同"靛"，一种蓝色的染料。②结箬篓：装入竹篓。

译 文

蓝有五种，都可以用来制作深蓝色的染料，即蓝淀。茶蓝，也就是菘蓝，扦插就能成活。蓼蓝、马蓝和吴蓝等都是播撒种子种植的。近来又出现了一种小叶的蓼蓝，俗称苋蓝，是一个更好的品种。

种植茶蓝的方法是，在冬天（大约农历十一月）割取茶蓝的时候，把叶子一片一片剥下来，放进花窖里制成蓝淀。把茎秆的两头切掉，只在靠近根部的地方留下几寸长的一段，将其熏干后再埋在土里贮藏。到第二年春天（大约农历二月）时，放火将山上的杂草烧掉，使土壤变得很疏松肥沃，然后用锥锄（这种锄的锄钩朝向内，约长八寸）掘土，在土里打出斜眼，将保存的茶蓝根茎插进去，这样茶蓝根就会自然生根长叶子。其余的几种蓝都是把种子撒在园圃中，春末就会出苗，到六月采收种子，七月就可以将蓝茎割回来用于造淀了。

　　制作蓝淀的时候，茎和叶多的放进花窖里，少的放在桶里或缸里，加水浸泡七天，自然就出来了。每一石蓝花汁液加入石灰五升，搅打几十下，就会凝结成蓝淀。水静放以后，蓝淀就积沉在底部。近来，福建人在山地上普遍种植的都是茶蓝，在出产中，茶蓝的数量比其他蓝的总和还要多几倍，在山上装入箬篓子，再装上船往外运。在制作蓝淀时，把撇出的浮沫晒干后就叫靛花。放在缸里的蓝淀一定要先用稻灰水搅拌调匀，每天用竹棍搅拌无数次，其中质量最好的叫作标缸。

红花

原文

　　红花场圃撒子种，二月初下种。若太早种者，苗高尺许，即生虫如黑蚁，食根立毙。凡种地肥者，苗高二三尺。每路打橛①，缚绳横拦，以备狂风拗折。若瘦地，尺五以下者，不必为之。

　　红花入夏即放绽，花下作梂②汇，多刺，花出梂上。采花者必侵晨带露摘取。若日高露旰，其花即已结闭成实，不可采矣。其朝阴雨无露，放花较少，旰摘无妨，以无日色故也。红花逐日放绽，经月乃尽。入药用者，不必制饼。若入染家用者，必以法成饼然后用，则黄汁净尽，而真红乃现也。其子煎压出油，或以银箔贴扇面，用此油一刷，火上照干，立成金色。

注释

　　①每路打橛（jué）：每一行都打上桩子。②梂（qiú）：指球状花萼。

译文

　　红花都是撒播种子在田圃里种植的，每年二月初就下种。如果种得太早，花苗长到一尺左右时，就会生出样子像黑蚂蚁的一种虫子，这种虫子咬食花的根部，很快就会使花苗死亡。凡是种在肥沃的地里的红花，花苗能长到二到三尺高。这时候应该给每行红花打桩子，横拦绳子将红花拦起来，以防红花被狂风吹断。如果种在贫瘠的地里，花苗高度在一尺半以下的就不必这样做。

到了夏天，红花就会开花了，花下结出球状花托和花苞，花托的苞片上有很多刺，花就长在球状花托上。采花的人一定要在天刚亮，红花还带着露水的时候摘取。如果等到太阳升起以后，露水干了，红花就已经闭合而不方便摘了。如果遇上下雨天而没有露水的早晨，花开得比较少，因为没有太阳，所以晚点摘也可以。红花是一天天开放的，大约一个月才能开完。作为药用的红花不必制成花饼。如果是要用来制染料的，则必须按照一定方法制成花饼后再使用，这样黄色的汁液已经除尽了，真正的红色就显出来了。红花的籽经过煎压后可以榨出油，如果用银箔贴在扇面上，再刷上一层这种油，在火上烘干后，马上就会变成金黄色。

造红花饼法

带露摘红花，捣熟，以水淘，布袋绞去黄汁。又捣，以酸粟或米泔①清。又淘，又绞袋去汁，以青蒿覆一宿，捏成薄饼，阴干②收贮。染家得法，"我朱孔扬"，所谓猩红也（染纸吉礼用，亦必用紫铆③，不然全无色）。

注 释

①米泔：淘米水。②阴干：阴凉处晾干。③紫铆（mǎo）：一种植物，花可为红色或黄色染料。

译 文

摘取还带着露水的红花，捣烂并用水淘洗后，装入布袋里并拧去黄汁；再次捣烂，用已发酵的淘米水再次进行淘洗，再装入布袋中拧去汁液；然后用青蒿覆盖一个晚上，捏成薄饼，阴干后收藏好。如果染色的方法得当，就可以把衣裳染成鲜艳的猩红色（染喜庆、贺礼用的东西也必须用这种紫铆来染，否则就会一点儿颜色都没有）。

附：燕脂

燕脂古造法以紫铆染绵者为上，红花汁及山榴花汁者次之。近济宁路但取染残红花滓①为之，值甚贱。其滓干者名曰紫粉，丹青家②或收用，染家则糟粕③弃也。

注 释

①滓：渣滓。②丹青家：画家。③糟粕（zāo pò）：废物。

译 文

古时候制造燕脂，以用紫铆做成并可染丝的为上品，用红花汁和山榴花汁做的要差一些。近来，山东济宁一带有人用染剩的红花渣滓来做，很便宜。干的渣滓叫紫粉，有时画家们会用到它，而染坊则把它当作废物扔掉。

槐花

原 文

凡槐树十余年后方生花实。花初试未开者曰槐蕊，绿衣所需，犹红花之成红也。取者张度篾稠其下①而承之。以水煮，一沸，漉干，捏成饼，入染家用。既放之花，色渐入黄。收用者以石灰少许晒拌而藏之。

注 释

①张度篾稠其下：在树下密布竹筐。

译 文

槐树生长十几年后才能开花结果，最初它长出的花还没开放时叫作槐蕊，就像染红色要用红花一样，染绿衣服要用到它。采摘时，将竹筐成排放在槐树下将槐蕊收集起来。将槐蕊加水煮开，捞起沥干后捏成饼，给染坊使用。已开的花慢慢变成黄色，有的人把它们收集起来撒上少量石灰拌匀后，收藏备用。

精彩点拨

　　有了缤纷的颜色，世界才不再单调。古代人们的生活自给自足，食衣住行几乎样样可以靠自己，只有某些特定的事需要交给专业的人。在织好的布料上染上各种颜色，在明代，这项工作是由染坊负责的。对于染坊里所使用的各种染料是怎么来的、各种颜色又是怎么染到织物上的，本篇做了概括性的说明。

颜料

　　颜料是指能使物体染上颜色的物质。颜料有可溶性的和不可溶性的，以及有无机的和有机的区别。无机颜料一般是矿物性物质，人类很早就知道使用无机颜料，利用有色的土和矿石在岩壁上作画和涂抹身体。有机颜料一般取自植物和海洋动物，如茜蓝、藤黄和古罗马从贝类中提炼的紫色。主要应用于涂料、油墨、印染、塑料制品、造纸、橡胶制品和陶瓷等行业，随着下游行业的快速发展，对颜料的需求不断扩大，中国颜料行业的发展前景十分广阔。

第四 粹精①

精彩导读

《粹精》是明末清初科学家宋应星所写的作品，是《天工开物》其中一篇。作者在文中强调人类要和自然相协调、人力要与自然力相配合，是中国科技史料中保留最为丰富的一部。

原　文

宋子曰：天生五谷以育民。美在其中，有黄裳之意焉②。稻以糠为甲，麦以麸为衣，粟、粱、黍、稷毛羽隐然③。播精而择粹，其道宁终秘也④？饮食而知味者，食不厌精⑤。杵臼之利，万民以济，盖取诸小过⑥。为此者，岂非人貌而天者⑦哉？

注　释

①粹精：《易·乾》："大哉乾乎，刚健中正，纯粹精也。"此处言粮食之加工，使其更加纯粹。②有黄裳之意焉：《易·坤》："黄裳，元吉。象曰：'黄裳元吉'，美在中也。"在此借喻粮食颗粒外有黄衣包裹，而其精华则在其中。③毛羽隐然：毛羽，与前之"甲""衣"均指粮食颗粒的外壳。毛羽隐然，指粟、粱等为羽片状外壳所包裹。④播精而择粹，其道宁终秘也：播，此即簸扬之"簸"字。簸取其精而择其粹，其中的道理终究是会为人所揭开的。⑤食不厌精：《论语·乡党》："食不厌精，脍不厌细。"⑥杵臼（chǔ jiù）之利，万民以济，盖取诸"小过"："小过"为《易》之卦名，其象"艮下震上"。艮为山，震为木，正是木杵捣石臼之形。⑦人貌而天者：虽然是人的行为，却能合于天道。

译　文

宋先生说：自然界中生长的各种谷物养活了人，五谷中精华和美好的部分都包藏在

如同金黄外衣的谷壳下，带有《易经》中所说的"黄裳"，有美在其中的意味。稻谷以糠皮作为甲壳，麦子用麸皮当作外衣，粟、粱、黍、稷都如同隐藏在毛羽之中。通过扬簸和碾磨等工序将谷物去壳、加工成米和面，对于人们来说，难道这些方法永远是一个秘密吗？讲究饮食滋味的人们都希望粮食加工得越精美越好。靠着杵臼的使用，人们解决了谷物加工的问题而带来了巨大的便利，这大概是受到了《易经》中"小过"一卦的卦意的启示吧。难道发明这一系列方法的人不是凭借人类的超凡才智而只是凭借神秘的天意吗？

攻稻

　　凡稻刈获之后，离稿取粒。束稿于手而击取者半，聚稿于场而曳牛滚石以取者半。凡束手而击者，受击之物，或用木桶，或用石板。收获之时，雨多霁少，田、稻交湿不可登场者，以木桶就田击取。晴霁稻干，则用石板甚便也。

　　凡服牛曳石滚压场中，视人手击取者力省三倍。但作种之谷，恐磨去壳尖减削生机。故南方多种之家，场禾多藉牛力，而来年作种者则宁向石板击取也。

　　凡稻最佳者九穰一秕①。倘风雨不时，耘耔失节，则六穰四秕者容有之。凡去秕，南方尽用风车扇去。北方稻少，用扬法，即以扬麦、黍者扬稻，盖不若风车之便也。

　　凡稻去壳用砻②，去膜用舂、用碾。然水碓主舂，则兼并砻功，燥干之谷入碾亦省砻也。凡砻有二种。一用木为之，截木尺许（质多用松），斫合成大磨形，两扇皆凿纵斜齿，下合植榫穿贯上合，空中受谷。木砻攻米二千余石，其身乃尽。凡木砻，谷不甚燥者入砻亦不碎，故入贡军国漕储千万，皆出此中也。一土砻，析竹匡围成圈，实洁净黄土于内，上下两面各嵌竹齿。上合空受谷，其量倍于木砻。谷稍滋湿者入其中即碎断。土砻攻米二百石，其身乃朽。凡木砻必用健夫，土砻即屠妇弱子可胜其任。庶民饔飧皆出此中也。

　　凡既砻，则风扇以去糠秕，倾入筛中团转，谷未剖破者浮出筛面，重复入砻。凡筛，大者围五尺，小者半之。大者其中心偃隆而起，健夫利用；小者弦高二寸，其中平窒，妇子所需也。

　　凡稻米既筛之后，入臼而舂，臼亦两种。八口以上之家掘地藏石臼其上，臼量大者容五斗，小者半之。横木穿插碓头（碓嘴治铁为之，用醋淬合上），足踏其末而舂之。不及则粗，太过则粉③，精粮从此出焉。晨炊无多者，断木为手杵，其臼或木或石以受舂也。既舂以后，皮膜成粉，名曰细糠，以供犬豕之豢。荒歉之岁，人亦可食也。细糠随风扇播扬分去，则膜尘净尽而粹精见矣。

凡水碓，山国之人居河滨者之所为也。攻稻之法省人力十倍，人乐为之。引水成功，即筒车灌田同一制度也。设臼多寡不一，值流水少而地窄者，或两三臼；流水洪而地室宽者，即并列十臼无忧也。

江南信郡④，水碓之法巧绝。盖水碓所愁者，埋臼之地卑则洪潦为患，高则承流不及。信郡造法即以一舟为地，撅桩维之⑤，筑土舟中，陷臼于其上。中流微堰石梁，而碓已造成，不烦椓木壅坡之力也。又有一举而三用者，激水转轮头，一节转磨成面，二节运碓成米，三节引水灌于稻田，此心计无遗者之所为也。凡河滨水碓之国，有老死不见砻者，去糠去膜皆以臼相终始，惟风筛之法则无不同也。

凡碨⑥，砌石为之，承藉、转轮皆用石。牛犊、马驹惟人所使，盖一牛之力，日可得五人。但入其中者，必极燥之谷，稍润则碎断也。

![注释]

①九穰（ráng）一秕：十个谷壳中九个饱满，一个空瘪。②砻（lóng）：破壳去谷的碾磨型农具。③不及则粗，太过则粉：用力不及则米粗，用力过大则米碎。④信郡：广信府，今江西上饶一带。⑤以一舟为地，撅桩维之：把一条船当成安装水碓之地，在岸上打下木桩，用绳子把船拴牢。⑥碨（wèi）：即磨。

译 文

　　稻子收割之后，就要进行脱粒。在脱粒的方法中，用手握稻秆摔打来脱粒的约占一半，把稻子铺在晒场上，用牛拉石磙进行脱粒的也占一半。手工脱粒是手握稻秆在木桶上或石板上摔打。如果收获稻子的时候遇上多雨少晴的天气，稻田和稻谷都很潮湿，不能把稻子收到晒场上去脱粒时，就用木桶在田间就地脱粒。如果遇上晴天，稻子也很干，使用石板脱粒也就很方便了。

　　用牛拉石磙在晒场上压稻谷要比手工摔打省力三倍。但是留着当稻种的稻谷恐怕被磨掉保护谷胚的壳尖而使种子发芽率降低，因此南方种植水稻较多的人家大部分稻谷都是用牛力脱粒，但是留为种子的稻谷就宁可在石板上摔打脱粒。

　　最好的稻谷是其中九成是饱满的谷粒，只有一成是秕谷。如果风雨不调，耘籽不及时，那么稻谷也可能出现只有六成饱满而四成是秕谷的情况。对于去掉秕谷的方法，南方都用风车扇去；而北方稻子少，多用扬场的方法，也就是用扬麦子和黍子那样的办法来扬稻子，总的来说，这一方法不如用风车那样方便。

　　稻谷去掉谷壳用的是砻，去掉糠皮用的是舂或者碾。但是用水碓来舂也就同时起到了砻的作用。干燥的稻谷用碾加工也可以不用砻。砻有两种，一种是用木头做的，锯下一尺多长的原木（多用松木）砍削并合成磨盘形状，两扇都凿出纵向的斜齿，下扇安一根轴穿进上扇，将上扇中间挖空以便稻谷能从孔中注入。木砻加工到两千多石米就不能再用了。

　　用木砻加工，即便是不太干燥的稻谷，也不会被磨碎，因此上缴的军粮和官粮，无论是大量运走或就地储藏的大量稻谷都要用木砻加工。另一种是土砻，破开竹子编织成一个圆筐，中间用干净的黄土填充压实，上下两扇都镶上竹齿，上扇安个竹篾漏斗用来装稻谷。稻谷从上扇用竹篾围成的孔中注入，土砻的装谷量比木砻要多一倍。稻谷稍微潮湿一点，在土砻中就会磨碎。土砻加工二百石米就坏了。使用木砻的必须是身体强壮的劳动力，而土砻即使是体弱力小的妇女儿童也能胜任。老百姓吃的米都是用土砻加工的。

　　稻谷用砻磨过以后，要用风车扇去糠秕，然后倒进筛子里团团筛过，未破壳的稻谷便浮到筛面上来，再将其倒入砻中进行加工。大的筛子周长五尺，小的筛子周长约为大筛的一半。大筛的中心稍微隆起，供强壮的劳动力使用；小筛的边高只有二寸，中心微凸，供妇女儿童使用。

　　稻米筛过以后，放到臼里舂，臼也有两种。八口以上的人家一般是在地上挖坑埋石臼。大臼的容量是五斗，小臼的容量约为大臼的一半。另外用横木一条穿插入碓头（碓嘴是用铁做的，用醋滓将它和碓头黏合上），用脚踩踏横木的末端舂米。当舂得不够时，米就会粗糙；当春得太过分，米就细碎了，精米都是这样加工出来的。人口不多的人家就截木做成手杵，用木头或石头做白来春米。春过以后，糠皮都变成了粉，叫作细糠，用来喂猪狗。遇到荒年，人也可以吃。细糠被风车扇净后，糠皮灰尘都去除干净，留下的就是加工出来的大米了。

水碓是山区住在河边的人们创造的。用它来加工稻谷要比人工省力十倍，因此人们都乐意使用水碓。利用水力带动水碓和利用筒车浇水灌田是同样的方法。设白的多少没有一定限制，如果流水量小而地方也狭窄，就设置两至三个白。如果流水量大而地方又宽敞，那么并排设置十个白也不成问题。

江西上饶一带建造水碓的方法非常巧妙。建造水碓的困难在于选择埋白的地方，如果白石设在地势低处，可能会被洪水淹没，白石设在地势太高的地方，水又流不上去。上饶一带造水碓的方法是用一条船作为地，把船系在木桩上。在船中填土埋白，再在河的中流筑一个小石坝，这样小碓就造成功了，打桩筑坡的劳力也就可以节省下来了。此外，水碓还有一举三用，利用水流的冲击来使水轮转动，用第一节带动水磨磨面，第二节带动水碓春米，第三节用来引水浇灌稻田，这是考虑得非常周密的人们所创造的。在使用水碓的河滨地区，有人一辈子也没有见过砻，那里的稻谷去壳去糠皮始终都是用白，唯独使用风筛的方法，各个地方都相同。

碾则是用石头砌成的，碾盘和转轮都是用石头做的。用牛犊或马驹来拉碾都可以，随人自便。一头牛干一天的劳动量相当于五个人一天的劳动量，但是要碾的稻谷必须是晒得很干燥的，稍微潮湿一点儿，米就细碎了。

攻麦

凡小麦，其质为面。盖精之至者，稻中再春之米；粹之至者，麦中重罗之面也。

小麦收获时，束稿击取，如去稻法。其去秕法，北土用扬，盖风扇流传未遍率土也。凡扬，不在宇下，必待风至而后为之。风不至，雨不收，皆不可为也。

凡小麦既扬之后，以水淘洗，尘垢净尽，又复晒干，然后入磨。凡小麦有紫、黄二种，紫胜于黄。凡佳者每石得面一百二十斤，劣者损三分之一也。

凡磨大小无定形。大者用肥健力牛曳转，其牛曳磨时用桐壳掩眸，不然则眩晕。其腹系桶以盛遗，不然则秽也。次者用驴磨，斤两稍轻。又次小磨，则止用人推挨者。

凡力牛一日攻麦二石，驴半之。人则强者攻三斗，弱者半之。若水磨之法，其详已载《攻稻·水碓》中，制度相同，其便利又三倍于牛犊也。

凡牛、马与水磨，皆悬袋磨上，上宽下窄。贮麦数斗于中，溜入磨眼。人力所挨则不必也。

凡磨石有两种，面品由石而分。江南少粹白上面者，以石怀沙滓，相磨发烧，则其麸并破，故黑颣掺和面中，无从罗去也。江北石性冷腻，而产于池郡之九华山①者，美更甚。以此石制磨石不发烧，其麸压至扁秕之极不破，则黑疵一毫不入，而面成至白也。凡江南磨二十日即断齿，江北者经半载方断。南磨破麸得面百斤，北磨只得八十斤，故上面之值增十之二，然面筋、小粉皆从彼磨出，则衡数已足，得值更多焉。

凡麦经磨之后，几番入罗，勤者不厌重复。罗筐之底用丝织罗地绢为之。湖丝所织者，罗面千石不损，若他方黄丝所为，经百石而已朽也。凡面既成后，寒天可经三月，春夏不出二十日则郁坏②。为食适口，贵及时③也。

凡大麦则就舂去膜，炊饭而食，为粉者十无一焉④。荞麦则微加舂杵去衣，然后或舂或磨以成粉而后食之。盖此类之视小麦，精粗贵贱大径庭也。

译 文

对小麦而言，它的精华部分是面。稻谷最精华的部分是舂过多次的稻米，小麦最精粹的部分是反复罗过的小麦面。

收获小麦的时候，用手握住麦秆摔打脱粒，和稻子手工脱粒的方法相同。对于去掉秕麦的方法，北方多用扬场的办法，这是因为风车的使用还没有普及全国。扬场不能在屋檐下，而且一定要等有风的时候才能进行。没有风或者下雨时都不能扬场。

小麦扬过后，用水将灰尘污垢完全洗干净，再晒干，然后入磨。

小麦有紫皮和黄皮两种，其中紫皮的比黄皮的好些。好的小麦每石可磨得面粉一百二十斤，差一点儿的所得要减少三分之一。

磨的大小没有一定规格，大的磨要用肥壮有力的牛来拉。牛拉磨时，要用桐壳遮住牛的眼睛，否则牛就会被转晕。牛的肚子上要系上一只桶用来盛装牛的排泄物，否则就会把面弄脏了。小一点的磨用驴来拉，重量相对较轻些。再小一点的磨则只需用人来推。

一头壮牛一天能磨两石麦子，一头驴一天只能磨一石，强壮的人一天能磨麦三斗，而体弱的人只能磨一斗半。至于使用水磨的办法，已经在《攻稻·水碓》一节的记述中详细讲述了，方法还是一样的，但水磨的功效却要比牛犊的效率高出三倍。

用牛马或水磨磨面都要在磨上方悬挂一个上宽下窄的袋子，里面装上几斗小麦，小麦能够慢慢自动滑入磨眼，而人力推磨时就用不着了。

造磨的石料有两种，面粉品质的好坏也随石料的差异而有所不同。江南之所以很少出上等的精白面粉，就是因为磨石里含有渣滓，磨面时会发热，以致带色的麸皮破碎与面掺和在一起而无法罗去。江北的石料性凉而且细腻，安徽池州九华山出产的石料质地更好。用这种石头制成的磨，磨面时，石头不会发热，虽然麸皮也轧得很扁，但不会破碎，所以麸皮一点都不会掺混到面里，这样磨成的面粉就非常白了。江南的磨用二十天就磨钝了磨齿，而江北的磨要用半年才能磨钝磨齿。南方的磨由于把麸子一起磨碎，因此可以磨得一百斤面，北方的磨就只得八十斤上等面粉，所以上等面粉的价钱就要贵十分之二。但是从北方的磨里出来的麸皮还可以提取面筋和小粉，所以磨面的总体分量也是足够了，而得到的收益就更多了。

麦子被磨过以后，还要多次入罗，勤劳的人们不怕精心劳作。罗的底是用丝织的罗地绢制作的。如果用浙江湖州一带出产的丝织制成的罗地绢做罗底，罗一千石面也不坏。如果用其他地方的黄丝织成的，罗过一百石面就坏了。面粉磨好以后，在寒冷季节里可以存放三个月，春夏时节存放不到二十天就会受潮而变质。因此，为了面能质真味美，就必须随磨随吃。

大麦一般是舂掉外皮后用来煮成饭而食用的，把大麦磨成面粉的不到十分之一。荞麦则是先用杵棒稍微舂一下，捣掉外皮，然后舂或磨成面来吃。这些粮食与小麦相比，精粗贵贱也就差得太远啦！

攻黍、稷、粟、粱、麻、菽

凡攻治小米，扬得其实，舂得其精，磨得其粹。风扬、车扇而外，簸法生焉。其法：簸织为圆盘，铺米其中，挤匀扬播①。轻者居前，扑弃地下；重者在后，嘉实存焉。凡小米舂、磨、扬、播制器，已详《稻》《麦》之中。惟小碾一制在《稻》《麦》之外。北方攻小米

者，家置石墩，中高边下，边沿不开槽。铺米墩上，妇子两人相向，接手而碾之。其碾石圆长如牛赶石，而两头插木柄。米堕边时，随手以小彗②上。家有此具，杵臼竟悬③地。

凡胡麻刈获，于烈日中晒干，束为小把，两手执把相击，麻粒绽落，承藉以簟席也。凡麻筛与米筛小者同形，而目密五倍。麻从目中落，叶残角屑皆浮筛上而弃之。

凡豆菽刈获，少者用枷，多而省力者仍铺场，烈日晒干，牛曳石赶而压落之。凡打豆枷，竹木竿为柄，其端锥圆眼，拴木一条，长三尺许，铺豆于场，执柄而击之。凡豆击之后，用风扇扬去荚叶，筛以继之，嘉实洒然入廪④矣。是故春、磨不及麻，碓碾不及菽⑤也。

注 释

①播：即"簸"字。②小彗：小扫帚。③悬：悬置而不用。④廪：仓廪，粮库。⑤春、磨不及麻，碓碾不及菽：芝麻不用春、磨，豆子不用碓碾。

译 文

小米是这样加工的：扬净后得到实粒，春后得到小米，磨后得到小米粉。除去风扬、车扇两法外，还有一种簸法。簸法是用蔑条编成圆盘，把谷子铺在上面，均匀地扬簸。轻的扬到前面，从箕口丢弃地下。重的留在后面，那就是饱满的实粒了。小米加工用的春、磨、扬、播等工具已经详述于《攻稻》《攻麦》两节中。只是小碾这个工具在《攻稻》《攻麦》两章节没有谈到。北方加工小米，在家里安置一个石墩，石墩中间高，四边低，边沿不开槽。碾石是长圆形的，好像牛拉的石磙子，两头插上木柄。碾时，把谷子铺在墩上，妇女两人面对面，相互用手交接碾柄来碾压。米落到碾的边沿时，就随手用小扫帚扫进去。家里有了这种工具，就用不着杵臼了。

芝麻收割后，在烈日下晒干，扎成小把，然后两手各拿一把相互拍打，这时芝麻壳就会裂开，芝麻粒也就脱落了，下面用席子承接。芝麻筛和小的米筛形状相同，但筛眼比米筛密五倍。芝麻粒从筛眼中落下，叶屑和碎片等杂物浮在筛上抛掉。

豆类收获后，量少的用连枷脱粒，如果量多，省力的办法仍然是铺在晒场上，在烈日下晒干，用牛拉石磙来脱粒。打豆的连枷是用竹竿或木杆做柄，柄的前端钻个圆孔，拴上一条长三尺左右的木棒。把豆铺在场上，手执枷柄甩打。豆打落后，用风车扇去荚叶，再筛过，就可得到饱满的豆粒入仓了。所以说，芝麻用不着春和磨，豆类用不着碾碾。

精彩点拨

　　谷物收成后，比如稻与麦，并非直接就可以食用，稻谷有壳，而麦粒有皮，真正可食用的是壳里面的东西。若非古代的先人发明了取出白米与磨面粉的加工技术，今天我们就不会享用到香喷喷的白米饭和各式各样的面食。本章的主要内容是水稻、小麦的收割、脱粒以及加工成白米与麦粉的技术和相关工具，还概括讲述了其他谷物的加工。

阅读积累

碌碡

　　碌碡又称"碌轴"，中国农业生产用具，是一种用以碾压的畜力农具。总体类似圆柱体，中间略大，两端略小，宜于绕着一个中心旋转。用来轧谷物（通常需搭配石碾作底盘）、碾平场地等。在中国内蒙古、甘肃、陕西、山西、河北、安徽、河南、山东等省份的农村大量使用。拉碌碡分为人拉、畜拉和拖拉机等。以前在晒谷场用牲畜拉的较多，人拉的较少，后来基本全部改成拖拉机等机器拉。还有一种方式，在碌碡把上拴上一条绳子，绳子的另一端拴住一条木棍，一人抱住木棍的末端，其他人推着木棍转，碌碡便绕着一个很大的半径飞速旋转，功率得以提高，可花费的人力也多。这种集体拉碌碡的方式很热闹，喜欢这活的人都是年轻好动的小伙子。他们说说笑笑，打打闹闹，碌碡却飞快地旋转。他们身上的汗水也不停地挥洒。

第五 作咸

精彩导读

　　作咸就是制作食盐。盐是人类生活的必需品，盐税曾经是许多国家重要的财政收入。

原文

　　宋子曰：天有五气，是生五味①。润下作咸，王访箕子而首闻其义焉②。口之于味也，辛、酸、甘、苦，经年绝一无恙③。独食盐，禁戒旬日，则缚鸡胜匹④，倦怠恹然。岂非"天一生水"⑤，而此味为生人生气之源哉？四海之中，五服⑥而外，为蔬为谷，皆有寂灭之乡⑦，而斥卤⑧则巧生以待。孰知其所以然？

注释

　　①天有五气，是生五味：按中国古代"五行说"，东方木，味酸；南方火，味苦；西方金，味辛；北方水，味咸；中央土，味甘。见《尚书·洪范》及《礼记·月令》。②润下作咸，王访箕子而首闻其义焉：《尚书·洪范》序云：武王伐殷，既胜，以箕子归镐京，访以天道，箕子为陈天地之大法，叙述其事，作《洪范》。《洪范》起首即说五行，且云："水曰润下，火曰炎上，木曰曲直，金曰从革，土曰稼穑。润下作咸，炎上作苦，曲直作酸，从革作辛，稼穑作甘。"本篇即以《作咸》命篇。③经年绝一无恙：整年不吃其中之一味，对人身体没有什么影响。④缚鸡胜匹：缚一只鸡比捆匹牛马还吃力。⑤"天一生水"：《汉书·律历志》："天以一生水，地以二生火，天以三生木，地以四生金，天以五生土。"也是五行说的一套。⑥五服：《尚书·禹贡》以九州之外，五百里甸服，五百里侯服，五百里绥服，五百里要服，五百里荒服。是为五服。⑦为蔬为谷，皆有寂灭之乡：蔬菜五谷都不生的地方。⑧斥卤：盐卤。

译 文

宋先生说：自然界有五种气，于是相应地产生了五种味道。水性向下渗透并具有咸味这一事，周武王访问箕子后才开始懂得了这个道理。对于人来说，五味中的辣、酸、甜、苦，长期缺少其中任何一种对人的身体都没有多大影响，唯独盐，十天不吃，人就会像得了重病一样无精打采、软弱无力，甚至连只鸡也抓不住。这岂不正是说明首先是因为"天一生水"，即自然界产生了水，而水中产生的咸味正是人生命力的源泉吗？全国各地，无论是在京郊、内地，还是僻远的边疆，到处都有不长蔬菜和谷物等庄稼的不毛之地，然而即便在这些地方，食盐也能巧妙分布各处以待人们享用。有谁能知道这是什么道理呢？

盐产

原 文

凡盐产最不一：海、池、井、土、崖、砂石，略分六种、而东夷树叶①、西戎光明②不与焉。赤县之内，海卤居十之八，而其二为井、池、土碱。或假人力，或由天造。总之，一经舟车穷窘③，则造物应付出④焉。

注 释

①东夷树叶：辽东少数民族食用的树叶盐。②西戎光明：西部少数民族食用的光明盐。③舟车穷窘：交通不便的地方。④造物：大自然。应付出：自然产生。

译 文

食盐的种类很多。大体上可以分为海盐、池盐、井盐、土盐、崖盐和砂石盐六种，但是东部少数民族地区出产的树叶盐和西部少数民族地区出产的光明盐还不包括在其中。在我国的广阔幅员之中，海盐的产量约占五分之四，其余五分之一是井盐、池盐和土盐。这些食盐有的是靠人工提炼出来的，有的则是天然生成的。总之，凡是在交通运输不便、外地食盐难以运到的地方，大自然都会就地提供出食盐以备人之用。

海水盐

凡海水自具咸质。海滨地，高者名潮墩，下者名草荡，地皆产盐。同一海卤，传神而取法则异。

一法：高堰地，潮波不没者，地可种盐。种户各有区画经界，不相侵越。度诘朝①无雨，则今日广布稻麦稿灰及芦茅灰寸许于地上，压使平匀。明晨露气冲腾，则其下盐茅②勃发。日中晴霁，灰、盐一并扫起淋煎。

一法：潮波浅被地，不用灰压，候潮一过，明日天晴，半日晒出盐霜，疾趋扫起煎炼。

一法：逼海潮深地，先掘深坑，横架竹木，上铺席苇，又铺沙于苇席上。俟潮灭顶冲过，卤气由沙渗下坑中，撤去沙、苇，以灯烛之，卤气冲灯即灭，取卤水煎炼。总之功在晴霁，若淫雨连旬，则谓之盐荒。又淮场地面，有日晒自然生霜如马牙者，谓之大晒盐。不由煎炼，扫起即食。海水顺风漂来断草，勾取煎炼，名蓬盐。

凡淋煎法，掘坑二个，一浅一深。浅者尺许，以竹木架芦席于上，将扫来盐料（不论有灰无灰，淋法皆同），铺于席上，四围隆起，作一堤垱形③，中以海水灌淋，渗下浅坑中。深者深七八尺，受浅坑所淋之汁，然后入锅煎炼。

凡煎盐锅，古谓之"牢盆"，亦有两种制度。其盆周阔数丈，径亦丈许。用铁者以铁打成叶片，铁钉拴合，其底平如盂，其四周高尺二寸，其合缝处一以卤汁结塞，永无隙漏。其下列灶燃薪，多者十二三眼，少者七八眼，共煎此盆。南海有编竹为者，将竹编成阔丈深尺，糊以蜃灰④，附于釜背。火燃釜底，滚沸延及成盐。亦名盐盆，然不若铁叶镶成之便也。凡煎卤未即凝结，将皂角椎碎，和粟米糠二味，卤沸之时，投入其中搅和，盐即顷刻结成。盖皂角结盐，犹石膏之结腐也。

凡盐淮扬场者，质重而黑。其他质轻而白。以量较之。淮场者一升重十两，则广、浙、长芦者只重六七两。凡蓬草盐不可常期⑤，或数年一至，或一月数至。凡盐见水即化，见风即卤，见火愈坚。凡收藏不必用仓廪，盐性畏风不畏湿，地下叠稿三寸，任从卑湿无伤。周遭以土砖泥隙，上盖茅草尺许，百年如故也。

注 释

①度：推测。诘朝：第二天。②盐茅：盐像茅草一样丛生。③堤垱形：堤坝的样

子。④蜃灰：蛤蜊壳烧成的灰。⑤常期：长期存放。

海水本身就具有盐分这种咸质。海滨地势高的地方叫作潮墩，地势低的地方叫作草荡，这些地方都能出产盐。同样是用海盐，但制取海盐所用的方法却各不相同。

一种方法是在海潮不能浸漫的岸边高地上取盐，各户都有自己的地段和界线，互不侵占。估计第二天会天晴，于是就在当天将一寸多厚的稻、麦稿灰及芦苇、茅草灰遍地撒上、压紧并使其平匀。第二天早上，地下湿气和露气都很重，灰下已经结满了盐茅。等到雾散天晴，过了中午，就可以将灰和盐一起扫起来，拿去淋洗和煎炼。

另一种方法是，在潮水浅浅的地方，不用撒灰，只等潮水过后，如果第二天天晴，半天就能晒出盐霜来，然后赶快扫将其起来，加以煎炼。

还有一种方法是预先在能被海潮淹没的地方挖掘一个深坑，上面横架竹或木棒，竹木上铺苇席，苇席上铺沙，当海潮盖顶淹过深坑时，卤气便通过沙子渗入坑内，然后将沙子和苇席撤去，用灯向坑里照一照，当卤气能把灯冲灭的时候，就可以取卤水出来煎炼了。总之，成功与否在于能否天晴，如果阴雨连绵多日，盐被迫停产，这就叫作盐荒。在江苏淮扬一带的盐场，人们靠日光把海水晒干，这种经过日晒而自然凝结的盐霜好像马牙似的，叫作大晒盐，其不需要再次煎炼，扫起来就可以食用了。此外，利用海水中顺风漂来的海草，人们捞起来熬炼而制出的盐叫作蓬盐。

盐的淋洗和煎炼的方法是挖一浅一深两个坑。浅的坑深约一尺左右，上面架上竹或木，然后在上面铺芦席，将扫起来的盐料（不论是有灰的，还是无灰的，淋洗的方法都是一样的）铺在席子上面，四周堆得高些，做成堤坝形，中间用海水淋灌，这样盐卤水便可以渗到浅坑之中；深的坑七到八尺深，取出浅坑淋灌下的盐水，然后倒入锅里煎炼。

古时候，煎盐的锅古时候叫作牢盆，这种牢盆的周长有好几丈，直径也有一丈多，只有两种规格和形制。其中一种是用铁做的，把铁锤打成叶片，再用铁钉铆合，盆的底部像盂那样平，盆深约一尺二寸，接口处经过卤汁结晶后堵塞住，就不会再漏了。牢盆下面砌灶烧柴，灶眼多的能有十二三个，灶眼少的也有七八个，用柴火同时烧煮一个锅。南海地区还有另外一种制法，那是用竹篾编成一个锅围的，锅围的直径约一丈、深约一尺。在锅围上糊上蛤蜊灰并衔接在锅的边上。锅下烧火到使卤水沸腾，一直到逐渐结成盐。这种盆也叫作盐盆，但总的来说，不如用铁片做成的锅那样方便省事。煎炼盐卤汁的时候，如果没有即时凝结，可以将皂角舂碎掺和小米糠一起投入沸腾的卤水里搅拌均匀，这样盐分便会很快地结晶成盐粒。加入皂角而使盐凝结就好像做豆腐时加入石膏使豆腐凝结一样。

江苏淮扬一带出产的盐又重又黑，其他地方出产的盐则是又轻又白。从重量上比

较，淮扬盐场的盐一升重约十两，而广东、浙江、长芦盐场的盐就只有六七两重。蓬草盐的来源不太可靠，蓬草有时好几年来一次，有时一个月来好几次，因此不能经常指望它。

盐遇到水后就会溶解，遇到风后就会流盐卤，碰上火却越发坚硬。储藏盐不必用仓库。盐的特性是怕风吹，但不怕地湿，只要在地上铺三寸来厚的稻草秆，任凭地势低湿也没有什么妨害的。如果周围再用砖砌上，缝隙用泥封堵上，上面盖上一尺多厚的茅草，这样即使放置一百年也不会发生变质。

池盐

凡池盐，宇内有二：一出宁夏，供食边镇；一出山西解池①，供晋、豫诸郡县。解池界安邑、猗氏、临晋之间，其池外有城堞，周遭禁御。池水深聚处，其色绿沉。土人种盐者，池旁耕地为畦垄，引清水入所耕畦中，忌浊水，掺入即淤淀盐脉。

凡引水种盐，春间即为之，久则水成赤色。待夏秋之交，南风大起，则一宵结成，名曰颗盐，即古志所谓大盐②也。以海水煎者细碎，而此成粒颗，故得大名。其盐凝结之后，扫起即成食味。种盐之人，积扫一石交官，得钱数十文而已。其海丰、深州③引海水入池晒成者，凝结之时扫食不加人力，与解盐同。但成盐时日，与不藉南风则大异也。

注　释

①山西解池：在今山西运城市之南。②古志所谓大盐：大盐初见于《史记·货殖列传》之唐司马贞"索隐"："河东大盐。"河东即山西。③海丰、深州：海丰即今广东海丰县。深州疑指海丰之一地，非今河北省之深州也。

译　文

我国有两个池盐产地，一处是在宁夏，出产的食盐供边远地区食用；另一处是山西解池，出产的食盐供山西、河南各郡县食用。解池位于河南安邑、猗氏和临晋之间，它的四周筑有城墙用来防卫保护盐池。池水深的地方，水呈现为深绿色。当地制盐的人，在池旁耕地耕成畦垄，把池内清水引入畦垄之中。但是要注意提防浊水流入，否则将造成泥沙淤积盐脉。

每到春季就要开始引池水制盐，如果时间太晚，水就会变成红色。等到夏秋之交南风劲吹的时候，一夜之间就能凝结成盐，这种盐名叫颗盐，也就是古书上所说的"大盐"。因为海水煎炼的盐细碎，而池盐则成颗粒状，所以得到了"大盐"的称号。池盐一经凝结成形后就可扫起供人食用。制盐的人制成一石盐上交给官府也不过只得几十文铜钱而已。在海丰深州地区，把海水引入池内晒成的盐，凝结后扫起就可食用了，而不需再煎炼加工，这一点和池盐是一样的。但成盐的时间，以及它不需依靠南风吹这两点就跟池盐大不相同了。

井盐

原　文

凡滇、蜀两省远离海滨，舟车艰通，形势高上，其成脉即蕴藏地中。凡蜀中石山去河不远者，多可造井取盐。盐井周围不过数寸，其上口一小盂覆之有余，深必十丈以外，乃得卤性①，故造井功费甚难。

其器冶铁锥，如碓嘴形，其尖使极刚利，向石上舂凿成孔。其身破竹缠绳，夹悬此锥。每舂深入数尺，则又以竹接其身，使引而长。初入丈许，或以足踏碓梢，如舂米形。太深则用手捧持顿下。所舂石成碎粉，随以长竹接引，悬铁盏挖之而上。大抵深者半载，浅者月余，乃得一井成就。

盖井中空阔，则卤气游散，不克结盐故也。井及泉后，择美竹长丈者，凿净其中节，留底不去②。其喉下安消息③，吸水入筒，用长绠④系竹沉下，其中水满。井上悬桔槔、辘

轳诸具，制盘驾牛。牛拽盘转，辘轳绞绠，汲水而上。入于釜中煎炼（只用中釜⑤，不用牢盆），顷刻结盐，色成至白。

西川有火井⑥，事奇甚，其井居然冷水，绝无火气，但以长竹剖开去节，合缝漆布，一头插入井底，其上曲接，以口紧对釜脐，注卤水釜中。只见火意烘烘，水即滚沸。启竹而视之，绝无半点焦炎意。未见火形而用火神，此世间大奇事也！

凡川、滇盐井，逃课掩盖至易，不可穷诘。

注 释

①卤性：盐层。②留底不去：此长竹的最后一节不凿透。③其喉下安消息：在最后一节的上部安装阀门。④长绠（gēng）：长绳。⑤中釜：中号的锅。⑥火井：即今之天然气井。

译 文

云南和四川两省离海滨很远，交通也不便利，地势又很高，因此那两个省的盐就蕴藏在当地的地下。在四川离河不远的石山上，大多可以凿井取盐。盐井的圆周不过几寸，盐井的上口用一个小盂便能盖上，而盐井的深度必须要达到十丈（三十多米深）以上，才能到盐卤水层，因此凿井的代价很大，要花费很长时间，也很艰难。

凿井使用的是铁锥，铁锥的形状很像碓嘴，要把铁锥的尖端做得非常坚固锋利，才能用它在石上冲凿成孔。铁锥的锥身是用破开两半的竹片夹住，再用绳缠紧做成的。每凿进数尺深，就要用竹竿子把它接上以增加它的身长。起初的这一丈多深，可以用脚踏碓梢，就像舂米那样。再深一些就用两手将铁锥举高，然后用力夯下去，这可能把石头舂得粉碎，随后把长竹接在一起再捆上铁勺，最后把碎石挖出来。打一眼深井需要半年左右的时间，而打一眼浅井一个多月就能够成功了。如果井眼凿得过大，卤气就会游散，以致不能凝结成盐。当盐井凿到卤水层能打出水后，挑选一根长约一丈的好竹子，将竹内的节都凿穿，只保留最底下的一节，并在竹节的下端安一个吸水的单向阀门以便汲取盐水入筒。用长绳拴住这根竹筒，将它沉到井底之下，竹筒内就会汲满了盐水。井上安装桔槔或辘轳等提水工具。操作方法是套上牛，用牛拉动转盘而带动辘轳绞绳把盐水汲上来。然后将卤水倒进锅里煎炼（只用中等大小的锅，而不用牢盆），很快就能凝结成雪白的盐了。

四川西部地区有一种火井，非常奇妙，火井里居然全都是冷水，完全没有一点热气。但是，把长长的竹子劈开去掉竹节，再拼合起来用漆布缠紧，将一头插入井底，另一头用曲管对准锅脐，把卤水接到锅里，只见热烘烘的卤水很快就沸腾起来了。可是打开竹筒一看，却没有一点烧焦的痕迹。看不见火的形象而起到了火的作用，这真是人世间的一大奇事啊！

四川、云南两省的盐井很容易逃避官税，难以追查。

末盐

原文

凡地碱煎盐，除并州①末盐外，长芦分司②地土人亦有刮削煎成者，带杂黑色，味不甚佳。

注释

①并州：今山西中部，太原一带。有土盐。②长芦分司：明代在长芦（今河北境内）设盐运使，并于沧州、青州设二分司。

译文

用地碱煎熬的盐，除了并州的粉末盐之外，家住河北沿渤海湾一带的人们也经常刮取地碱熬盐，但是这种盐含有杂质，颜色比较黑，味道也不太好。

崖盐

原文

凡西省阶、凤①等州邑，海、井交穷②，其岩穴自生盐，色如红土，恣人刮取，不假煎炼。

注释

①阶、凤：阶州，今甘肃武都；凤州，今陕西凤县。②海、井交穷：海盐、井盐都没有。

陕西省的阶州、凤县等地区既没有海盐，又没有井盐，但是当地的岩洞里却出产食盐，看上去很像红土，任凭人们刮取食用，而不必通过煎炼。

精彩点拨

《天工开物》里对食品加工有很生动的记录，包括了制糖、制盐、制油、制酒。在这几种之中，盐又是最基本、最重要的一种。中国菜之所以能扬名世界，跟调味料的运用脱离不了关系。我国对盐的掌握从很早就开始了，周朝还设有"盐人"这种官职专门负责制盐的事。可见我国早在数千年前就已经开始用盐。经过几千年的发展，盐的种类更多，制造技术更为专业，于是宋应星在本篇中仔细解说了盐的种类和制作方法。

阅读积累

制卤

制卤是制盐企业在制盐过程中最原始的一道工序。按高标准、高质量建滩的要求，采用平面蒸发制卤。蒸发池要求硬板化，即坚实、平坦，实现"五无"（无虫害、无漏洞、无青苔、无杂草、无脚印）。1958年新建的场由于设计不周，曾出现滩地、蒸发池、结晶坎的布局不适当，走水向、落差也不合理，芦华盐场就是典型的二级扬水场。1978年后再建的新场基本上避免了以上问题。蒸发池一般顺走水，上下道落差保持5～10厘米，蒸、结比一般为8：1，自第四道蒸发池起，设有保卤井，可保5℃以上卤水。并掌握分级保卤，分级上卤；制卤掌握短晴天薄晒勤跑，长晴天适当深水制卤，均为一放一干，按步卡放，严禁一条龙放水、干埋过夜，促进卤水饱和。雨后排淡，雨停淡干，防止泡淡滩地、土质发松和生青苔、虫害等降低制卤能力。

第六 甘嗜①

精彩导读

　　食糖主要分为白糖、红糖和冰糖三种，这三种糖的主要成分都是蔗糖（甜菜制作而成的食糖，其主要成分也是蔗糖）。糖类是人体主要营养来源之一，人体的消耗要以糖类氧化后产生的热能来维持，人体活动所需的能量大约有70%是靠糖类供给的。

原文

　　宋子曰：气至于芳，色至于靘②，味至于甘，人之大欲存焉。芳而烈，靘而艳，甘而甜，则造物有尤异之思矣。世间作甘之味，十八产于草木，而飞虫竭力争衡③，采取百花，酿成佳味，使草木无全功。孰主张是④，颐养遍于天下哉？

注释

　　①甘嗜：语出《尚书·甘誓》：太康"甘酒嗜音"。原意是喜欢喝酒和音乐。此处的意思是喜欢甜味。②靘（qìng）：青黑色。③飞虫竭力争衡：飞虫是指蜜蜂，它竭力与草木争夺在甘甜一味中的地位。④孰主张是：是谁主持着这一切。

译文

　　宋先生说：芳香馥郁的气味，浓艳美丽的颜色，甜美可口的滋味，人们对这些东西都有着强烈的欲望。有些芳香特别浓烈，有些颜色特别艳丽，有些滋味尤其可口，这些在自然界有着特殊的安排。世间具有甜味的东西十之八九来自草木，而蜜蜂却极力争先，采集百花酿成佳蜜，使草木不能全部占有甜蜜的功劳。是谁在主宰这件事，而使天下人都为之受益呢？

蔗种

凡甘蔗有二种，产繁①闽、广间，他方合并得其十一而已。似竹而大者为果蔗，截断生啖，取汁适口，不可以造糖。似荻而小者为糖蔗，口啖即棘伤唇舌，人不敢食，白霜、红砂②皆从此出。凡蔗古来中国不知造糖。唐大历间，西僧邹和尚游蜀中遂宁始传其法③。今蜀中种盛，亦自西域渐来也。

凡种荻蔗，冬初霜将至，将蔗斫伐，去杪与根，埋藏土内（土忌洼聚水湿处）。雨水前五六日，天色晴明，即开出，去外壳，斫断约五六寸长，以两个节为率。密布地上，微以土掩之，头尾相枕，若鱼鳞然。两芽平放，不得一上一下，致芽向土难发。芽长一二寸，频以清粪水浇之。俟长六七寸，锄起分栽。

凡栽蔗必用夹沙土，河滨洲土为第一。试验土色，掘坑尺五许，将沙土入口尝味，味苦者不可栽蔗。凡洲土近深山上流河滨者，即土味甘，亦不可种。盖山气凝寒，则他日糖味亦焦苦。去山四五十里，平阳洲土择佳而为之（黄泥脚地毫不可为）。

凡栽蔗，治畦行阔四尺，犁沟深四寸，蔗栽沟内，约七尺列三丛。掩土寸许，土太厚则芽发稀少也。芽发三四个或六七个时，渐渐下土，遇锄耨时加之。加土渐厚则身长根深，庶免欹倒之患。凡锄耨不厌勤过④，浇粪多少，视土地肥硗。长至一二尺，则将胡麻或芸苔枯⑤浸和水灌，灌肥欲施行内。高二三尺则用牛进行内耕之。半月一耕，用犁一次垦土断旁根，一次掩土培根，九月初培土护根，以防砍后霜雪。

①产繁：盛产于。②白霜、红砂：绵白糖、红砂糖。③"唐大历间"句：这里有两处错误：第一，邹和尚不是西僧，而是华人；第二，据南朝梁时陶弘景《本草经》注，中国以蔗制糖早在六朝时已开始，不始于唐。④不厌勤过：越勤越好。⑤胡麻或芸苔枯：芝麻饼或油菜籽饼。

甘蔗大致有两种，主要盛产于福建和广东一带，其他各个地方所种植的加起来也不过是这两个地方总产量的十分之一。其中甘蔗形状像竹子而又粗大的，叫作果蔗，截断后可以直接生吃，汁液甜蜜可口，不适合造糖；另一种像芦荻那样细小的，叫作糖蔗，生吃时容易刺伤唇舌，所以人们不敢生吃，白砂糖和红砂糖都是用这种甘蔗制作的。在中国古代还不懂得如何用甘蔗造糖，唐朝大历年间，西域僧人邹和尚到四川遂宁县游历的时候，才开始传授制糖的方法。现在四川大量种植甘蔗，这也是从西域逐渐传播开来的。

种植荻蔗的方法是在初冬将要下霜之前将荻蔗砍倒，去掉头和尾，埋在泥土里（注意不能埋在低洼积水潮湿的地方），在第二年雨水节气的前五六天，趁天气晴朗时将荻蔗挖出，剥掉外面的叶鞘，砍成五六寸长一段，以每段都要留有两个节为准，把它们密排在地上，盖上少量土，让它们像鱼鳞似的头尾相枕。每段荻蔗上的两个芽都要平放，不能一上一下，致使向下的种芽难以萌发出土。到荻蔗芽长到一两寸的时候，要注意经常浇灌清粪水，等到长至六七寸的时候，就要挖出来移植分栽了。

栽种甘蔗必须要选择沙壤土，靠近江河边的沙泥土是最合适的。鉴别土质的方法是挖一个深一尺五寸左右的坑，将坑里的沙土放入口中尝尝味道，味道苦的沙土不能用来栽种甘蔗。靠近深山的河流上游的淤积土，即便是土味甘甜，也不能用于栽种甘蔗，这是因为山地气候寒冷，将来制成的蔗糖的味道也会是焦苦的。应该在距山地四五十里的平坦宽阔、阳光充足的沙泥土中选择最好的地段来种植（黄泥土根本不适合种植）。

栽种甘蔗时要整地造畦，将畦垄耕成行距四尺、深四寸的沟。把甘蔗栽种在沟内，约七尺栽种三株，盖上一寸多厚的土，如果土太厚，出芽就会稀少些。每株甘蔗长到三四个或六七个芽，就逐渐将两旁的土推到沟里，在每次中耕锄草时都要培土。培的土越来越厚，甘蔗秆长高而根也扎深了，这样就可避免倒伏的危险。中耕除草的活不嫌次数多，施肥的多少就要看土地的肥瘦程度了。等到甘蔗苗长到一两尺时，就要把胡麻或油菜籽枯饼浸泡后掺水一起浇灌，并且肥要浇灌在行内。等到甘蔗苗长高到两三尺时，则要用牛进入行间进行耕作。每半月犁耕一次以切断一次旁根，翻土一次，培土一次。到了九月初则要大培土保护甘蔗根，以防甘蔗砍收后的宿根被霜雪冻坏。

蔗品

原文

凡荻蔗造糖，有凝冰①、白霜、红砂三品。糖品之分，分于蔗浆之老嫩。凡蔗性，至秋渐转红黑色，冬至以后，由红转褐，以成至白。五岭以南无霜国土，蓄蔗不伐以取糖霜。若韶、雄以北②，十月霜侵，蔗质遇霜即杀，其身不能久待以成白色，故速伐以取红糖也，凡取红糖，穷十日之力而为之。十日以前其浆尚未满足；十日以后，恐霜气逼侵，

前功尽弃。故种蔗十亩之家，即制车、釜一副，以供急用。若广南无霜，迟早惟人也。

注 释

①凝冰：冰糖。②韶、雄以北：广东的韶关和南雄以北，即五岭以北。

译 文

用荻蔗可以制作出冰糖、白糖和红糖三个品种的糖。不同品种的糖是由荻蔗的老嫩不同而决定的。到了秋天，荻蔗的外皮就会逐渐变成深红色，到了冬至以后就会由红色转变为褐色，然后出现白色的蔗蜡。在华南五岭以南没有霜冻的地区，冬天，荻蔗也被留在地里而不砍收，让它长得更好些以用来制造白糖。但是在广东韶关、南雄以北地区，十月就会出现霜冻，蔗质一经霜冻就会受到破坏，这些地区的荻蔗不能在地里留很长时间等它变成白色再收，而且要赶紧砍伐用来制造红糖。制造红糖必须在十天之内全力完成。因为十天以前，荻蔗糖浆还没有长足，而十天以后又怕受霜冻的侵袭而导致前功尽弃，所以种蔗多达十亩的人家就要准备好一套榨糖和煮糖用的车和锅以供急用。至于在广东南部没有霜冻的地区，荻蔗收割的迟早就随人自主安排了。

造糖

原 文

凡造糖车，制用横板二片，长五尺、厚五寸、阔二尺，两头凿眼安柱。上榫出少许，下榫出板二三尺，埋筑土内，使安稳不摇。上板中凿二眼，并列巨轴两根（木用至坚重者），轴木大七尺围方妙。两轴一长三尺，一长四尺五寸，其长者出榫安犁担。担用屈木，长一丈五尺，以便驾牛团转走。轴上凿齿分配雌雄，其合缝处须直而圆，圆而缝合。夹蔗于中，一轧而过，与棉花赶车①同义。

蔗过浆流，再拾其滓，向轴上鸭嘴扱入，再轧，又三轧之，其汁尽矣，其滓为薪。其下板承轴，凿眼，只深一寸五分，使轴脚不穿透，以便板上受汁也。其轴脚嵌安铁锭于中，以便捩转②。

凡汁浆流板有槽枧，汁入于缸内。每汁一石下石灰五合于中。凡取汁煎糖，并列三锅如品字，先将稠汁聚入一锅，然后逐加稀汁两锅之内。若火力少束薪，其糖即成顽糖③，起沫不中用④。

注 释

①赶车：压棉机。②掠（liè）转：转动。③顽糖：即胶糖，无法结晶。④不中用：没有用处。

译 文

造糖用的轧浆车（即"糖车"）的形制和规格是用每块长约五尺、厚约五寸、宽约二尺的上下两块横板，在横板两端凿孔安上柱子。柱子上端的榫头从上横板露出少许，下端的榫头要穿过下横板二至三尺，这样才能埋在地下，使整个车身安稳而不摇晃。在上横板的中部凿两个孔眼，并排安放两根大木轴（用非常坚实的木料所制成），做轴的木料的周长大于七尺为最好。两根木轴中一根长约三尺，另外一根长约四尺五寸，长轴的榫头露出上横板用来安装犁担。犁担是用一根长约一丈五尺的弯曲木材做成的，以便套牛轭使牛转圈走。轴端凿有相互配合的凹凸转动齿轮，两轴的合缝处必须又直又圆，这样缝才能密合得好。把甘蔗夹在两根轴之间一轧而过，这和轧棉花的赶车的道理是相同的。

甘蔗经过压榨，便会流出糖浆水，再把蔗渣插入轴上的"鸭嘴"处进行第二次压榨，接着压榨第三次，这时蔗汁就被压榨尽了，剩下的蔗渣可以用做烧火的燃料。下横板用来支撑木轴，装木轴的地方只凿了一寸五分深的两个小孔，使轴脚不能穿透下横板，以便在板面上承接蔗汁。轴的下端要安装铁条和锭子以便于转动。

蔗汁通过下横板上的槽导流进糖缸里。每石蔗汁加入石灰约五合。在取用蔗汁熬糖时，把三口铁锅排列成品字形，先把浓蔗汁集中在一口锅里，然后把稀蔗汁逐渐加入其余两口锅里。如果柴火不够、火力不足，哪怕只少一把火，也会把糖浆熬成质量低劣的顽糖，满是泡沫而没有用处了。

造白糖

原 文

凡闽、广南方经冬老蔗，用车同前法，榨汁入缸。看水花为火色。其花煎至细嫩，如煮羹沸，以手捻试，粘手则信来①矣。此时尚黄黑色，将桶盛贮，凝成黑沙。然后，以瓦溜（教陶家烧造）置缸上。其溜上宽下尖，底有一小孔，将草塞住，倾桶中黑沙于内。

待黑沙结定，然后去孔中塞草，用黄泥水淋下。其中黑滓入缸内，溜内尽成白霜。最上一层厚五寸许，洁白异常，名曰洋糖（西洋糖绝白美，故名）。下者稍黄褐。

造冰糖者，将洋糖煎化，蛋青澄，去浮滓，候视火色。将新青竹破成篾片，寸斩撒入其中，经过一宵，即成天然冰块。造狮、象、人物等，质料精粗由人。凡白糖②有五品：石山为上，团枝次之，瓮鉴次之，小颗又次，沙脚为下。

注 释

①信来：火候已到。②白糖：似指冰糖。

译 文

我国南方的福建和广东一带有过了冬的成熟老甘蔗，它的压榨方法与前面所讲过的一样。将榨出的糖汁引入糖缸之中，熬糖时要通过注意观察蔗汁沸腾时的水花来控制火候。当熬到水花呈细珠状，好像煮开了的羹糊时，就用手捻试一下，如果粘手，就说明已经熬到火候了。这时的糖浆还是黄黑色，把它盛装在桶里，让它凝结成糖膏，然后把瓦溜（请陶工专门烧制而成）放在糖缸上。这种瓦溜上宽下尖，底下留有一个小孔，用草将小孔塞住，把桶里的糖膏倒入瓦溜中。等糖膏凝固以后，就除去塞在小孔中的草，用黄泥水从上淋浇下来，其中黑色的糖浆就会淋进缸里，留在瓦溜中的全都变成了白糖。最上面的一层有五寸多厚，非常洁白，名叫西洋糖（西洋糖非常白，因此而得名），下面的一层稍带黄褐色。

制造冰糖的方法是：将最上层的白糖加热溶化，用鸡蛋清澄清并去除掉面上的浮渣，要注意适当控制火候。将新鲜的青竹破截成一寸长的篾片，撒入糖液之中。经过一夜之后，就自然凝结成天然冰块那样的冰糖。制作狮糖、象糖及人物等形状的糖，糖质的精粗就可以随人们自主选用了。白（冰）糖中分为五等，其中，"石山"为最上等，"团枝"稍微差些，"瓮鉴"又差些，"小颗"更差些，"沙脚"则为最差。

饴饧

原 文

凡饴饧，稻、麦、黍、粟皆可为之。《洪范》云："稼穑作甘。"及此乃穷其理。其法用稻麦之类浸湿，生芽暴干，然后煎炼调化而成。色以白者为上，赤色者名曰胶饴，一时宫中尚之，含于口内即溶化，形如琥珀。南方造饼饵者，谓饴饧为小糖，盖对蔗浆而得名也。饴饧人巧千方以供甘旨①，不可枚述②。惟尚方用者名"一窝丝"，或流传后代不可知也。

①人巧：技巧。以供甘旨：用来调制甜品。②枚述：一一叙述。

饴饧可以用稻、麦、黍和粟来做成。《尚书·洪范》篇中说："用五谷食粮制造甜美的东西。"这时就可以明白五行生五味的道理了。制作饴饧的方法是：将稻麦之类泡湿，等到它发芽后晒干，然后煎炼调化而成。色泽以白色的为上等品，红色的叫作胶饧，在皇宫内一时很受欢迎，这种糖含在嘴里就会溶化，外形像琥珀一样。南方制作糕点饼干的称饴饧为小糖，大概是以此区别于蔗糖而取的名字。饴饧制造的技巧和方法很多，人们巧妙地将饴饧制成各种美味食品，多得不能一一列举。但是宫廷中皇族们所吃的叫作"一窝丝"的糖有没有流传到后世就不知道了。

蜂蜜

凡酿蜜蜂，普天皆有，唯蔗盛之乡，则蜜蜂自然减少。蜂造之蜜，出山崖土穴者十居其八，而人家招蜂造酿而割取者，十居其二也。凡蜜无定色，或青、或白、或黄、或褐，皆随方土花性而变。如菜花蜜、禾花蜜之类，百千其名不止也。

凡蜂不论于家于野，皆有蜂王。王之所居造一台如桃大、王之子世为王①。王生而不采花，每日群蜂轮值，分班采花供王。王每日出游两度（春夏造蜜时），游则八蜂轮值以侍。蜂王自至孔隙口，四蜂以头顶腹②，四蜂傍翼飞翔而去，游数刻而返，翼顶如前。

畜家蜂者，或悬桶檐端，或置箱牖下，皆锥圆孔眼数十，俟其进入。凡家人杀一蜂、二蜂皆无恙，杀至三蜂则群起螫人，谓之蜂反。凡蝙蝠最喜食蜂，投隙入中，吞噬无限。杀一蝙蝠悬于蜂前，则不敢食，俗谓之枭令。凡家蓄蜂，东邻分而之西舍，必分王之子去而为君，去时如铺扇拥卫③。乡人有撒酒糟香而招之者。

凡蜂酿蜜，造成蜜脾，其形鬛鬛然④。咀嚼花心汁，吐积而成。润以人小遗⑤，则甘芳并至，所谓臭腐神奇⑥也。凡割脾取蜜，蜂子多死其中。其底则为黄蜡。凡深山崖石上有经数载未割者，其蜜已经时自熟，土人以长竿刺取，蜜即流下。或未经年而攀缘可取

者，割炼与家蜜同也。土穴所酿多出北方，南方卑湿，有崖蜜而无穴蜜。凡蜜脾一斤炼取十二两。西北半天下⑦，盖与蔗浆分胜云。

注 释

①王之子世为王：蜂王之子世世为王，这是古人的想象，并无根据。②顶腹：顶蜂王之腹。③铺扇拥卫：众蜂列如扇形，拥卫新蜂王。④鬣鬣（liè liè）然：形容如马鬃一样。⑤小遗：指小便。⑥"臭腐神奇"：化臭腐为神奇。⑦西北半天下：西北所产蜂蜜占了天下的一半。

译 文

酿蜜的蜜蜂普天之下到处都有，但是在盛产甘蔗的地方，蜜蜂自然就会减少。蜜蜂所酿造的蜂蜜，其中十分之八是野蜂在山崖和土穴里酿造的，出自人工养蜂的蜜只占十分之二。蜂蜜没有固定的颜色，有青色的、白色的、黄色的、褐色的，随各地方的花性和种类的不同而不同。例如，菜花蜜、禾花蜜等，名目何止成百上千啊！

不论是野蜂还是家蜂，其中都有蜂王。蜂王居住的地方，造一个有如桃子般大小的台，蜂王之子世代继承王位。蜂王一生之中从来不外出采蜜，每天由群蜂轮流分班值日，采集花蜜供蜂王食用。蜂王在春夏造蜜季节每天出游两次，出游时，有八只蜜蜂轮流值班伺候。等到蜂王自己爬出洞穴口时，就有四只蜂用头顶着蜂王的肚子，把它顶出，另外四只蜂在周围护卫着蜂王飞翔而去，游不多久（约几刻钟）就会回来，回来时还像出时那样顶着蜂王的肚子并护卫着把蜂王送进蜂巢之中。

喂养家蜂的人，有的把蜂桶挂在房檐底下的一头，有的就把蜂箱放在窗子下面，都钻几十个小圆孔让蜂群进入。养蜂的人，如果打死一两只家蜂都还没有什么问题，如果打死三只以上家蜂，蜜蜂就会群起而攻击螫人，这叫作"蜂反"。蝙蝠最喜欢吃蜜蜂，一旦它钻空子进入蜂巢那它就会吃个没完没了。如果打死一只蝙蝠悬挂在蜂巢前方，其他的蝙蝠也就不敢再来吃蜜蜂了，俗话叫作"杀一儆百"。家养的蜜蜂从东邻分群到西舍时，一定会分一个蜂王之子去当新的蜂王，届时蜂群将组成扇形阵势簇拥护卫新的蜂王而飞走。乡下养蜂的人常常喷洒甜酒糟，而用它的香气来招引蜜蜂。

蜜蜂酿造蜂蜜，要先制造蜜脾，蜜脾的样子如同一片排列整齐竖直向上的鬃毛。蜜蜂是吸食咀嚼花心的汁液，一点一滴吐出来积累而成蜂蜜的。再润以采来的人的小便，这样得到的蜜就会特别甘甜和芳香，这便是所谓的"化臭腐为神奇"吧！在割取蜜脾炼蜜时，会有很多幼蜂和蜂蛹死在里面，蜜脾的底层是黄色的蜂蜡。深山崖石上的蜂蜜有的几年都没有割取过蜜脾，已经过了很长时间，蜜脾就自己成熟了，当地人用长竹竿把蜜脾刺破，蜂蜜随即就会流下来。如果是刚酿不到一年的时间而又能爬上去取下来的蜜脾，加工割炼的方法同家养的蜜蜂所酿造的蜂脾是一样的。土穴中产的蜜（"穴蜜"）多出产自北方，南方因为地势低气候潮湿，只有"崖蜜"而无"穴蜜"。一斤蜜脾可炼取十二两蜂蜜。西北地区所出产的蜜占了全国的一半，可以说，这能与南方出产的蔗糖相媲美了。

附：造兽糖

凡造兽糖者，每巨釜一口，受糖五十斤。其下发火慢煎，火从一角烧灼，则糖头滚旋而起。若釜心发火，则尽尽沸溢于地。每釜用鸡子三个，去黄取清，入冷水五升化解。逐匙滴下，用火糖头之上，则浮沤①黑滓尽起水面，以笊篱捞去，其糖清白之甚。然后打入铜铫②，下用自风慢火温之，看定火色然后入模。凡狮象糖模，两合如瓦为之，杓写③糖入，随手覆转倾下。模冷糖烧，自有糖一膜靠模凝结，名曰享糖，华筵④用之。

注 释

①浮沤（ōu）：泡沫。②铜铫：有柄的小铜锅。③写：同"泻"，指倾倒。④华筵：隆重的宴席。

译 文

制作兽糖的方法是在一口大锅中，放入白糖五十斤，在锅底下慢慢加热熬煎，要让火从锅的一角徐徐烧热，就会看见溶化的糖液滚沸而起。如果是在锅底的中心部位加热的话，糖液就会急剧地沸腾溢出到地上。每一锅要用三个鸡蛋，只取鸡蛋白，加入五升冷水调匀。一勺一勺滴入，加在滚沸而起的糖液上，糖液中的浮泡和黑渣就会全部浮起，这时用笊篱捞去，糖液就变得很洁白了。再把糖液转盛到带手柄的小铜釜里，下面用慢火保温，注意控制火候，然后倒入糖模中。狮糖模和象糖模是由两半像瓦一样的模子合成的，用勺把糖倒进糖模中，随手翻转，再把糖倒出。因为糖模冷而糖液热，靠近糖模壁的地方便能凝结成一层糖膜，名叫"享糖"，盛大的酒席上有时要用到它。

精彩点拨

现在当然是由工厂的大机械化生产糖，但仍不妨通过《天工开物》来了解一下古代的糖是如何制造出来的，除了糖外，还有哪些东西可以作为糖的代用品。

中国是世界上最早制糖的国家之一。早期制得的糖主要有饴糖、蔗糖，而其中饴糖占有很重要的地位。

阅读积累

冰片糖

冰片糖是华南地区广州、港澳、珠江三角洲，以及粤西和广西一带粤语流行区产量较大、销路较广，而又深受人们喜爱的一种糖品。把制冰糖时剩下的结晶母液（废蜜）加热浓缩，再加入酸液，使其部分转化为单糖利于以后成型。浓缩后的糖液经搅拌、落网、划线、冷却、离网、分片、分类等工序生产而成。色泽金黄且明净，表面富有蜡状光泽，截面均匀地分在上、中、下三层，其中上、下两层是组织较密实的结块，中间一层是粒度较小的蔗糖结晶组成的"砂线"。冰片糖色泽清澈洁白，半透明，有结晶体光泽，味甜，无明显杂质、异味。

中
篇

第七　陶埏①

精彩导读

　　陶瓷是陶器与瓷器的统称,也是我国的一种工艺美术品,远在新石器时代,我国已有风格粗犷、朴实的彩陶和黑陶。陶与瓷的质地不同,性质各异。陶是以黏性较高、可塑性较强的黏土为主要原料制成的,不透明,有细微气孔和微弱的吸水性,击之声浊;瓷是以黏土、长石和石英制成,半透明,不吸水、抗腐蚀,胎质坚硬紧密,叩之声脆。我国传统的陶瓷工艺美术品质高形美,具有极高的艺术价值,闻名于世。

原文

　　宋子曰:水火既济而土合②。万室之国,日勤千人而不足③,民用亦繁矣哉。上栋下室以避风雨,而甃建④焉。王公设险以守其国,而城垣雉堞⑤,寇来不可上矣。泥瓮坚而醴酒欲清,瓦登⑥洁而醯醢⑦以荐。商、周之际,俎豆⑧以木为之,毋亦质重之思耶⑨。后世方土效灵,人工表异,陶成雅器,有素肌、玉骨⑩之象焉。掩映几筵,文明可掬,岂终固哉⑪?

注释

　　①陶埏(shān):《老子》:"埏埴以为器。"《荀子·性恶》:"夫陶人埏埴而生瓦,然则瓦埴岂陶人之性也哉。"陶,制瓦器。埏,以水和泥。②水火既济而土合:《易·既济》:"水在火上,既济。"此处活用为经过水和火的交互作用,黏土便凝固而成器了。③万室之国,日勤千人而不足:《孟子·告子下》:"万室之国一人陶,则可乎?"此变一人为千人,乃不仅言陶事也。大意谓:万户之国,各方面的事务很繁多,就是每天有一千个人在忙碌,也仍然不够用。④甃建:《史记·高祖本纪》:"譬犹居高屋之上建瓴水也。"瓴,本指盛水瓦器,此处指瓦。⑤雉堞(dié):即女儿墙,城墙上用于远望呈锯齿状的小墙。⑥瓦登:瓦做的登。登,高脚器皿,盛食物做祭祀神鬼时用。⑦醯醢(xī hǎi):醯,即醋。醢,肉鱼所做的酱。此泛指祭祀时所用的调料和食物。

⑧俎（zǔ）豆：盛食物的豆。豆，亦高脚器皿。⑨毋亦质重之思耶：莫非是考虑到其质地之重厚吧。⑩素肌、玉骨：此形容瓷器之洁白。⑪文明可掬，岂终固哉：可掬，多得可以用手来捧。此言文明是不断进步的，旧的观念岂是可以永远固守的。意指瓷器之代替木器。

译文

宋先生说：水与火都成功而协调地起到了作用，泥土就能牢固地结合成为陶器和瓷器了。在上万户的城镇里，每天都有成千人在辛勤地制作陶器却还是供不应求，可见民间日用陶瓷的需求量是真够多的了。修建大的小的房屋来避风雨，这就要用到砖瓦。王公为了设置险阻以防守邦国，就要用砖来建造城墙和护身矮墙，使敌人攻不上来。泥瓮坚固，能使甜酒保持清澈；瓦器清洁，好用来盛装用于献祭的醋和肉酱。商周时期，礼器是用木头制作而成的，无非是重视质朴庄重的意思罢了。后来，各个地方都发现了不同特点的陶土和瓷土，人工又创造出各种技巧奇艺，制成了优美洁雅的陶瓷器皿，有的像绢似的白如肌肤，有的质地光滑如玉石。摆设在桌子、茶几或宴席上交相辉映，所显现的色泽文雅十分美观，让人爱不释手，难道这仅仅是因为它们坚固耐用吗？

瓦

原文

凡埏泥①造瓦，掘地二尺余，择取无沙粘土而为之。百里之内，必产合用土色，供人居室之用。凡民居瓦形皆四合分片。先以圆桶为模骨，外画四条界。调践熟泥②，叠成高长方条。然后用铁线弦弓，线上空三分，以尺限定，向泥不平戛一片，似揭纸而起，周包圆桶之上。待其稍干，脱模而出，自然裂为四片。凡瓦大小古无定式，大者纵横八九寸，小者缩十之三。室宇合沟中，则必需其最大者，名曰沟瓦，能承受淫雨不溢漏也。

凡坯既成，干燥之后，则堆积窑中，燃薪举火，或一昼夜，或二昼夜，视窑中多少为熄火久暂。浇水转釉（音右），与造砖同法。其垂于檐端者有滴水，下于脊沿者有云瓦，瓦掩覆脊者有抱同，镇脊两头者有鸟兽诸形象。皆人工逐一做成。载于窑内，受水火而成器则一也。

若皇家宫殿所用，大异于是。其制为琉璃瓦者，或为板片，或为宛筒，以圆竹与斫木为模，逐片成造，其土必取于太平府③（舟运三千里方达京师，掺沙之伪，雇役、掳船之扰，害不可极。即承天皇陵亦取于此，无人议正）造成，先装入琉璃窑内，每柴五千斤烧瓦百片。取出，成色以无名异④、棕榈毛等煎汁涂染成绿黛，赭石、松香、蒲草等涂染成黄。再入别窑，减杀薪火，逼成琉璃宝色。外省亲王殿与仙佛宫观间亦为之，但色料各有配合，采取不必尽同。民居则有禁也。

注 释

①埏泥：以水和泥。②调践熟泥：用脚和熟陶泥。③太平府：今安徽当涂。④无名异：一种矿土，可做釉料。

译 文

凡是和泥制作瓦片，需要掘地两尺多深，从中选择不含沙子的黏土来制作。方圆百里之中，一定会有适合制作瓦片所用的黏土。民房所用的瓦是四片合在一起而成型的。先用圆桶做一个模型，圆桶外壁画出四条界，把黏土踩和成熟泥，并将它堆成一定厚度的长方形泥墩。然后用一个铁线制成的弦弓向泥墩平拉，割出一片三分厚的陶泥，像揭纸张那样把它揭起来，将这块泥片包紧在圆桶的外壁上。等它稍干一些以后，将模子脱离出来，就会自然裂成四片瓦坯了。瓦的大小并没有一定规格，大的长宽达八九寸，小的则缩小十分之三。屋顶上的水槽必须要用被称为沟瓦的那种最大的瓦片，才能承受连续持久的大雨而不会溢漏。

瓦坯制作成功并待其干燥之后，堆砌在窑内，用柴火烧。有的烧一昼夜，也有的烧两昼夜，这要根据瓦窑里瓦坯的具体数量来定。停火后，马上在窑顶浇水使瓦片呈现出蓝黑色的光泽，方法跟烧青砖是一样的。垂在檐端的瓦叫作滴水瓦，用在屋脊两边的瓦叫作云瓦，覆盖屋脊的瓦叫作抱同瓦，装饰屋脊两头的各种陶鸟陶兽都是人工一片一片逐渐做成后放进窑里烧成，所用的水和火与普通瓦一样。

至于皇家宫殿所用的瓦的制作方法就大不相同了。例如琉璃瓦，有的是板片形的，也有的是半圆筒形的，都是用圆竹筒或木块做模型而逐片制成的。所用的黏土指定要从安徽太平府运来（用船运三千里才到达京都，有掺沙的，也有强雇民工、抢船承运的，害处非常大。甚至承天皇陵也要用这种土，但是没有人敢提议来纠正）。瓦坯造成后，装入琉璃窑内，每烧一百片瓦要用五千斤柴。烧成功后取出来涂上釉色，用无名异和棕榈毛汁涂成绿色或青黑色，或者用赭石、松香及蒲草等涂成黄色。然后装入另一窑中，用较低窑温烧成带有琉璃光泽的漂亮色彩。京都以外的亲王宫殿和寺观庙宇也有用琉璃瓦的，各地都有它自己的色釉配方，制作方法不一定都相同，一般的民房则禁止使用这种琉璃瓦。

砖

凡埏泥造砖，亦掘地验辨土色，或蓝、或白、或红、或黄（闽、广多红泥，蓝者名善泥，江浙居多），皆以粘而不散、粉而不沙者为上。汲水滋土，人逐数牛错趾①踏成稠泥，然后填满木匡之中，铁线弓戞平其面，而成坯形。

凡郡邑城雉、民居垣墙所用者，有眠砖、侧砖两色。眠砖方长条砌。城郭与民人饶富家不惜工费直垒而上。民居筭计②者，则一眠之上，施侧砖一路，填土砾其中以实之，盖省啬之义也。凡墙砖而外，甃地③者名曰方墁砖；榱桷④用以承瓦者曰楻板砖。圆鞠⑤小桥梁与圭门与窀穸⑥墓穴者曰刀砖，又曰鞠砖。凡刀砖削狭一偏面，相靠挤紧，上砌成圆，车马践压不能损陷。

造方墁砖，泥入方匡中，平板盖面，两人足立其上，研转而坚固之，烧成效用。石工磨斫四沿，然后甃地。刀砖之直视墙砖稍溢一分，楻板砖则积十以当墙砖之一，方墁砖则一以敌墙砖之十也。

凡砖成坯之后，装入窑中，所装百钧⑦则火力一昼夜，二百钧则倍时而足。凡烧砖有柴薪窑，有煤炭窑。用薪者出火成青黑色，用煤者出火成白色。凡柴薪窑巅上偏侧凿三孔以出烟，火足止薪之候⑧，泥固塞其孔，然后使水转釉。凡火候少一两，则釉色不光。少三两，则名嫩火砖，本色杂现，他日经霜冒雪，则立成解散，仍还土质。火候多一两，则砖面有裂纹。多三两，则砖形缩小坼裂，屈曲不伸，击之如碎铁然，不适于用。巧用者以之埋藏土内为墙脚，则亦有砖之用也。凡观火候，从窑门透视内壁，土受火精，形神摇荡，若金银熔化之极然。陶长⑨辨之。

凡转釉之法，窑巅作一平田样，四围稍弦起，灌水其上。砖瓦百钧用水四十石。水神透入土膜之下，与火意相感而成，水火既济，其质千秋⑩矣。若煤炭窑视柴窑深欲倍之，其上圆鞠渐小，并不封顶。其内以煤造成尺五，径阔饼，每煤一层，隔砖一层，苇薪垫地发火。

若皇居所用砖，其大者厂在临清⑪，工部分司主之。初名色有副砖、券砖、平身砖、望板砖、斧刃砖、方砖之类，后革去半。运至京师，每漕舫⑫搭四十块，民舟半之。又细料方砖以甃正殿者，则由苏州造解。其琉璃砖，色料已载瓦款。取薪台基厂，烧由黑窑⑬云。

注　释

①错趾：足迹相错。②算计：考虑节省工本。③甃（zhòu）地：以砖铺地。④榱桷（cuī jué）：屋顶椽子。⑤圆鞠：即今之券拱。⑥窀穸（zhūn xī）：即墓穴。⑦百钧：三十斤为一钧。百钧则为三千斤。⑧火足止薪之候：火候已足，停止添柴之时。⑨陶长：掌管砖窑的头目。⑩其质千秋：其材质可千秋不败。⑪临清：在今山东。⑫漕舫：运粮的漕船。下言"搭"，即搭载、捎脚。⑬取薪台基厂，烧由黑窑：台基厂、黑窑厂都在北京，专为皇家建筑用料之场。

译　文

炼泥造砖也要挖取地下的黏土，对泥土的成色加以鉴别，黏土一般有蓝、白、红、黄几种土色（福建和广东多红泥，江苏和浙江较多一种名叫"善泥"的蓝色土），以黏而不散、土质细而没有沙的最为适宜。先要浇水用于浸润泥土，再赶几头牛去践踏，踩成稠泥。然后把稠泥填满木模子，用铁线弓削平表面，脱下模子就成砖坯了。

建筑各郡县的城墙和民房院墙所用的砖中有眠砖和侧砖两种。眠砖是卧着铺砌的，郡县的城墙和有钱人家的墙壁不惜工本，全部用眠砖一块一块叠砌上去。会精打细算的居民为了节省，在一层眠砖上面砌两条侧砖，中间再用泥土和沙石瓦砾之类填满。除了墙砖以外，还有其他的砖：铺砌地面用的叫作方墁砖，屋椽和屋桷斜枋上用来承瓦的叫作楻板砖，砌小拱桥、拱门和墓穴用的叫作刀砖，或者又叫作鞠砖。刀砖用的时候要削窄一边，紧密排列，砌成圆拱形，即便有车马践，轧也不会损坏坍塌。

造方墁砖的方法是将泥放进木方框中，上面铺上一块平板，两个人站在平板上面踩，把泥压实。烧成后由石匠先磨削方砖的四周而成斜面，然后就可以用来铺砌地面。刀砖的价钱要比墙砖稍贵一些，楻板砖只值墙砖的十分之一，而方墁砖则还要比墙砖贵十倍。

砖坯做好后，就可以装窑烧制了。每装三千斤砖要烧一个昼夜，装六千斤则要烧上两昼夜才能够火候。烧砖有的用柴薪窑，有的用煤炭窑。用柴烧成的砖呈青灰色，而用煤烧成的砖呈浅白色。柴薪窑顶上偏侧凿有三个孔用来出烟，当火候已足而不需要再烧柴时，就用泥封住出烟孔，然后在窑顶浇水使砖变成青灰色。烧砖时，如果火力缺少一成的话，砖就会没有光泽；火力缺少三成的话，就会烧成嫩火砖，现出坯土的原色，日后经过霜雪风雨的侵蚀，就会立即松散而重新变回泥土。如果过火一成，砖面就会出现裂纹；过火三成，砖块就会缩小拆裂、弯曲不直而一敲就碎，如同一堆烂铁，就不再适于砌墙了。有些会使用材料的人把它埋在地里做墙脚，这也还算是起到了砖的作用。烧窑时要注意从

窑门往里面观察火候，受到高温的作用，砖坯看起来好像有点晃荡，就像金银完全熔化时的样子，这要靠老师傅的经验来辨认掌握。

使砖变成青灰色的方法是：在窑顶堆砌一个平台，平台四周应该稍高一点，在上面灌水。每烧三千斤砖瓦要灌水四十担。窑顶的水从窑壁的土层渗透下来，与窑内的火相互作用。借助水火的配合作用，就可以形成坚实耐用的砖块了。煤炭窑要比柴薪窑深一倍，顶上圆拱逐渐缩小，而不用封顶。窑里面堆放直径约一尺五寸的煤饼，每放一层煤饼，就添放一层砖坯，最下层垫上芦苇或者柴草以便引火烧窑。

皇宫里所用的砖，大厂设在山东临清县，由工部设立主管砖块烧制的专门机构。最初定的砖名有副砖、券砖、平身砖、望板砖、斧刃砖及方砖等名目，后来有一半左右被废除了。要将这些砖运到京都，按规定，每只运粮船要搭运四十块，民船可以减半。用来砌皇宫正殿的细料方砖是在苏州烧成后再运到京都的。至于琉璃砖和釉料已在《瓦》那一节中详细记述了，据说它用的是"台基厂"的柴草并在黑窑中烧制而成的。

罂瓮

原 文

凡陶家为缶属①，其类百千。大者缸、瓮，中者钵、盂，小者瓶、罐，款制各从方土，悉数之不能。造此者必为圆而不方之器。试土寻泥之后，仍制陶车旋盘。工夫精熟者视器大小掐泥，不甚增多少，两人扶泥旋转，一捏而就。其朝廷所用龙凤缸（窑在真定曲阳与扬州仪真②）与南直③花缸，则厚积其泥④，以俟雕镂，作法全不相同，故其值或百倍，或五十倍也。

凡罂缶有耳、嘴者皆另为合上，以釉水涂粘。陶器皆有底，无底者，则陕以西⑤炊甑用瓦不用木也。凡诸陶器，精者中外皆过釉，粗者或釉其半体。惟沙盆、齿钵之类，其中不釉，存其粗涩，以受研擂之功。沙锅沙罐不釉，利于透火性以熟烹也。

凡釉质料随地而生，江、浙、闽、广用者蕨蓝草一味。其草乃居民供灶之薪，长不过三尺，枝叶似杉木，勒而不棘人（其名数十，各地不同）。陶家取来燃灰，布袋灌水澄滤，去其粗者，取其绝细。每灰二碗，掺以红土泥水一碗，搅令极匀，蘸涂坯上，烧出自成光色。北方未详用何物。苏州黄罐釉亦别有料。惟上用龙凤器则仍用松香与无名异也。

凡瓶窑烧小器，缸窑烧大器。山西、浙江省分缸窑、瓶窑，余省则合一处为之。凡造敞口缸，旋成两截，接合处以木椎内外打紧匝口⑥。坛瓮亦两截，接合不便用椎，预于别窑烧成瓦圈，如金刚圈形，托印其内，外以木椎打紧，土性自合。

凡缸、瓶窑不于平地，必于斜阜山冈之上。延长者或二三十丈，短者亦十余丈，连接为数十窑，皆一窑高一级。盖依傍山势，所以驱流水湿滋之患，而火气又循级透上。其数十方成窑者，其中若无重值物⑦，合并众力众资而为之也。其窑鞠⑧成之后，上铺覆以绝细土，厚三寸许，窑隔五尺许则透烟窗，窑门两边相向而开。装物以至小器，装载头一低窑，绝大缸瓮装在最末尾高窑。发火先从头一低窑起，两人对面交看火色。大抵陶器一百三十斤费薪百斤。火候足时，掩闭其门，然后次发第二火，以次结竟至尾云。

注 释

①缶属：罐状器皿。②真定曲阳与扬州仪真：今河北曲阳县，旧属真定府；江苏仪征，旧属扬州府。③南直：南直隶，即今江苏省。④厚积其泥：其器之外壁用陶泥加厚。⑤陕以西：陕县以西，即今之陕西省地。⑥匠口：口部内缩。⑦重值物：贵重物品。⑧鞠：券造。

译 文

陶坊制造的缶种类很多。较大的有缸瓮，中等的有钵盂，小的有瓶罐。各地的式样都不太一样，难以一一列举。这类陶器都是造成圆形的，而不是方形的。通过实验找到适宜的陶土之后，还要制造陶车和旋盘。技术熟练的人按照将要制造的陶器的大小而取泥，放上旋盘，数量正好而不用增添多少。扶泥和旋转陶车要两人配合，用手一捏而成。朝廷所用的龙凤缸（窑设在河北省的真定和曲阳以及江苏省的仪真）和南直隶的花缸要造得厚一些，以便于在上面雕镂刻花，这种缸的制法跟一般缸的制法完全不同，价钱也要贵五十到一百倍。

罂缶有嘴和耳，都是另外蘸釉水粘上去的。陶器都有底，没有底的只有陕西以西地区蒸饭用的甑子。它是用陶土烧成的，而不是用木料制成的。精制的陶器里外都会上釉，粗制的陶器，有的只是下半体上釉。至于沙盆和齿钵之类，里面也不上釉，使内壁保持粗涩，以便于研磨。沙煲和瓦罐不上釉，以利于传热煮食。

制造陶釉的原料到处都有，江苏、浙江、福建和广东用的是一种蕨蓝草。它原是居民所用的柴草，不过三尺长，枝叶像杉树，捆缚它不感到棘手（这种草有几十个名称，各地的叫法也不相同）。陶坊把蕨蓝草烧成灰装进布袋里，然后灌水过滤，除去粗的而只取其极细的灰末。每两碗灰末掺一碗红泥水，将其搅匀就变成了釉料，将它蘸涂到坯上，烧成后自然就会出现光泽。不了解北方用的是什么釉料。苏州黄罐釉用的是别的原料。供朝廷用的龙凤器却仍然用松香和无名异作为釉料。

瓶窑用来烧制小件的陶器，缸窑用来烧制大件的陶器。山西、浙江两省的缸窑和瓶

窑是分开的，其他各省的缸窑和瓶窑则是合在一起的。制造大口的缸，要先转动陶车分别制成上下两截，然后将其接合起来，接合处用木槌内外打紧。制造小口的坛瓮也是由上下两截接合而成的，只是里面不便槌打，便预先烧制一个像金刚圈一样的瓦圈承托内壁，外面用木槌打紧，两截泥坯就会自然地黏合在一起了。

缸窑和瓶窑都不是建在平地上，而是必须建在山冈的斜坡上，长的窑有二三十丈，短的窑也有十多丈，几十个窑连接在一起，一个窑比一个窑高。这样依傍山势，既可以避免积水，又可以使火力逐级向上渗透。几十个窑连接起来所烧成的陶器，虽然其中没有什么昂贵的东西，但也是需要很多人合资合力才能做到的。窑顶的圆拱砌成之后，上面要铺一层约三寸厚的细土。窑顶每隔五尺多开一个透烟窗，窑门是在两侧相向而开的。最小的陶件装入最低的窑，最大的缸瓮则装在最高的窑。烧窑是从最低的窑烧起，两个人面对面观察火色。陶器一百三十斤大概需要用柴一百斤。当第一窑火候足够之时，关闭窑门，再烧第二窑，就这样逐窑烧直到最高的窑为止。

白瓷附：青瓷

凡白土曰垩土，为陶家精美器用。中国出惟五六处：北则真定定州、平凉华亭、太原平定、开封禹州，南则泉郡德化（土出永定，窑在德化）、徽郡婺源、祁门[1]（他处白土陶范不粘，或以扫壁为墁）。德化窑，惟以烧造瓷仙、精巧人物、玩器，不适实用。真、开等郡瓷窑所出，色或黄滞无宝光。合并数郡，不敌江西饶郡[2]产。浙省处州丽水、龙泉两邑，烧造过釉杯碗，青黑如漆，名曰处窑。宋、元时龙泉华琉山下，有章氏造窑，出款贵重，古董行所谓哥窑器者即此。

若夫中华四裔驰名猎取者，皆饶郡浮梁景德镇之产也。此镇从古及今为烧器地，然不产白土。土出婺源、祁门两山：一名高梁山，出粳米土，其性坚硬；一名开化山，出糯米土，其性粢软。两土和合，瓷器方成。其土作成方块，小舟运至镇。造器者将两土等分入白舂一日，然后入缸水澄。其上浮者为细料，倾跌过一缸[3]，其下沉底者为粗料。细料缸中再取上浮者，倾过为最细料，沉底者为中料。既澄之后，以砖砌方长塘，逼靠火窑，以藉火力。倾所澄之泥于中，吸干，然后重用清水调和造坯。

凡造瓷坯有两种。一曰印器，如方圆不等瓶瓮炉盒之类，御器则有瓷屏风、烛台之类。先以黄泥塑成模印，或两破或两截，亦或囫囵。然后埏白泥印成，以釉水涂合其缝，烧出时自圆成无隙。一曰圆器，凡大小亿万杯盘之类乃生人日用必需，造者居十九，而印器则十一。造此器坯先制陶车。车竖直木一根，埋三尺入土内使之安稳。上高二尺许，上下列圆盘，盘沿以短竹棍拔运旋转，盘顶正中用檀木刻成盔头冒其上。

凡造杯盘，无有定形模式，以两手捧泥盔冒之上，旋盘使转。拇指剪去甲，按定泥底，就大指薄旋而上，即成一杯碗之形（初学者任从作废，破坏取泥再造）。功多业熟，即千万如出一范。凡盔冒上造小杯者，不必加泥；造中盘、大碗则增泥大其冒，使干燥而后受功。凡手指旋成坯后，覆转用盔冒一印，微晒留滋润，又一印，晒成极白干，入水一汶，漉上盔冒，过利刀二次（过刀时手脉微振，烧出即成雀口④）。然后补整碎缺，就车上旋转打图。圈后或画或书字，画后喷水数口，然后过釉。

凡为碎器⑤与千钟粟⑥与褐色杯等，不用青料。欲为碎器，利刀过后，日晒极热，入清水一蘸而起，烧出自成裂纹。千钟粟则釉浆捷点，褐色则老茶叶煎水一抹也（古碎器，日本国极珍重，真者不惜千金。古香炉碎器不知何代造，底有铁钉，其钉掩光色不釉）。

凡饶镇白瓷釉，用小港嘴泥浆和桃竹叶灰调成，似清泔汁（泉郡瓷仙用松毛水调泥浆，处郡青瓷釉未详所出），盛于缸内。凡诸器过釉，先荡其内，外边用指一蘸涂弦，自然流遍。凡画碗青料，总一味无名异（漆匠煎油，亦用以收火色）。此物不生深土，浮生地面，深者掘下三尺即止，各省直皆有之。亦辨认上料、中料、下料，用时先将炭火丛红煅过。上者出火成翠毛色，中者微青，下者近土褐。上者每斤煅出只得七两，中下者以次缩减。如上品细料器及御器龙凤等，皆以上料画成，故其价每石值银二十四两，中者半之，下者则十之三而已。

　　凡饶镇所用，以衢、信两郡⑦山中者为上料，名曰浙料。上高⑧诸邑者为中，丰城诸处者为下也。凡使料煅过之后，以乳钵极研（其钵底留粗，不转釉），然后调画水。调研时色如皂，入火则成青碧色。凡将碎器为紫霞色杯者，用胭脂打湿，将铁线扭一兜络，盛碎器其中，炭火炙热，然后以湿胭脂一抹即成。凡宣红器乃烧成之后出火，另施工巧微炙而成者，非世上朱砂能留红质于火内也（宣红元末已失传，正德中历试复造出）。

　　凡瓷器经画过釉之后，装入匣钵（装时手拿微重，后日烧出即成坳口，不复周正）。钵以粗泥造，其中一泥饼托一器，底空处以沙实之。大器一匣装一个，小器十余共一匣钵。钵佳者装烧十余度，劣者一二次即坏。凡匣钵装器入窑，然后举火。其窑上空十二圆眼，名曰天窗。火以十二时辰为足。先发门火十个时，火力从下攻上，然后天窗掷柴烧两时，火力从上透下。器在火中其软如绵絮，以铁叉取一，以验火候之足。辨认真足，然后绝薪止火。共计一杯工力，过手七十二，方克成器。其中微细节目尚不能尽也。

注释

　　①"北则真定定州"句：河北定州，原属真定府；甘肃平凉府华亭县；山西太原府平定州；河南开封府禹州；福建泉州府德化县；安徽徽州府婺源，今属江西；徽州府祁门县。②饶郡：江西饶州府，即指浮梁县景德镇。后即简称饶镇。③倾跌过一缸：倾斜而使缸水入另一缸。④雀口：牙边。⑤碎器：表面带有裂纹的瓷器品种。⑥千钟粟：表面带有米粒状凸起的瓷器品种。⑦衢、信两郡：浙江衢州府、江西广信府。⑧上高：与下文之丰城均在江西省。

译文

　　白色的黏土叫作垩土，陶坊用它来制作出精美的瓷器。我国只有五六个地方出产这种垩土：北方有河北省的定县、甘肃省的华亭、山西省的平定及河南省的禹县，南方有福建省的德化（土出永定县，窑却在福建德化），江西省的婺源，以及安徽省的祁门（其他地方出的白土拿来造瓷坯嫌不够黏，但可以用来粉刷墙壁）。德化窑是专烧瓷仙、精巧人物和玩具的，但不实用。河北省定县和河南省禹县的窑所烧制出的瓷器颜色发黄，暗淡而没有光泽。上述所有地方的产品都没有江西景德镇所出产的瓷器好。浙江省的丽水和龙泉两县烧制出来的上釉杯碗，墨蓝的颜色如同青漆，这叫作处窑瓷器。宋、元时期，龙泉郡的华琉山山脚下有章氏兄弟建的窑，出品极为名贵，这就是古董行所说的哥窑瓷器。

　　至于我国远近闻名、人人争购的瓷器，则都是江西饶郡浮梁县景德镇的产品。自古以来，景德镇都是烧制瓷器的名都，但当地却不产白土。白土出自婺源和祁门两地的山上，其中一座名叫高梁山，出粳米土，土质坚硬；另一座名开化山，出糯米土，土质黏软。只有两种白土混合，才能做成瓷器。将这两种白土分别塑成方块，用小船运到景德镇。造瓷器的人取等量的两种瓷土放入白内，舂一天，然后放入缸内用水澄清。缸里面浮上来的是细料，把它倒入另一口缸中，下沉的则是粗料。细料缸中再倒出，上浮的部分便是最细料，沉底的是中料。澄过后，分别倒入窑边用砖砌成的长方塘内，借窑的热力吸干水分，然后重新加清水调和造瓷坯。

瓷坯有两种：一种叫作印器，有方有圆，如瓶、瓮、香炉、瓷盒之类（朝廷用的瓷屏风、烛台也属于这一类）。先用黄泥制成模印，模具或者对半分开，或者上下两截，或者是整个的，将瓷土放入泥模印出瓷坯，再用釉水涂接缝处让两部分合起来，烧出时自然就会完美无缝。另一种瓷坯叫作圆器，包括数不胜数的大小杯盘之类，都是人们的日常生活用品。圆器产量约占了十分之九，而印器只占其中的十分之一。制造这种圆器坯，要先做一辆陶车。用直木一根埋入地下三尺并使它稳固。露出地面二尺，在上面安装一上一下两个圆盘，用小竹棍拨动盘沿，陶车便会旋转，用檀木刻成一个盔头戴在上盘的正中。

塑造杯盘没有固定的模式，用双手捧泥放在盔头上，拨盘使转。用剪净指甲的拇指按住泥底，使瓷泥沿着拇指旋转向上展薄，便可捏塑成杯碗的形状（初学者塑不好没有关系，因为陶泥可以被反复使用）。功夫深技术熟练的人可以做到千万个杯碗好像都是用同一个模子刻出来的。在盔帽上塑造小坯时不必加泥，塑中盘和大碗时就要加泥扩大盔帽，等陶泥晾干以后再加工。用手指在陶车上旋成泥坯之后，把它翻过来罩在盔帽上印一下，稍晒一会儿而坯还保持湿润时，再印一次，使陶器的形状圆而周正，然后把它晒得又干又白。再蘸一次水，带水放在盔帽上用利刀刮削两次（执刀必须非常稳定，如果稍有振动，瓷器成品就会有缺口）。瓷坯修好以后就可以在旋转的陶车上画圈。接着，在瓷坯上绘画或写字，喷上几口水，然后上釉。

在制造大多数碎器、千钟粟和褐色杯等瓷器时，都不用上青釉料。制造碎器，用利刀修整生坯后，要把它放在阳光下晒得极热，在清水中蘸一下随即提起，烧成后自然会呈现裂纹。千钟粟的花纹是用釉浆快速点染出来的。褐色杯是用老茶叶煎的水一抹而成的（日本人非常珍视我国古代制作的"碎器"，他们不惜重金用以购买真品。不知古代的香炉碎器是哪个朝代制造的，底部有铁钉，钉头光亮而不生锈）。

景德镇的白瓷釉是用"小港嘴"的泥浆和桃竹叶的灰调匀而成的，很像澄清的淘米水（德化窑的瓷仙釉是用松毛灰和瓷泥调成浆而上釉料的。不知道浙江省的丽水、龙泉两地的窑所出产的青瓷釉用的是什么原料），盛在瓦缸里。瓷器上釉，先要把釉水倒进泥坯里荡一遍，再张开手指撑住泥坯往釉水里点蘸外壁，点蘸时，使釉水刚好浸到外壁弦边，这样釉料自然就会布满全坯身了。画碗的青花釉料只用无名异一种（漆匠熬炼桐油，也用无名异当催干剂）。无名异不藏在深土之下，而是浮生在地面，最多向下挖土三尺深

即可得到，各省都有，也分为上料、中料和下料三种，使用时要先经过炭火煅烧。上料出火时呈翠绿色，中料呈微绿色，下料则接近土褐色。每煅烧无名异一斤，只能得到上料七两，中、下料依次减少。制造上等精致的瓷器和皇帝所用的龙凤器等都是用上料绘画后烧制而成的。因此上料无名异每担值白银二十四两，中料只值上料的一半，下料只值其三分之一。

景德镇所用的以浙江衢州府和江西广信府出产的为上料，也叫作浙料。江西上高出产的为中料，江西丰城等地出产的为下料。凡是煅烧过的青花料，要用研钵磨得极细（钵内底部粗涩而不上釉），然后用水调和研磨到呈现黑色，入窑经过高温煅烧就变成了亮蓝色。制造紫霞色的碎器的方法是先把胭脂石粉打湿，用铁线网兜盛着碎器放到炭火上炙热，再用湿胭脂石粉一抹就成了。"宣红"瓷器则是烧制而成之后，再用巧妙的技术借微火炙成的，这种红色并不是那种朱砂在火中所留下来的（宣红器在元朝末年已经失传了，明朝正德年间经过多次反复试验，又重新被制作了出来）。

瓷器坯子经过画彩和上釉之后，装入匣钵（如果装时用力稍重，烧出的瓷器就会凹陷变形），匣钵是用粗泥造成的，其中每一个泥饼托住另一个瓷坯，底下空的部分用沙子填实。大件的瓷坯一个匣钵只能装一个，小件的瓷坯一个匣钵可以装十几个。好的匣钵可以装烧十几次，差的匣钵用一两次就坏了。把装满瓷坯的匣钵放入窑后，就开始点火烧窑。窑顶有十二个圆孔，这叫作天窗。烧二十四小时火候就足了。先从窑门发火烧二十小时，火力从下向上攻，然后从天窗丢进柴火入窑烧四小时，火力从上往下透。瓷器在高温烈火中软得会像棉絮一样，用铁叉取出一个样品用以检验火候是否已经足够。如果火候已足就应该停止烧窑了，合计造一个瓷杯所费的工夫要经过七十二道工序才能完成，其中许多细节还没有计算在内呢！

附：窑变　回青

原文

正德中，内使监造御器。时宣红失传不成，身家俱丧。一人跃入自焚，托梦他人造出，竟传窑变。好异者遂妄传烧出鹿、象诸异物也。又：回青，乃西域大青，美者亦名佛头青。上料无名异出火似之，非大青能入洪炉存本色也。

译文

正德年间，皇宫中派出专使来监督制造皇族使用的瓷器。当时"宣红"瓷器的具体制作方法已经失传而无法制作出来了，因此承造瓷器的人都担心自己的生命财产难以保全。其中有一个人害怕皇帝治罪，于是就跳入瓷窑里自焚而死了。这人死后托梦给别人把"宣红"瓷器终于造成了，于是人们竞相传说发生了"窑变"。好奇的人更胡乱传言烧出了鹿、大象等奇异的动物。又记：回青乃是产自西域地区的大青，优质的又叫作佛头青。用上料无名异为釉料烧出来的颜色与回青的颜色相似，并不是说大青这种颜料入瓷窑经过高温之后还能保持它本来的蓝色。

精彩点拨

在中国传统美术工艺中，陶瓷技术是最值得夸耀的，不但历史悠久，而且闻名世界。从远古时代至今，在发展过程中，由陶器到瓷器，由青瓷到白瓷，又由白瓷到彩瓷，一步步由实用发展到以艺术、赏玩为目的的陶瓷艺术品，技巧的进步和原料的使用都是值得探索的知识。

阅读和果

青花瓷

青花瓷，又称白地青花瓷，常简称青花，是中国瓷器的主流品种之一，属釉下彩瓷。青花瓷是用含氧化钴的钴矿为原料，在陶瓷坯体上描绘纹饰，再罩一层透明釉，经高温还原焰一次烧成的。钴料烧成后呈蓝色，具有着色力强、发色鲜艳、烧成率高、呈色稳定的特点。原始青花瓷于唐宋已见端倪，成熟的青花瓷则出现在元代景德镇的湖田窑。明代青花成为瓷器的主流。清康熙时期发展到了顶峰。明清时期还创烧了青花五彩、孔雀绿釉青花、豆青釉青花、青花红彩、黄地青花、哥釉青花等衍生品种。

第八 冶铸

精彩导读

　　冶炼是一种提炼技术，是指用焙烧、熔炼、电解以及使用化学药剂等方法把矿石中的金属提取出来，减少金属中所含的杂质或增加金属中某种成分，从而炼成所需要的金属。铸铁是主要由铁、碳和硅组成的合金的总称。

原文

　　宋子曰：首山之采，肇自轩辕①，源流远矣哉！九牧贡金，用襄禹鼎②，从此火金功用，日异而月新矣。夫金之生也，以土为母，及其成形而效用于世也，母模子肖③，亦犹是焉。精、粗、巨、细之间，但见钝者司舂，利者司垦；薄其身以媒合水火④而百姓繁，虚其腹以振荡空灵⑤而八音起；愿者肖仙梵之身⑥，而尘凡有至象；巧者夺上清之魄，而海宇遍流泉⑦。即屈指唱筹，岂能悉数？要之，人力不至于此。

注释

　　①首山之采，肇自轩辕：轩辕：黄帝。《史记·孝武本纪》："黄帝采首山铜，铸鼎于荆山下。"②九牧贡金，用襄禹鼎：《左传》宣公三年："昔夏之方有德也，远方图物，贡金九牧，铸鼎象物，万物而为之备。"九牧，九州之方伯。用九州所贡之铜铸九鼎以像九州之物。③母模子肖：按五行说，金生于土，故前云金"以土为母"，而浇铸金器则先以土为模范，故又云"母模子肖"。④薄其身以媒合水火：以金锻为刃器，铸为炊具，可为人获取食物，烹制于水火之中。⑤虚其腹以振荡空灵：以金铸为钟镈之属，可以发声传远。⑥愿者肖仙梵之身：有信仰者可以金铸仙佛之像。⑦夺上清之魄，而海宇遍流泉：上清，铜钱之代称。故有钱精为上清童子之说。泉：即钱。

译文

宋先生说：相传上古黄帝时期已经开始在首山采铜铸鼎，可见冶铸的历史真是渊源已久了。自从全国各地（九州）都进贡金属铜给夏禹铸成象征天下大权的九个大鼎以来，冶铸技术也就日新月异地发展起来了。金属本是从泥土中产生出来的，当它被铸造成器物来供人使用时，它的形状又跟泥土造的母模一样。这正是所谓"以土为母"，"母模子肖"。铸件之中有精有粗，有大有小，作用各不相同。君且看：钝拙的可以用来舂东西，锋利的可以用来耕地，薄壁的可以用来烧水煮食而使民间百姓人丁兴旺，空腔的可以用来振荡空气而使声波振荡，美妙的乐章得以悠然响起。善良虔诚的信徒们模拟仙界神佛之形态而为人间制造出了精致逼真的偶像，心灵手巧的工匠抓住天上月亮的隐约轮廓而制造出了天下到处流通的钱币。诸如此类，任凭人们屈指头、唱筹码，又哪里能够说得完呢？简而言之，这些东西纯靠人力是办不到的。

鼎

原文

凡铸鼎，唐虞以前不可考。惟禹铸九鼎，则因九州贡赋壤则已成，入贡方物岁例已定，疏浚河道已通，《禹贡》业已成书，恐后世人君增赋重敛，后代侯国冒贡奇淫，后日治水之人不由其道，故铸之于鼎[1]。不如书籍之易去，使有所遵守，不可移易。此九鼎所为铸也。年代久远，末学寡闻，如玼珠、暨鱼、狐狸、织皮之类，皆其刻画于鼎上者，或漫灭改形，亦未可知，陋者遂以为怪物[2]。故《春秋传》有使知神奸、不逢魑魅之说也。此鼎入秦始亡[3]。而春秋时郜大鼎、莒二方鼎，皆其列国自造，即有刻画必失《禹贡》初旨，此但存名为古物。后世图籍繁多，百倍上古，亦不复铸鼎，特并志之。

注释

[1]"惟禹铸九鼎"一段：防止后世人君之横征暴敛，征索外国之奇技淫巧，以及治河之时不由故道。不论这种说法是否符合历史真实情况，宋应星怀有忧国忧民之心，并以此对当时有所影射是很明显的。[2]"年代久远"一段：此言关于禹铸九鼎的另一种说法是荒谬错误的。由于年代久远，九鼎上刻画的九州方物已经漫灭变形，于是一些人就把稀奇的东西当作各地神怪，从而传出禹造九鼎以刻画神怪，致使人多识怪魅之形以回避的说法。[3]此鼎入秦始亡：先秦典籍多言周有九鼎，为诸强觊觎，而终为秦所取，及秦亡，九

鼎亦不知所之，但未言此九鼎即禹所铸之九鼎。以为禹铸者乃见于后世之说。

　　铸鼎的史实在尧舜以前就已无法考证了，至于传说夏禹铸造九鼎，那是因为当时九州根据各地现有条件和生产能力而缴纳赋税的条例已经颁布，每年各地进贡的物产和品种已经有了具体规定，河道也已经疏通，《禹贡》这部书已经写成了。但是由于恐怕后世的帝王增加赋税来敛取百姓财物，各地诸侯用一些由奇技淫巧做出来的东西冒充贡品，以及后来治水的人也不再按照原来的一套办法，于是，夏禹把这一切都铸刻在鼎上，令规也就不会像书籍那样容易丢失了，使后人有所遵守而不能任意更改，这就是当时夏禹铸造九鼎的原因。经过了许多年代，刻在鼎上的画像，如蚌珠、暨鱼、狐狸、毛织物以及兽皮之类，也可能因为锈蚀而变了样，于是学问不深和见识浅薄的人就以为这是怪物。因此，《左传》中才有禹铸鼎是为了使百姓懂得识别妖魔鬼怪而避免受到妖魔伤害的说法。到了秦朝时期，这些鼎就绝迹了，而春秋时期郜国的大鼎和莒国的两个方鼎都是诸侯国铸造的，即使有一些刻画，也必定不合于《禹贡》的原意，只不过名为古旧之物罢了。后世的图书已经多了百倍，就不必再铸鼎了，这里特地提一下。

钟

　　凡钟，为金乐之首。其声一宣，大者闻十里，小者亦及里之余。故君视朝、官出署，必用以集众；而乡饮酒礼，必用以和歌[①]；梵宫仙殿，必用以明摄谒者[②]之诚，幽起鬼神之敬。

　　凡铸钟，高者铜质，下者铁质。今北极朝钟[③]，则纯用响铜，每口共费铜四万七千斤、锡四千斤、金五十两、银一百二十两于内。成器亦重二万斤，身高一丈一尺五寸，双龙蒲牢[④]高二尺七寸，口径八尺，则今朝钟之制也。

　　凡造万钧钟与铸鼎法同。掘坑深丈几尺，燥筑[⑤]其中如房舍。埏泥作模骨，用石灰三和土筑，不使有丝毫隙坼。干燥之后以牛油、黄蜡附其上数寸。油蜡分两：油居十八，蜡居十二。其上高蔽抵晴雨（夏月不可为，油不冻结）。油蜡墁定，然后雕镂书文、物象，丝发成就[⑥]。然后舂筛绝细土与炭末为泥，涂墁以渐[⑦]而加厚至数寸，使其内外透体干坚，外施火力炙化其中油蜡，从口上孔隙熔流净尽，则其中空处即钟鼎托体之区也。

凡油蜡一斤虚位，填铜十斤。塑油时尽油十斤，则备铜百斤以俟之。中既空净，则议熔铜。凡火铜至万钧，非手足所能驱使，四面筑炉，四面泥作槽道，其道上口承接炉中，下口斜低以就钟鼎入铜孔，槽旁一齐红炭炽围。洪炉熔化时，决开槽梗（先泥土为梗塞住），一齐如水横流，从槽道中枧注而下，钟鼎成矣。凡万钧铁钟与炉、釜，其法皆同，而塑法则由人省啬⑧也。若千斤以内者，则不须如此劳费，但多捏十数锅炉。炉形如箕，铁条作骨，附泥做就。其下先以铁片圈筒直透作两孔，以受杠穿。其炉垫于土墩之上，各炉一齐鼓鞲⑨熔化。化后以两杠穿炉下，轻者两人，重者数人抬起，倾注模底孔中。甲炉既倾，乙炉疾继之，丙炉又疾继之，其中自然粘合。若相承迁缓，则先入之质欲冻，后者不粘，衅⑩所由生也。

凡铁钟模不重费油蜡者，先埏土作外模，剖破两边形，或为两截，以子口串合，翻刻书文于其上。内模缩小分寸，空其中体，精算而就。外模刻文后，以牛油滑之，使他日器无粘烂，然后盖上，泥合其缝而受铸焉。巨磬、云板⑪，法皆仿此。

注 释

①乡饮酒礼，必用以和歌：中国古代有乡饮酒礼，为卿大夫之礼，郑玄云："诸侯之乡大夫，三年大比，献贤者能者予其君，以礼宾之，与之饮酒。"乡饮酒中悬以钟磬，众有歌，如《鹿鸣》等诗，奏以笙，未言以钟相和，但言有《合乐》，则其中亦应有钟磬之属。②谒者：此指礼拜仙佛者。③北极朝钟：明代宫中北极阁中所悬朝钟。④蒲牢：传说中的海兽，因其吼声甚大，故铸于钟上，以使钟声洪大。明代以为龙生之九子之一。⑤燥筑：干着夯实。⑥丝发成就：所铸之物象图案一丝一发都要认真做成。⑦涂墁以渐：一点一点地向上墁泥。⑧省啬：节省，简略。⑨鼓鞲（gōu）：鼓风。鞲是用牛皮做成的鼓风器具，此处代指风箱。⑩衅：缝隙。⑪云板：铁铸的响器，板状，因像云朵形，故名。

译 文

在金属乐器之中，钟是第一位重要的乐器。钟的响声，大的十里之内都可以听得到，小的钟声也能传开一里多。所以，皇帝临朝听政、官府升堂审案，一定要用钟声来召集下属或者民众；各地方上举行乡饮酒礼也一定会用钟声来和歌伴奏；佛寺仙殿一定会用钟声来打动人间世俗朝拜者的诚心，唤起对异界鬼神们的敬意。

铸钟的原料以铜为上等好材料，以铁为下等材料。现在朝廷上所悬挂的朝钟完全是用响铜铸成的，每口钟总共花费铜四万七千斤、锡四千斤、黄金五十两、银一百二十

两。铸成以后重达两万斤，身高一丈一尺五寸，上面的双龙蒲牢图像高二尺七寸，直径八尺。这就是当今朝钟的规格。

铸造万斤以上的大朝钟之类的钟和铸鼎的方法是相同的。先挖掘一个一丈多深的地坑，使坑内保持干燥，并把它构筑成像房舍一样。将石灰、细砂和黏土塑造调和成的土作为内模的塑型材料，内模要求做得没有丝毫裂缝。待内模干燥以后，用牛油加黄蜡在上面涂约几寸厚。油和蜡的比例是：牛油约占十分之八，黄蜡占十分之二。在钟模型的顶上搭建一个高棚用以防止日晒雨淋（夏天不能做模子，因为油蜡不能冻结）。油蜡层涂好并用堲刀荡平整后，就可以在上面精雕细刻上各种所需的文字和图案，再用舂碎和筛选过的极细的泥粉和炭末调成糊状，逐层涂铺在油蜡上约几寸厚。等到外模的里外都自然干透坚固后，便在上面用慢火烤炙，使里面的油蜡熔化而从模型的开口处流干净。这时，内外模之间的空腔就成了将来钟、鼎成型的地方。

每一斤油蜡空出的位置需十斤铜来填充，如果塑模时用去十斤油蜡，就需要准备好一百斤铜。内外模之间的油蜡已经流净后，就着手熔化铜了。如果要熔化的火铜达到万斤以上的，就不能再靠人的手脚来挪移浇铸了。那就要在钟模的周围修筑很多熔炉和泥槽，槽的上端同炉的出口连接，下端倾斜接到模的浇口上，槽的两旁还要用炭火围起来。当所有熔炉的铜都已经熔化时，就一齐打开出口的塞子（事先用泥土当成塞子塞住），这时，铜熔液就会像水流那样沿着泥槽注入模内。这样，钟或鼎便铸成功了。一般而言，万斤以上的铁钟、香炉和大锅，它们的铸造都是用这同一种方法，只是塑造模子的细节可以由人们根据不同的条件与要求而适当有所省略而已。至于铸造千斤以内的钟，就不必这么费劲了，只要制造十来个小炉子就行了。这种炉膛的形状像个箕子，用铁条当骨架，用泥塑造成。炉体下部的两侧要穿两个孔，并垫上两根圆筒状的铁片以便于将抬杠穿过。这些炉子都平放在土墩上，所有炉子都一起鼓风熔铜。铜熔化以后，就用两根杠穿过炉底，轻的两个人，重的几个人，一起抬起炉子，把铜熔液倾注进模孔中。甲炉刚刚倾注完了，乙炉也跟着迅速倾注，丙炉再跟着倾注，这样，模子里的铜就会自然黏合。如果各炉倾注互相承接太慢，那些先注入的铜熔液都将近冷凝了，就难以和后注入的铜熔液互相黏合而出现夹缝。

大体而言，铸造铁钟的模子不用费掉很多油蜡，方法是：先用黏土制成剖成左右两半的或是上下两截的外模，并在剖面边上制成有接合的子母口，然后将文字和图案反刻在外模的内壁上。内模要缩小一定尺寸，以使内外模之间留有一定空间，这要经过精密的计算来确定。外模刻好文字和图案以后，还要用牛油涂滑它，以免以后浇铸时铸件粘模。然后把内外模组合起来，并用泥浆把内外模的接口缝封好，这样便可以进行浇铸了。巨磬和云板的铸法与此相类似。

釜

原文

凡釜，储水受火，日用司命系焉①。铸用生铁或废铸铁器为质，大小无定式，常用者，径口二尺为率，厚约二分。小者径口半之，厚薄不减。其模内外为两层。先塑其内，俟久日干燥，合釜形分寸于上，然后塑外层盖模。此塑匠最精，差之毫厘则无用。

模既成就干燥，然后泥捏冶炉，其中如釜，受生铁于中。其炉背透管通风，炉面捏嘴出铁。一炉所化约十釜、二十釜之料。铁化如水，以泥固②纯铁柄勺从嘴受注。一杓约一釜之料，倾注模底孔内，不俟冷定即揭开盖模，看视罅绽未周③之处。此时，釜身尚通红未黑，有不到处即浇少许于上补完，打湿草片按平，若无痕迹。凡生铁初铸釜，补绽者甚多，唯废破釜铁熔铸，则无复隙漏（朝鲜国俗，破釜必弃之山中，不以还炉）。

凡釜既成后，试法以轻杖敲之，响声如木者佳，声有差响则铁质未熟之故，他日易为损坏。海内丛林大处④，铸有千僧锅者，煮糜受米二石，此直痴物⑤也。

注释

①日用司命系焉：日常所用，为人的生命所关。②泥固：指以泥垫牢。③罅绽未周：有缝隙而不周全。④丛林大处：大寺院。⑤痴物：傻大笨粗之物。

译文

锅是用来烧水煮饭的，人们的日常生活离不开它。铸造锅的原料是生铁或者废铸铁器。铸锅的大小并没有严格固定的规格，常用的铸锅直径二尺左右，厚约二分。小的铸锅直径一尺左右，厚薄不减少。铸锅的模子分为内、外两层。先塑造内模，等它干燥以后，按锅的尺寸折算好，再塑造外模。这种铸模要求塑造功夫非常精确，尺寸稍有偏差，模子就没有用了。

模已塑好并干燥以后，用泥捏造熔铁炉，炉膛要像个锅一样，用来装生铁和废铁原料。炉背接一条可以通到风箱的管子，炉的前面捏一个出铁嘴。每一炉所熔化的铁水可浇铸十到二十口锅。生铁熔化成铁水以后，用镶嵌着泥的带手柄的铁勺子从出铁嘴接盛铁

水，一勺子铁水大约可以浇铸一口铁锅。将铁水倾注到模子里，不必等到它冷下来就揭开外模，查看有没有裂缝。这时锅身还是通红的，如果发现有些地方铁水浇得不足，马上补浇少量的铁水，并用湿草片按平，不让锅留下修补过的痕迹。生铁初次铸锅时，需要这样补浇的地方较多，只有用废铁锅回炉熔铸的才不会有隙漏（朝鲜国的风俗是锅破了以后一定要丢弃到山中，不再回炉）。

铁锅铸成以后，辨别其好坏的方法是用小木棒敲击它。如果响声像敲硬木头的声音那样沉实，就是一口好锅；如果有其他杂音，就说明铁质未熟，将来这种锅就容易损坏。国内有的大寺庙里铸有一种"千僧锅"，可以煮两石米的粥，这真是一个笨重的家什。

像

原 文

凡铸仙佛铜像，塑法与朝钟同。但钟、鼎不可接，而像则数接为之，故泻时①为力甚易，但接模之法，分寸最精云。

注 释

①泻时：倾注金属溶液的时候。

译 文

铸造仙佛铜像，塑模方法与朝钟一样。但是钟、鼎不能接铸，而仙佛铜像却可以分铸后再接合铸造，在浇注方面是比较容易的。不过，这种接模工艺对精确度的要求却是最高的。

炮

原 文

凡铸炮，西洋、红夷、佛郎机①等用熟铜造，信炮、短提铳②等用生熟铜兼半造，襄阳、盏口、大将军、二将军③等用铁造。

注 释

①西洋红夷、佛郎机：指荷兰和比利时。此处是指这两国传来的炮。②信炮、短提铳：信号炮、短枪。③襄阳、盏口、大将军、二将军：明代本土所造大炮，详见《佳兵》篇。

译 文

大体说来，荷兰和比利时等国铸炮用的是熟铜，信炮和短枪等用的是生、熟铜各一半，襄阳炮、盏口炮、大将军炮乃至二将军炮等则用的是铁。

镜

原 文

凡铸镜，模用灰沙，铜用锡和（不用倭铅①）。《考工记》亦云："金锡相半，谓之鉴、燧之剂②。"开面成光，则水银附体而成，非铜有光明如许也。唐开元宫中镜，尽以白银与铜等分铸成，每口值银数两者以此故。朱砂斑点乃金银精华发现（古炉有入金于内者）。我朝宣炉③，亦缘某库偶灾，金、银杂铜锡化作一团，命以铸炉（真者错现金色）。唐镜、宣炉，皆朝廷盛世物云。

注 释

①倭铅：即锌。②鉴、燧之剂：鉴即照人之镜，燧则为取火之镜。剂：材料。③宣炉：宣德年间所造香炉，极为珍贵。

译 文

铸镜的模子是用糠灰加细沙做成的，镜本身的材料是铜与锡的合金（不使用锌）。《考工记》中有云："金和锡各一半的合金，是适用于铸镜的合金配比。"镜面之所以能够反光，那是由于镀上了一层水银的结果，而不是铜本身能这样光亮。唐朝开元年间宫中所用的镜子都是用白银和铜各半配比在一起铸成的，每面镜子价达几两银子。铸件上有些像朱砂一样的红斑点，那是其中夹杂着的金银发出来的（古代铸造的香炉有些是渗入了金子的）。明朝宣炉的铸造是由于当时某库偶然发生了火灾，里面的金银夹杂着铜、锡都熔成一团，于是官府便下令用它来铸造香炉（宣炉的真品，其面上闪耀着金色的斑点）。唐镜和宣炉都是王朝昌盛时期的产物。

钱

原 文

凡铸铜为钱，以利民用，一面刊国号通宝四字，工部分司主之①。凡钱通利者，以十文抵银一分值。其大钱当五、当十，其弊便于私铸，反以害民，故中外行而辄不行也②。

凡铸钱每十斤，红铜居六七，倭铅（京中名水锡）居三四，此等分大略。倭铅每见烈火，必耗四分之一。我朝行用钱高色者，唯北京宝源局黄钱与广东高州炉青钱（高州钱行盛漳泉路），其价一文敌南直江、浙等二文。黄钱又分二等，四火铜③所铸曰金背钱，二火铜所铸曰火漆钱。

凡铸钱熔铜之罐，以绝细土末（打碎干土砖妙）和炭末为之（京炉用牛蹄甲，未详何作用）。罐料十两，土居七而炭居三，以炭灰性暖，佐土使易化物也。罐长八寸，口径二寸五分。一罐约载铜、铅④十斤，铜先入化，然后投铅，洪炉扇合，倾入模内。

凡铸钱模，以木四条为空匡（木长一尺一寸，阔一寸二分）。土、炭末筛令极细，填实匡中，微洒杉木炭灰或柳木炭灰于其面上，或熏模则用松香与清油。然后以母钱百文（用锡雕成）或字或背布置其上。又用一匡如前法填实合盖之。既合之后，已成面、背两匡，随手覆转，则母钱尽落后匡之上。又用一匡填实，合上后匡，如是转覆，只合十余匡，然后以绳捆定。其木匡上弦原留入铜眼孔，铸工用鹰嘴钳，洪炉提出熔罐，一人以别钳扶抬罐底相助，逐一倾入孔中。冷定解绳开匡，则磊落百文，如花果附枝。模中原印空梗，走铜如树枝样。挟出逐一摘断，以待磨锉成钱。凡钱先锉边沿，以竹木条直贯数百文受锉，后锉平面则逐一为之。

凡钱高低，以铅多寡分。其厚重与薄削，则昭然易见。铅贱铜贵，私铸者至对半为之，以之掷阶石上，声如木石者，此低钱也。若高钱铜九铅一，则掷地作金声矣。凡将成器废铜铸钱者，每火十耗其一。盖铅质先走，其铜色渐高，胜于新铜初化者。若琉球诸国银钱，其模即凿锲铁钳头上。银化之时入锅夹取，淬于冷水之中，即落一钱其内。图并具后。

![译文图标] **译 文**

将铜铸造成钱币是为了方便民众贸易往来。铜钱的一面印有"××（国号）通宝"四个字，由工部下属的一个部门主管这项工作。通行的铜钱十文抵得上白银一分的价值。一个大钱的面值相当于普通铜钱的五倍或者十倍，发行这种大钱的弊病是容易导致私人铸钱，反而会坑害了百姓，于是中央和地方都在发行过一阵大钱之后，很快就停止发行了。

铸造十斤铜钱需要用六七斤红铜和三四斤锌（北京把锌叫作水锡），这是粗略的比例。锌每经过高温加热一次就要耗损四分之一。我（明）朝通用的铜钱，成色最好的是北京宝源局铸造的黄钱和广东高州铸造的青钱（高州钱通行于福建漳州、泉州一带），这两种钱每一文相当于南京操江局和浙江铸造局铸造的铜钱二文。黄钱又分为两等，用四火铜铸造的叫作金背钱，用二火铜铸的叫作火漆钱。

铸钱时用来熔化铜的坩埚是用最细的泥粉（以打碎的土砖干粉为最好）和炭粉混合后制成的（北京的熔铜坩埚还加入了牛蹄甲，不知道有什么用处）。熔铜坩埚的配料比例

是每十两坩埚料中，泥粉占七两，而炭粉占三两，炭粉的保温性能很好，可以配合泥粉而使铜更易于熔化。熔铜坩埚高约八寸，口径约二寸五分。一个熔铜坩埚大约可以装铜和锌十斤。冶炼时，先把铜放进熔铜坩埚中熔化，然后加入锌，鼓风使它们熔合之后，再倾注入模子。

铸钱的模子是用四根木条构成空框（木条各长一尺二寸，宽一寸二分），用筛选过的非常细的泥粉和炭粉混合后填实空框，面上要再撒上少量的杉木或柳木炭灰，或者用燃烧松香和菜籽油的混合烟熏过。然后把成百枚用锡雕成的母钱（钱模）按有字的正面或者按无字的背面铺排在框面上。再用一个填实泥粉和炭粉的木框如上述方法合盖上去，这样就构成了钱的底、面两框模。接着，随手把它翻转过来，揭开前框，全部母钱就脱落在后框上面了。再用另一个填实了的木框合盖在后框上，照样翻转，就这样反复做成十几套框模，最后把它们叠合在一起用绳索捆绑固定。原来木框的边缘上留有灌注铜液的口子，铸工用鹰嘴钳把熔铜坩埚从炉里提出来，另一个人用钳托着坩埚的底部，共同把熔铜液注入模子中。待铜液冷却之后，解下绳索打开框模。这时，只见密密麻麻的成百个铜钱就像累累果实结在树枝上一样。因为模中原来的铜水通路也已经凝结成树枝状的铜条网络了，把它夹出来将钱逐个摘下，以便于磨锉加工。先锉铜钱的边沿，方法是用竹条或木条穿上几百个铜钱一起锉。然后逐个锉平铜钱表面不规整的地方。

铜钱质量的高低以锌的含量多少来辨别区分，至于从外在质量看铸钱成品，轻重与厚薄那是显而易见的。由于锌价值低贱而铜价值更贵，因此私铸铜币的人甚至用铜、锌对半开来铸铜钱。将这种钱掷在石阶上，会发出像木头或石块落地的声响，表明成色很低。如果是成色高质量好的铜钱，铜与锌的比例当是九比一，把它掷在地上，会发出铿锵的金属声。用废铜器来铸造铜钱，每熔化一次就会损耗十分之一，因为其中的锌会挥发掉一些，铜的含量逐渐提高，所以铸造出来的铜钱的成色就会比新铜第一次铸成的铜钱要高。琉球一带铸造的银币，模子就刻在铁钳头上，当银熔化了的时候，将钳子头伸进坩埚里夹取银液后，提出来往冷水之中一淬，一块银币就落在水里了。

附：铁钱

原 文

铁质贱甚，从古无铸钱。起于唐藩镇魏博[①]诸地，铜货不通，始冶为之，盖斯须之计也。皇家盛时，则冶银为豆[②]；杂伯[③]衰时，则铸铁为钱。并志博物者感慨。

注 释

①魏博：唐末藩镇有魏博节度使，治所在今河北南部大名县。按铁钱之铸，始于汉公孙述，南朝梁时亦铸，非起于唐也。②冶银为豆：明代皇帝赏赐臣下的物品中有银豆。③杂伯：伯即霸，杂伯是指割据政权。五代十国之马殷即大量铸铁钱。

译 文

铁这种金属价值十分低贱，自古以来没有用铁来铸钱的。铁钱起源于作为唐朝藩镇之一的魏博镇地区，由于当时藩镇割据，金属铜无法贩运，因此才不得已而用铁来铸钱，那只是一时间的权宜之计罢了。在皇家兴盛之时，曾经用白银铸成豆子来玩耍取乐，到了后来藩镇割据而国家衰落时，就连低贱的铁也只好拿去铸钱了，就一起记在这里以表示博物广识者的感慨吧。

精彩点拨

本篇是中国古代技术书中有关铸造技术最详尽的记录，从礼器到日常生活用品，都仔细地讲解了铸造方法、步骤，包括从制造模子到灌模完成，以及所使用的金属成分，非常值得研究。在阅读本篇时，应当与《五金》和《锤锻》两篇连贯起来，这样就能对我国古代金属器物的使用、发明与制造方法有更深一层的了解。

阅读积累

铁

铁在我们生活中分布较广，占地壳含量的 4.75%，仅次于氧、硅、铝，位居地壳含量第四。纯铁是柔韧而延展性较好的银白色金属，用于制作发电机和电动机的铁芯，铁及其化合物还用于制作磁铁、药物、墨水、颜料、磨料等，是工业上所说的"黑色金属"之一（另外两种是铬和锰。其实纯净的生铁是银白色的，铁元素之所以被称之为"黑色金属"，是因为铁表面常常覆盖着一层主要成分为黑色四氧化三铁的保护膜）。另外人体中也含有铁元素，+2 价的亚铁离子是血红蛋白的重要组成成分，用于氧气的运输。

第九　舟车

精彩导读

　　舟和船所指相同，但是产生的时代不同：先秦文献用舟，汉及汉以后用船。在现代汉语里，舟不单用，而是用在复合词及成语中，如泛舟、龙舟、神舟、顺水推舟。船可以单用，如江面上有许多船；也可以用在复合词及熟语中，如商船、航船、脚踩两只船。舟是汉语通用规范一级字（常用字）。此字初文始见于商代甲骨文及商代金文，其古字形像一条小船，本义即船。古籍中又可活用为动词，指渡河或用船运载。

原文

　　宋子曰：人群分而物异产，来往懋迁[1]，以成宇宙。若各居而老死，何藉有群类哉？人有贵而必出，行畏周行[2]；物有贱而必须，坐穷负贩。四海之内，南资舟而北资车。梯航[3]万国，能使帝京元气充然。何其始造舟车者，不食尸祝之报[4]也？浮海长年，视万顷波如平地，此与列子所谓御泠风[5]者无异。传所称奚仲[6]之流，倘所谓神人者，非耶？

注释

　　[1]懋（mào）迁：贸易，运输。[2]行畏周行：周行，四处旅行。古时旅行艰于路途，故曰畏。[3]梯航：梯指登山，航指航海。梯航泛指艰难之旅途。[4]尸祝之报：后代祭祀纪念以报答。[5]列子所谓御泠风：《庄子·逍遥游》："夫列子御风而行，泠然善也，旬有五日而后反。"御泠风，即驾风而行。[6]奚仲：古代传说中的始造车者。见《淮南子·修务》。

译文

　　宋先生说：人类分散居住在各地，各地的物产也是各有不同，只有通过贸易交往才能构成整个世界。如果大家彼此各居一方而老死不相往来，还凭什么来构成人类社会呢？有钱、有地位的人要出门到外地的时候，往往怕走远路；有些物品虽然价钱低贱，却也是生活所必需，因为缺乏，所以也就需要有人贩运。从全国来看，南方更多是用船运，北方更多是用车运。人们凭借车和船，翻山渡海，沟通国内外物资贸易，从而使得京都繁荣起来。既然如此，为什么最早发明并创造车、船的人却得不到后人的祭祀呢？人们驾驶船只漂洋过海，长年在大海中航行，把万顷波涛看成如同平地一样，这和列子乘风飞行的故事没有什么不同。如果把历史书上记载的车辆创造者奚仲等人称为"神人"，难道不也是可以的吗？

舟

原文

凡舟古名百千，今名亦百千。或以形名（如海鳅、江鳊、山梭之类），或以量名（载物之数），或以质名（各色木料），不可殚述①。游海滨者得见洋船，居江湄②者得见漕舫，若局趣③山国之中，老死平原之地，所见者一叶扁舟、截流乱筏而已。粗载数舟制度，其余可例推云。

注释

①殚述：完全阐述。②江湄：江边。③局趣：即局促，局限。

译文

从古到今，船的名称有百千种之多，有的根据船的形状来命名（比如海鳅、江鳊、山梭之类的名字），有的按照船的载重量（船载物的数量）来命名，有的依据造船的木质（各种木料）来命名，名称繁多，难以一一述说殆尽。在海滨游玩的人可以见到远洋船，在江边居住的人可以看到漕舫。如果总是局限在山区或平原之中，那就只能见到独木舟或者截流而漂行的筏子罢了。这里粗略记载几种船的形制规格，其余的大家可以自行类推。

漕舫

凡京师为军民集区，万国水运以供储，漕舫所由兴也。元朝混一①，以燕京为大都。

南方运道由苏州刘家港、海门黄连沙开洋②，直抵天津，制度用遮洋船。永乐间因③之。以风涛多险，后改漕运。

平江伯陈某，始造平底浅船，则今粮船之制也。凡船制，底为地，枋为宫墙，阴阳竹为覆瓦；伏狮，前为阀阅，后为寝堂；桅为弓弩，弦篷④为翼；橹为车马；篙纤⑤为履鞋；绹索⑥为鹰雕筋骨；招为先锋，舵为指挥主帅；锚为扎车营寨。

粮船初制：底长五丈二尺，其板厚二寸，采巨木楠为上，栗次之。头长九尺五寸，梢长九尺五寸。底阔九尺五寸，底头阔六尺，底梢阔五尺，头伏狮阔八尺，稍伏狮阔七尺，梁头一十四座。龙口梁阔一丈，深四尺，使风梁阔一丈四尺，深三尺八寸。后断水梁阔九尺，深四尺五寸。两廒⑦共阔七尺六寸。此其初制，载米可近二千石（交兑每只止足五百石）。后运军造者私增身长二丈，首尾阔二尺余，其量可受三千石。而运河闸口原阔一丈二尺，差可渡过。凡今官坐船，其制尽同，第窗户之间宽其出径，加以精工彩饰而已。

凡造舡先从底起，底面傍靠樯，上承栈⑧，下亲地面。隔位列置者曰梁。两傍峻立者曰樯。盖樯巨木曰正枋，枋上曰弦。梁前竖桅位曰锚坛，坛底横木夹桅本者曰地龙，前后维曰伏狮，其下曰拿狮，伏狮下封头木曰连三枋。舡头面中缺一方曰水井（其下藏缆索等物）。头面眉际树两木以系缆者曰将军柱。舡尾下斜上者曰草鞋底，后封头下曰短枋，枋下曰挽脚梁，舡梢掌舵所居，其上者野鸡篷（使风时，一人坐篷巅，收守篷索）。

凡舟身将十丈者，立桅必两：树中桅之位，折中过前二位⑨，头桅又前丈余。粮舡中桅长者以八丈为率，短者缩十之一二；其本入窗内亦丈余，悬篷之位约五六丈。头桅尺寸则不及中桅之半，篷纵横亦不敌三分之一。苏、湖六郡运米，其舡多过石瓮桥⑩下，且无江汉之险，故桅与篷尺寸全杀。若湖广、江西省舟，则过湖冲江无端风浪，故锚、缆、篷、桅必极尽制度而后无患。凡风篷尺寸，其则一视全舟横身，过则有患，不及则力软。

凡舡篷，其质乃析篾成片织就，夹维竹条，逐块折叠，以俟悬挂。粮舡中桅篷，合并十人力方克凑顶，头篷则两人带之有余。凡度篷索，先系空中寸圆木，关捩于桅巅之上，然后带索腰间缘木而上，三股交错而度之。凡风篷之力其末一叶，敌其本三叶。调匀和畅，顺风则绝顶张篷，行疾奔马。若风力荐至，则以次减下（遇风鼓急不下，以钩搭扯）。狂甚则只带一两叶而已。

凡风从横来，名曰抢风。顺水行舟，则挂篷"之""玄"游走，或一抢向东，止寸平过，甚至却退数十丈。未及岸时，捩舵转篷，一抢向西，借贷水力兼带风力轧下，则顷刻十余里。或湖水平而不流者亦可缓轧。若上水舟则一步不可行也。凡船性随水，若草从风，故制舵障水使不定向流，舵板一转，一泓从之。

凡舵尺寸，与船腹切齐。其长一寸，则遇浅之时船腹已过，其梢尾舵使胶住，设风狂力劲，则寸木为难不可言；舵短一寸，则转运力怯，回头不捷。凡舵力所障水，相应及船头而止，其腹底之下俨若一派急顺流，故船头不约而正，其机妙不可言。

舵上所操柄，名曰关门棒，欲船北，则南向掮转，欲船南，则北向掮转。船身太长而风力横劲，舵力不甚应手，则急下一偏披水板，以抵其势。凡舵用直木一根（粮船用者围三尺，长丈余）为身，上截衡受棒，下截界开衔口，纳板其中如斧形，铁钉固拴以障水。梢后隆起处，亦名曰舵楼。

凡铁锚所以沉水系舟，一粮船计用五六锚，最雄者曰看家锚，重五百斤内外，其余头用二枝，梢用二枝。凡中流遇逆风，不可去，又不可泊（或业已近岸，其下有石非沙，亦不可泊，惟打锚深处），则下锚沉水底，其所系绬缠绕将军柱上，锚爪一遇泥沙扣底抓住，十分危急则下看家锚。系此锚者名曰本身，盖重言之也。或同行前舟阻滞，恐我舟顺势急去，有撞伤之祸，则急下梢锚提住，使不迅速流行。风息开舟则以云车绞缆，提锚使上。

凡船板合隙缝，以白麻斫絮为筋，钝凿扱入，然后筛过细石灰，和桐油舂杵成团调舱。温、台、闽、广即用蛎灰。凡舟中带篷索，以火麻秸（一名大麻）绚绞。粗成径寸以外者，即系万钧不绝。若系锚缆，则破析青篾为之。其篾线入釜煮熟，然后纠绞。拽缝簹亦煮熟篾线绞成，十丈以往，中作圈为接彄，遇阻碍可以掐断。凡竹性直，篾一线千钧。三峡入川上水舟，不用纠绞纤，即破竹阔寸许者，整条以次接长，名曰大杖。盖沿崖石棱如刃，惧破篾易损也。

凡木色，桅用端直杉木，长不足则接，其表铁箍逐寸包围。船窗前道，皆当中空阙，以便树桅。凡树中桅，合并数巨舟承载，其末长缆系表而起。梁与枋樯用楠木、槠木、樟木、榆木、槐木（樟木春夏伐者，久则粉蛀）。栈板不拘何木。舵杆用榆木、榔木、槠木。关门棒用椆木、榔木。橹用杉木、桧木、楸木。此其大端云。

注释

①混一：统一。②开洋：出海。③因：遵循。④弦篷：船帆。⑤篁纤：纤绳。⑥绬索：长绳。⑦厫：船舱。⑧栈：甲板。⑨过前二位：绕过两梁。⑩瓮桥：拱桥。

译文

京都是军队与百姓聚居的地区，全国各地都要利用水运来供应它的物质储备，漕船的制度就是这样建立起来的。元朝统一全国之后，决定以北京为都城。当时由南方到北方的航道，一条是从苏州的刘家港出发，一条是从海门县的黄连沙出发，两条航道都沿海路

直达天津，用的是遮洋船，一直到明朝的永乐年间还是这样。后来因为海洋上风浪太大，危险过多，所以就改为内河航运了。

当时苏州府的布政使陈某首先制造平底的浅船，也就是现在的运粮船。这种船船底的作用相当于建筑物的地基，船身的作用相当于它的墙壁，上面是用阴阳竹盖的屋顶；船头最顶上的那一根大横木的作用相当于屋前的门楼柱，船尾上横木的作用就相当于寝室；船上桅杆就像一张弩的弩身，风帆和附带的帆索就像弩的翼；船上的橹的作用相当于拉车的马；拖缆索的作用相当于人走路的鞋子；那些系住铁锚的粗缆以及绑紧全船的大索的作用则很像鹰和雕那些猛禽的筋骨；船头第一桨的作用是开路先锋，而船尾的舵的作用则是指挥航行的主帅；如果要安营扎寨，就一定要使用锚了。

起初，运粮船的规格是：船底长五丈二尺，使用的木板厚二寸，大木之中以选用楠木为最好，其次是栗木。船头底宽六尺，长九尺五寸，船尾底宽五尺，长九尺五寸，船头顶部的大横木长八尺，船尾相应的横木长七尺。整个船由船面横梁及其连接木头（包括两侧肋骨、底梁和隔舱板）形成的构架一共有十四个，其中接近船头的龙口梁到船底的距离为四尺，长一丈，树立中桅的使风梁一丈四尺，高出船底三尺八寸。船尾的断水梁长九尺，离船底四尺五寸，船楼两旁的通道共宽七尺六寸。这些都是初期漕船的尺寸规格，每艘漕船的载米量接近两千石（但每只船每次只是必须缴五百石便算足额了）。后来由漕运军造的漕船私自把船身增长了二丈，船头和船尾各加宽了二尺多，这样便可以载米三千石了。原来运河的闸口只有一丈二尺宽，还可以让这种船勉强通过。现在的官船，大小规格完全与此相同，只不过是船上舱楼的门窗加大一些，精修并装饰了一番罢了。

建造漕船时要先造船底，船底的两侧紧靠着船身，船身上面承受着铺船栈板，漕船下面接触到地面。相隔一定距离安置着的一批横贯船身的木头叫梁。在船底两旁串叠着一批木材，构成竖立的船身。盖在船身木头上的最顶上的一根粗大方柱形木叫作正枋，而在每根正枋上面还有一片纵长木板，叫作弦。梁前面竖桅的地方叫作锚坛，锚坛底部固定桅杆根部的结构叫作地龙。船头和船尾各有一根连接船体的大横木，叫作伏狮，在伏狮的两端下面紧靠着船身的一对纵向木叫作拿狮，在伏狮之下还有一块由三根木串联着的搪浪板，叫作连三枋。船头中间空开一个方形舱口，叫作水井（里面用来收藏缆索等物品）。船头两边竖起两根系结缆索的木桩，叫作将军柱。锚坛船尾底下两侧倾斜着的木材叫作草鞋底。在船尾掌舵位置上面盖着的篷叫作野鸡篷（漕船扬帆时，一个人坐在篷顶上掌握帆索）。

凡是身长将近十丈的漕船，要竖立两根桅杆，中间的桅杆竖在船中间再朝前两个梁位处，两头桅杆的位置要比中间的桅杆更靠前一丈多。运粮船中间的桅杆长的一般达八丈，短的则可能会缩短十分之一二，桅身进入舱楼至舱底的部分长达一丈多，挂帆的地方要占去桅杆总长中的五六丈。两头桅杆的高度还不及中间桅杆的一半，帆的纵横幅度也不到中间的桅杆上所挂帆的三分之一。苏州、湖州六郡一带运米的船大多要经过石拱桥，而且没有长江、汉水那样的风险，所以桅杆和帆的尺寸都要缩小。但是如果航行到湖广及江西等省的船，由于过湖过江会遇到突然的风浪，因此锚、缆、帆和桅杆等都必须严格按照规格来建造，这样才能没有后患。此外，风帆的大小也要跟船身的宽度一致，太大了会有危险，太小了就会风力不足。

风帆大多是用竹子篾片编织的，每编成一块，就要夹进一根带篷缒的篷挡竹做骨干，这样既可以逐块折叠，又可以让风帆紧贴着桅杆升起。运粮船中间的桅杆上所挂的帆需要十个人一齐用力才能升到桅杆顶，而两头桅杆上所挂的帆只要两人就足够了。安装帆索时，先将直径约一寸的木制滑轮绑在桅杆顶上，然后腰间带着绳索爬上桅杆，把三股绳索交错着穿过滑轮。风帆受的风力，顶上的一叶相当底下的三叶。当调节得准确顺当而又借着风力时，将帆扬到最顶端，船会前进得快如奔马。但是如果风力不断增大，就要逐渐减少帆叶（遇到很大的风，帆叶鼓得太厉害而降不下来时，就要使用搭钩）。当风力很猛烈时，只带一两叶帆就足够了。

借用从横向吹来的风航行就叫作抢风。如果这时是顺水而行，就可以升起船帆，按之字形或者玄字形的路线行进。如果操纵船帆把船抢向东，只能平过对岸，甚至可能会后退几十丈。这时趁船还未到达对岸，便应立刻转舵，并把帆调转向另一舷上去，即把船抢向西，这是借助水势和风力的挤压，船沿着斜向前进，一下子便可以行走十多里。如果是在平静的湖水中，就可以缓慢地转抢斜行了；但如果是逆水行舟，又遇到这种横风，那就一步也难以行进了。船跟着水流走就如同草随着风儿摆动一样，所以要利用舵来挡水，使水不按原来的方向流动，舵板一转，就能引起一股水流。

舵的尺寸，其下端要同船底平齐。如果舵比船底长出一寸，那么当遇到水浅时，船底已经通过了，而船尾的舵却被卡住了，要是风力很大的话，这一寸木带来的麻烦也就难以形容了；反之，如果舵比船底短了一寸，那么舵的运转力就会太小，船身转动也就不够灵巧。由舵板所挡住的水相应地流到船头为止，此时船底下的水好像一股急顺流，所以船头就能自然而然地转到一定方向，这真是非常奇妙。

舵上的操纵杆叫作关门棒，要船头向北，就将关门棒推向南；要船头向南，就将关门棒推向北。如果船身太长而横向吹来的风又太猛，舵力不那么充足，就要赶紧放下吹风一侧的那块挡水板来抵消风势。船舵要用一根直木做舵身（运粮船上用的舵周长三尺，长一丈多），上端凿个横孔插进关门棒，下端锯开个衔口来夹紧舵板，构成斧头般的形状，然后用铁钉钉牢，这样便可以挡水了。船尾高耸起来的地方，也叫作舵楼。

铁锚的作用是沉入水底而将船稳定住。一只运粮船上共有五或六个锚，其中最大的锚叫作看家锚，重达五百斤左右。其余的锚，在船头上的有两个，在船尾部的也有两个。如果船在航行之中遇到逆风无法前进，而又不能靠岸停泊的话（或者已经接近岸边，但是水底是石头而不是沙土，也不能停泊，这时只能在水深的地方赶紧抛锚），就要将锚抛下

沉到水底，把系锚的缆索系在将军柱上。锚爪子一接触到泥沙，就能陷进泥里抓住。如果情况十分危急，便要抛下看家锚。系住这个锚的缆索叫作"本身"（命根子），这就是说它至关重要。同一航向航行的船只，如果前面的船受阻了，怕自己的船会顺势急冲向前而有互相撞伤的危险，就要赶快抛梢锚拖住船只，将速度减下来。风静了要开船，就要用绞车绞缆把锚提起来。

填充船板间的缝隙要用捣碎了的白麻絮结成筋，用钝凿把筋塞进缝隙里，然后用筛得很细的石灰拌和桐油，以木棒春成油团状封补在麻筋外面。浙江温州、台湾、福建及两广等地都用贝壳灰来代替石灰。船上所用的帆索是用大麻纤维（也叫火麻子）纠绞而成的，直径达一寸多的粗绳索，即便系住万斤以上的东西也不会断。至于系锚的那种锚缆，则是用竹片削成的青篾条做的，这些篾条要先放在锅里煮，然后进行纠绞。拉船的纤缆也是用煮过的篾条绞成的，每长十丈以上要在篾条中间做个圈作为接口，以便碰到障碍时可以用手指出力将篾条夹断。竹的特性是纵向拉力强，一条竹篾可以承受极大的拉力。凡是经三峡而进入四川的上水船往往不用纠绞的纤索，而只是把竹子破成一寸多宽的整条竹片，互相连接起来，这就叫作火杖。因为沿岸的崖石锋利得像刀刃一样，恐怕破成竹篾条反而更容易损坏。

至于船只所用木料的选择，桅杆要选用匀称笔直的杉木，如果一根杉木不够长的话，还可以连接，在接合处用铁箍一寸寸箍紧。在舱楼前面应当空出一块地方以便树立桅杆。树立船中间的桅杆时，要拼合几条大船来共同承载，然后依靠系在桅顶的长缆索将它拉吊起来。船上的梁和构成船身的长木材都要选用楠木、槠木、樟木、榆木或者槐木（春、夏两季砍伐的樟木，时间长了会被虫蛀）；衬舱底或者铺面的栈板则什么木料都可以；舵杆要使用榆木、榔木或者槠木；关门棒则要用椆木或者榔木；橹要用杉木、桧木或者楸木。以上所阐述的只是一些关于漕船的要点而已。

海舟

凡海舟，元朝与国初运米者曰遮洋浅船，次者曰钻风船（即海鳅）。所经道里止万里长滩[①]、黑水洋[②]、沙门岛[③]等处，皆无大险。与出使琉球、日本暨商贾爪哇、笃泥[④]等船制度，工费不及十分之一。

凡遮洋运舡制，视漕船长一丈六尺，阔二尺五寸，器具皆同，唯舵杆必用铁力木，舱灰用鱼油和桐油，不知何义。凡外国海舶制度大同小异。闽、广（闽由海澄开洋，广由香山㘭[⑤]）洋船截竹两破排栅[⑥]，树于两旁以抵浪。登、莱制度又不然。倭国海舶两旁列橹手栏板抵水，人在其中运力。朝鲜制度又不然。

至其首尾各安罗经盘⑦以定方向，中腰大横梁出头数尺，贯插腰舵，则皆同也。腰舵非与梢舵形同，乃阔板斫成刀形，插入水中，亦不捩转，盖夹卫扶倾之义。其上仍横柄拴于梁上，而遇浅则提起。有似乎舵，故名腰舵也。凡海舟以竹筒贮淡水数石，度供舟内人两日之需，遇岛又汲。其何国何岛合用何向，针指示昭然，恐非人力所祖。舵工一群主佐，直是识力造到死生浑忘地⑧，非鼓勇⑨之谓也。

注　释

①万里长滩：自长江口至苏北盐城的浅水海域。②黑水洋：自苏北盐城至山东半岛南部之间的海域。③沙门岛：在今山东半岛蓬莱西北海中。④笃泥：今印度尼西亚的加里曼丹。⑤香山坳：即今澳门。⑥竹两破排栅：将竹破成两半以成栅墙。⑦罗经盘：罗盘。⑧识力造到死生浑忘地：其见识已经达到将生死全然忘却的地步。⑨鼓勇：光凭勇气。

译　文

元朝和明朝初年，运米的海船叫作遮洋浅船，小一点的叫作钻风船（即海鳅）。这种船的航道仅限于经由长江口以北的万里长滩、黑水洋和沙门岛等地方，一路上并没有什么大的风险。制造这种海船的工本费还不到那些出使琉球、日本和到爪哇、笃泥等地经商的海船的十分之一。

跟漕船比较起来，遮洋浅船长了一丈六尺，宽了二尺五寸，船上的各种设备都是一样的。只是遮洋浅船的舵杆必须要用铁力木造，糊舱板缝的灰要用鱼油加桐油拌和，不知道这是出于什么理由。外国的海船跟遮洋浅船的规格大同小异。福建、广东的远洋船（其中福建的远洋船由海澄开出，广东的远洋船由香山坳开出）把竹子破成两半编成排栅，放在船的两旁用来阻挡海浪。山东登州和莱州的海船制作方法也不一样。日本的海船在船两旁安装带有把手的栏板，由人拨动栏板来挡水。朝鲜的制作方法又有所不同。

至于在船头、船尾都安装罗盘用来辨别航向，船中腰的大横梁伸出几尺以便于插进腰舵，这些都是相同的。腰舵的形状跟尾舵不同，它是把宽木板斫成刀的形状，插进水中后并不转动，只是对船身起平衡作用。它上面还有个横把拴在梁上，遇到搁浅时就可以将其提起来。因为它有点像舵，所以叫作腰舵。海船出海时，要用竹筒储备几百斤淡水，可足够供应船上的人两天食用，一旦遇到岛屿，就再补充淡水。无论到什么地方、什么岛屿，需要按什么方向航行，罗盘针都会指示得很清楚，这恐怕不是光凭人的经验所能够轻易掌握的。舵工们相互配合操纵海船，他们的见识和魄力简直到了将生死置之度外的境

界，那并不是只凭一时鼓起的勇气就能够做到的吧。

杂舟

　　江、汉课舡，身甚狭小而长，上列十余仓，每仓容止一人卧息。首尾共桨六把，小桅篷一座。风涛之中恃有多桨挟持。不遇逆风，一昼夜顺水行四百余里，逆水亦行百余里。国朝盐课，淮、扬数颇多，故设此运银，名曰课舡。行人欲速者亦买之。其舡南自章、贡①，西自荆、襄②，达于瓜、仪③而止。

　　三吴浪舡。凡浙西、平江纵横七百里内，尽是深沟，小水湾环，浪舡（最小者曰塘舡）以万亿计。其舟行人贵贱④来往，以代马车。扉履⑤舟，即小者，必造窗牖堂房，质料多用杉木。人物载其中，不可偏重一石⑥，偏即欹侧，故俗名"天平舡"。此舟来往七百里内，或好逸便⑦者径买，北达通、津⑧。只有镇江一横渡，俟风静涉过。又渡清江浦⑨，溯黄河浅水二百里，则入闸河安稳路矣。至长江上流风浪，则没世⑩避而不经也。浪舡行力在梢后，巨橹一枝，两三人推轧前走，或恃纤索。至于风篷，则小席如掌，所不恃也。

　　东浙西安舡。浙东自常山至钱塘八百里，水径入海，不通他道，故此舟自常山、开化、遂安⑪等小河起，钱塘而止，更无他涉。舟制：箬篷如卷瓦为上盖。缝布为帆，高可二丈许，绵索张带。初为布帆者，原因钱塘有潮涌，急时易于收下。此亦未然，其费似侈于簟席，总不可晓。

　　福建清流、梢篷舡。其舡自光泽、崇安两小河起，达于福州洪塘而止，其下水道皆海矣。清流舡以载货物、商客，梢篷舡大，差可坐卧，官贵家属用之。其舡皆以杉木为地。滩石甚险，破损者其常，遇损则急舣向岸，搬物掩塞。舡梢径不用舵，舡首列一巨招，捩头使转。每帮五只方行，经一险滩，则四舟之人皆从尾后曳缆，以缓其趋势。长年即寒冬不裹足，以便频濡。风篷竟悬不用云。

　　四川八橹等舡。凡川水源通江、汉，然川舡达荆州而止，此下则更舟矣。逆行而上，自夷陵入峡，挽纤者以巨竹破为四片或六片，麻绳约接，名曰火杖。舟中鸣鼓若竞渡，挽人从山石中间闻鼓声而咸力。中夏至中秋川水封峡，则断绝行舟数月。过此消退，方通往来。其新滩等数极险处，人与货尽盘岸行半里许，只余空舟上下。其舟制腹圆而首尾尖狭，所以辟滩浪云。

　　黄河满篷梢。其舡自河入淮，自淮溯汴用之。质用楠木，工价颇优。大小不等，巨者载三千石，小者五百石。下水则首颈之际，横压一梁，巨橹两枝，两旁推轧而下。锚、缆、索、帆，制与江、汉相仿云。

　　广东黑楼舡、盐舡。北自南雄，南达会省，下此惠、潮。通漳、泉，则由海汊乘海舟矣。黑楼舡为官贵所乘，盐舡以载货物。舟制两旁可行走。风帆编蒲为之，不挂独竿桅，双柱悬帆，不若中原随转。逆流凭藉纤力，则与各省直同功云。

　　黄河秦舡（俗名摆子舡）。造作多出韩城，巨者载石数万钧，顺流而下，供用淮、徐地面。舟制首尾方阔均等。仓梁平下，不甚隆起，急流顺下，巨橹两旁夹推，来往不凭风力。归舟挽纤多至二十余人，甚有弃舟空返者。

注　释

　　①章、贡：章、贡二水，指今之赣江流域。②荆、襄：今湖北荆州、襄樊。③瓜、仪：瓜洲、仪真，今江苏扬州一带。④行人贵贱：有钱和无钱的行人。⑤扉（fèi）履：步行。⑥偏重一石：有一石（百斤）左右的偏重。⑦好逸便：好求方便。⑧通、津：通州和天津。⑨清江浦：运河入黄河口，今江苏清江市。⑩没世：永世。⑪常山、开化、遂安：俱在浙江西部，为钱塘江各支流的上游。

译　文

　　长江、汉水上所行驶的官府用来运载税银的课船船身十分狭长，前后一共有十多个舱，每个舱只有一个铺位那么大。整只船总共有六把桨和一座小桅帆，在风浪当中靠这几把桨推动划行。如果不遇上逆风，仅一昼夜顺水可行四百多里，逆水也能行驶一百多里。在明朝的盐税中，淮阴和扬州一带征收的数额很大，也要用这种船来运送税银，于是就称它为课船。来往旅客想要赶速度的往往也租用这种船。课船的航线一般是南从江西省的章水、贡水，西从湖北省的荆州、襄樊等地方出发，到江苏省的瓜洲、仪真为止。

　　三吴浪船。在浙江省的西部至江苏省的苏州之间纵横七百里的范围中布满深沟和迂回曲折的小溪，这一带的浪船（最小的叫作塘船）数以十万计。旅客无论贫富，都搭乘这种船往来，以代替车马或者步行。这种船即使很小，也要装配上窗户、厅房，所用的木料多是杉木。人和货物在船里要做到保持两边平衡，不能有多达一石的偏重，否则浪船就会倾斜，因此这种船俗称"天平船"。这种船来往的航程通常在七百里之内。有些贪图安逸和求方便的人租它一直往北驶往通州和天津。沿途只在镇江横渡长江，要待风平浪静时渡过，再渡过清江浦进入黄河，再在黄河浅水逆行二百里，便可以进闸口，在安稳的运河中航行了。长江上游水急浪大，这种浪船是永远不能进去的。浪船的推动力全靠船尾那根粗大的橹，由两三个人合力摇橹而使船前进，或者是靠人上岸拉纤使船前进。至于船的风帆，不过是一块巴掌大小的小席罢了，船的行进不依靠它。

东浙西安船。浙江的东部自常山至钱塘江之间流程共约八百里，然后水流入海，不通其他航道，因此这种船的航线是从常山、开化、遂安等小河起一直到钱塘江为止，再也没有行走别处了。这种船是用箬竹叶编成拱形的篷当作顶盖，用棉布为风帆，有两丈多高，帆索也是棉质的。当初采用布帆，据说是因为钱塘江有潮涌，当情形危急时，布帆更容易收起来，但也不一定是出于这个原因。它的造价比起竹篾质地的帆要高出很多，人们很难理解为什么当地要使用棉布当船帆。

福建清流、梢篷船。这两种船仅航行于由光泽、崇安两小河起到福州洪塘为止的一段，再下去的水道就是海了。清流船用于运载货物和客商，梢篷船则仅可供人坐卧，这是达官贵人及其家属所用的，这种船都是用杉木做船底。途中经过的险滩礁石不少，时常会碰损而引起船底漏水，遇到这种情况就要设法马上靠岸，抢卸货物并且堵塞漏洞。这种船不在船的尾部安装船舵，而是在船的头部安装一把叫作招的大桨来使船转动方向。为了确保安全，每次出航都要联合五只船才可开行，当经过急流险滩时，后面四只船的人都要上岸用缆索往后拉住第一只船，以减慢它的速度。即便是在寒冷的冬天，船工也不穿鞋子，以便经常涉水。令人不解的是，它的风帆竟然是挂而不用的。

四川八橹等船。四川的水源本来是和长江、汉水相通的，但是四川的船只仅仅是航行到湖北省的荆州为止，再往下行驶就必须更换另一种船了。从湖北宜昌进入三峡的上水航行，这时拉纤的人用的是火杖，用大竹子破为四片或六片，用麻绳连接，叫火杖。船上像端阳节竞赛那般击鼓，拉缆的人在岸上山石之间听到鼓声都一起出力。从中夏到中秋期间，江水涨满封峡，船就停航几个月，等到以后水位降低，船只才继续开始往来。这段航道要经过新滩等几处极其危险的地方，这时人与货物都必须在岸上转运半里多路，只剩下空船在江里行走。这种船的腹部圆而两头尖狭，便于在险滩附近劈波斩浪。

黄河满篷梢。从黄河进入淮河，再从淮河进入河南的汴水，使用的都是这种满篷梢船。建造满篷梢船时用的是楠木，工本费比较高。船的大小不等，大的可以装载三千石，小的只能载五百石。当顺水行驶时，就在船头与船身的交接处安上一根横梁伸出船的两边，再在其上挂上两把粗大的橹，人在船两边摇橹而使船前进。至于铁锚、绳索和风帆等的规格和长江、汉水中的船大致相同。

广东黑楼船、盐船。北起广东南雄、南到广州都行驶着这两种船，但从广东的惠阳、潮州要到达福建的漳州、泉州，就应在河道的出海口改乘海船了。黑楼船是达官贵人坐的，盐船则用来运载货物。人可以在船的两侧行走。由于风帆是用草席做成的，使用的不是单桅杆，而是双桅杆，因此不像中原地区的船帆那样可以随意转动。至于逆水航行时要靠纤缆拖动，在这一点上和其他各省的都相同。

黄河秦船（俗名摆子船）。这种船大多是在陕西的韩城制造的，大的可以装载石头数万斤，顺流而下，供淮阴、徐州一带使用。它的船头和船尾都一样宽，船舱和梁都比较低平而并不怎么凸起。当船顺着急流而下的时候，摇动两旁的巨橹而使船前进，船的来往都不利用风力。当逆流返航的时候，往往需要二十多个人在岸上拉纤才好使，其中甚至有连船也不要而空手返回的。

车

凡车利行平地。古者秦、晋、燕、齐之交，列国战争必用车，故千乘、万乘之号，起自战国。楚、汉血争而后日辟①。南方则水战用舟，陆战用步、马。北膺胡虏，交使铁骑，战车遂无所用之。但今服马驾车以运重载，则今骡车即同彼时战车之义也。

凡骡车之制，有四轮者，有双轮者，其上承载支架，皆从轴上穿斗而起。四轮者前后各横轴一根，轴上短柱起架直梁，梁上载箱。马止脱驾之时，其上平整，如居屋安稳之象。若两轮者，驾马行时，马曳其前，则箱地平正。脱马之时，则以短木从地支撑而住，不然则欹卸也。

凡车轮一曰辕②（俗名车陀）。其大车中毂（俗名车脑）长一尺五寸（见《小戎》朱注③），所谓外受辐、中贯轴者。辐计三十片，其内插毂，其外接辅。车轮之中，内集轮，外接辋，圆转一圈者是曰辅也。辋际尽头则曰轮辕④也。凡大车脱时，则诸物星散收藏。驾则先上两轴，然后以次间架。凡轼、衡、轸、轭⑤，皆从轴上受基也。

凡四轮大车，量可载五十石，骡马多者或十二挂或十挂，少亦八挂。执鞭掌御者居箱之中，立足高处。前马分为两班（战车四马一班，分骖、服）。纠黄麻为长索，分系马项，后套总结收入衡内两旁。掌御者手执长鞭，鞭以麻为绳，长七尺许，竿身亦相等。察视不力⑥者鞭及其身。箱内用二人踹绳，须识马性与索性者为之。马行太紧，则急起踹绳，否则翻车之祸，从此起也。凡车行时，遇前途行人应避者，则掌御者急以声呼，则群马皆止。凡马索总系透衡入箱处，皆以牛皮束缚，《诗经》所谓"胁驱⑦"是也。

凡大车饲马，不入肆舍。车上载有柳盘⑧，解索而野食之。乘车人上下皆缘小梯。凡遇桥梁中高边下者，则十马之中，择一最强力者，系于车后。当其下坂，则九马从前缓曳，一马从后竭力抓住，以杀其驰趋之势，不然则险道也。凡大车行程，遇河亦止，遇山亦止，遇曲径小道亦止。徐、兖、汴梁之交或达三百里者，无水之国，所以济舟楫为穷也。

凡车质，惟先择长者为轴，短者为毂，其木以槐、枣、檀、榆（用榔榆）为上。檀质太久劳则发烧，有慎用者，合抱枣、槐，其至美也。其余轸、衡、箱、轭，则诸木可

为耳。

　　此外，牛车以载刍粮，最盛晋地。路逢隘道，则牛颈系巨铃，名曰报君知，犹之骡车群马尽系铃声也。又北方独辕车，人推其后，驴曳其前，行人不耐骑坐者，则雇觅之。鞠席其上，以蔽风日。人必两旁对坐，否则欹倒。此车北上长安、济宁，径达帝京。不载人者，载货约重四五石而止。其驾牛为轿车者，独盛中州。两旁双轮，中穿一轴，其分寸平如水。横架短衡，列轿其上，人可安坐，脱驾不欹。其南方独轮推车，则一人之力是视，容载两石，遇坎即止，最远者止达百里而已。其余难以枚述。但生于南方者不见大车，老于北方者不见巨舰，故粗载之。

注　释

　　①血争而后日辟：以身相搏而车战渐少。②辕：疑当为"辋"之误。辕为驾车之两直木，非车轮也。③《小戎》朱注：指朱熹《诗集传》中对《诗经·秦风·小戎》"文茵畅毂"句的注释。④轮辕：应作"轮辋"，即车轮之最外一圈。⑤轼、衡、轸（zhěn）、轭（è）：皆车体所附之各部件。轼，在车厢前供人凭倚的横木。衡，车辕头上的横木。轸：车厢底部四面的横木。轭，为套在牲口颈上的马具。⑥不力：不肯用力。⑦胁驱：《诗经·秦风·小戎》："游环胁驱。"⑧柳盘：柳条编的筐。

译　文

　　车适合在平地上驾驶，战国时期，陕西、山西、河北及山东各诸侯国之间交战都要使用战车，于是就有了所谓"千乘之国""万乘之国"的说法。秦末项羽与刘邦血战之后，战车的使用也就逐渐少了。南方的水战用的是船，陆战用的则是步兵和骑兵；向北进攻匈奴的军队，双方都使用骑兵，于是战车也就派不上用场了。但是当今人们又驭马驾车用来运载重物，可见，今天的骡马车同过去的战车在结构应该是差不多的。

　　骡车的样式有四个轮子的，也有双轮的，车上面的承载支架都是从轴那里连接上去的。四轮的骡车，前两轮和后两轮各有一根横轴，在轴上竖立的短柱上面架着纵梁，这些纵梁又承载着车厢。当停马脱驾时，车厢平正，就像坐在房子里那样安稳。两轮的骡车，行车时，马在前头拉，车厢平正；而停马脱驾时，则用短木向前抵住地面来支撑，否则车就会向前倾倒。

　　马车的车轮叫作辕（俗名叫作车陀）。车轮是由轴承、辐条、内缘与轮圈四个部分组成的：大车中心装轴的圆木（俗名叫车脑）周长约一尺五寸（《诗经·秦风·小戎》朱熹的"注释"也是这样说的），叫作毂，这是中穿车轴外接辐条的部件。辐条共有三十片，它的内端连接毂，外端连接轮的内缘（辅）。由于它紧紧顶住轮圈（辋），也是圆形的，因此也叫作内缘。辋（轮圈）外边就是整个轮的最外周，叫作轮辕。大车收车时，一般都把几个部件拆卸下来进行收藏。要用车时，先装两轴，然后依次装车架、车厢。因为轼、衡、轸、轭等部件都是承载在轴上的。

四轮的大马车运载量为五十石，所用的骡马，多的有十二匹或者十四匹，少的也有八匹。驾车人站在车厢中间的高处掌鞭驾车。车前的马分为前后两排（战车以四匹马为一排，靠外的两匹叫作骖，居中的两匹叫作服）。用黄麻拧成长绳，分别系住马脖子，收拢成两束，并穿过车前中部横木（衡）而进入厢内左右两边。驾车人手执的长鞭是用麻绳做的，约七尺长，竿也有七尺长。看到有不卖力气的马，就挥鞭打到它身上。车厢内由两个识马性和会掌绳子的人负责踩绳。如果马跑得太快，就要立即踩住缰绳，否则可能发生翻车事故。车在行进时，如果前面遇到行人要停车让路，驾车人便立即发出吆喝声，这时马就会停下来。马缰绳收拢成束并透过衡（前横木）入车厢，都用牛皮束缚，这就是《诗经》中所说的"胁驱"。

大车在中途喂马时，不必将马牵入马厩里，车上载有柳条盘，解索后，让马就地进食。乘车的人上下车都要经由小梯。凡是经过坡度比较大的桥梁时，都要在十匹马之中选出最壮的一匹系在车的后面。下坡时，前面九匹马缓慢地拉，后面一匹马拼命把车拖住，以减缓车速，不然就会有危险了。大车遇到河流、山岭和曲径小道都过不了，徐州、兖州和河南汴梁一带，方圆三百里很少有河流和湖泊，马车正好用于弥补水运的不足。

造车的木料，先要选用长的做车轴，短的做毂（轴承），以槐木、枣木、檀木和榆木（用榔榆）为上等材料。但是黄檀木摩擦久了会发热，不太适宜做这些东西，于是有些细心的人就选用两手才能合抱的枣木或者槐木来做，那当然是最好不过了。轸、衡、车厢及轭等其他部件则是什么木都可以用。

此外，牛车装载草料的以山西为最多。到了路窄的地方，就在牛颈上系个大铃，名叫"报君知"，正如一般骡马车的牲口也都系上铃铛一样。还有北方的独辕车，驴子在前面拉，人在后面推，不能持久骑坐牲口的旅客常常租用这种车。车的座位上有拱形席顶，可以挡风和遮阳，旅客一定要两边对坐，不然车子就会倾倒。这种车子北上至陕西的西安和山东的济宁，还可以直达北京。不载人时，载货最多的是四五石。还有一种用牛拉的轿车，以河南省一带最多。两旁有双轮，中间穿过一条横轴，这条轴装得非常平，再架起几根短横木，轿就安置在上面，人坐在轿中很安稳，牛停下来而脱驾时车也不会倾倒。至于南方的独轮推车，就只能靠一个人推，这种车可以载重两石，遇到坎坷不平的路就过不

去，最远只能走一百里。其余的各种车辆在此难以一一列举。只是考虑到南方人没有见过大骡车，而北方人又没有见过大船只，于是在这里粗略介绍一下。

精彩点拨

　　如果没有交通工具，今天人们的生活就不可能这样便利和多元化。中国有一句俗话叫"南船北马"，大致上点出了南方跟北方的交通特点。明代，郑和七次下西洋，可见当时的造船技术已经相当发达，造出来的船又大又坚固，这才可以航行到那么远的地方去。

　　交通工具除了船之外，还有车，分成两轮、四轮等。本篇就对这些主要的交通工具做了介绍。

阅读积累

马车

　　马车是马拉的车子，或载人，或运货。马车的历史极为久远，它几乎与人类的文明一样漫长。一直到19世纪，马车仍然是城市交通中十分重要的交通工具。人们喜欢马车的优雅和诗意，喜欢乘坐马车从容地穿过乡村大道或古旧的城区街巷去访问朋友。随着火车和汽车的出现，车轮转动的速度越来越快。至此，马车的黄金时代宣告结束。

第十　锤锻

精彩导读

木匠是一种古老的行业。木匠以木头为材料，他们伸展绳墨，用笔画线，后拿刨子刨平，再用量具测量，从而制作成各种各样的家具和工艺品。木匠从事的行业是很广泛的，他们不仅可以制作各种家具，而且在建筑行业、装饰行业、广告行业等都离不开木匠。比如在建筑行业要通过木匠来做必不可少的门窗等。

原　文

宋子曰：金木受攻而物象曲成。世无利器，即般、倕①安所施其巧哉？五兵②之内、六乐③之中，微钳锤④之奏功也，生杀之机泯然矣！同出洪炉烈火，大小殊形。重千钧者系巨舰于狂渊⑤，轻一羽者透绣纹于章服⑥。使冶钟铸鼎之巧，束手而让神功焉。莫邪、干将⑦，双龙飞跃⑧，毋其说亦有征焉者乎⑨？

注　释

①般、倕：般，公输般，即鲁班，与倕皆古时有名的巧匠。②五兵：一说为戈、殳、车戟、酋矛、夷矛；一说为矢、殳、矛、戈、戟。③六乐：一说指六种古代乐曲，即《云门》《大咸》《大韶》《大夏》《大濩》《大武》；一说指六种古代乐器，即钟、镈、镯、铙、铎、铙，此泛指金属所造乐器。④钳锤：铁钳及锤。⑤重千钧者系巨舰于狂渊：此指铁锚。⑥轻一羽者透绣纹于章服：此指绣针。⑦莫邪、干将：干将为春秋时期吴国铸剑精彩，莫邪乃其妻。二人铸宝剑二口，亦名以干将、莫邪。此处泛指宝剑。⑧双龙飞跃：古时有宝剑化龙，或龙化宝剑的传说。⑨毋其说亦有征焉者乎：或许宝剑化龙之说是有根据的。因前言"神功"，故云。

译　文

宋先生说：金属和木材经过加工而成为各式各样的器物。假如世界上没有优良的器

具，即便是鲁班和倕这样的能工巧匠，又将如何施展他们精巧绝伦的技艺？对于矢、殳、矛、戈、戟五种兵器及钟、镈、镯、铙、铎、镎六种乐器，如果没有钳子和锤子发挥作用，它们也就难以制作成功了。同样出自熔炉烈火，诸种器物大小形状却各不一样：有重达千钧的能在狂风巨浪中系住大船的铁锚，也有轻如羽毛的可在礼服上刺绣出花样的小针。在这由锤锻五金所铸就的奇功面前，连冶铸钟鼎的技巧也为之逊色了。莫邪、干将两把名剑挥舞起来如同双龙飞跃，这个传说大概也有它的根据吧？

治铁

原文

　　凡治铁成器，取已炒熟铁为之。先铸铁成砧，以为受锤之地。谚云："万器以钳为祖。"非无稽①之说也。凡出炉熟铁，名曰毛铁。受锻之时，十耗其三为铁华、铁落②。若已成废器未锈烂者，名曰劳铁，改造他器与本器，再经锤煅，十止耗去其一也。凡炉中炽铁用炭，煤炭居十七，木炭居十三。凡山林无煤之处，锻工先择坚硬条木，烧成火墨（俗名火矢，扬烧不闭穴火）。其炎更烈于煤。即用煤炭，亦别有铁炭一种，取其火性内攻、焰不虚腾者，与炊炭同形而有分类也。

　　凡铁性逐节粘合，涂上黄泥于接口之上，入火挥槌，泥滓成枵而去，取其神气为媒合。胶结之后，非灼红斧斩，永不可断也。凡熟铁、钢铁已经炉锤，水火未济，其质未坚。乘其出火时，入清水淬之，名曰健钢、健铁。言乎未健之时，为钢为铁弱性犹存也。

凡焊铁之法，西洋诸国别有奇药。中华小焊用白铜末，大焊则竭力挥锤而强合之，历岁之久终不可坚。故大炮西番有锻成者，中国则惟恃冶铸也。

注 释

①无稽：没有根据。②铁华、铁落：锻铁时打出的铁屑。

译 文

铁制器具是由生铁炼成的熟铁做成的。先将铁铸成砧，作为承受敲打的垫座。俗话说得好："万器以钳为祖"，这并非是没有根据的。刚出炉的熟铁，叫作毛铁，锻打时有一部分会变成铁花和氧化铁皮而耗损三成。已经成为废品而还没锈烂的铁器叫作劳铁，用它做成别的或者原样的铁器，锤锻时只会耗损十分之一。熔铁炉中所用的炭，其中煤炭约占十分之七，木炭约占十分之三。山区没有煤的地方，锻工便选用坚硬的木条烧成坚炭（俗名叫作火矢，它燃烧时不会变为碎末而堵塞通风口），火焰比煤更加猛烈。煤炭当中有一种叫作铁炭的，特点是燃烧起来火焰并不明显但是温度很高，它与通常烧饭所用的煤形状相似，但是用途不同。

把铁逐节接合起来，要在接口处涂上黄泥，烧红后立即将它们锤合，这时泥渣就会全部飞掉。这里只是利用它的"气"来作为媒介。锤合之后，要不是烧红了再砍开的话，它是永远不会断的。熟铁或者钢铁烧红锤锻之后，由于水火还未完全配合起来并且相互作用，因此质地还不够坚韧。趁它们出炉时将其放进清水里淬火，这便是人们所说的"健钢"和"健铁"。这就是说，在钢铁淬火之前，它在性质上还是软弱的。至于焊铁的方法，西方各国另有一些特殊的焊接材料。我国在小焊时用白铜粉作为焊接材料；在进行大的焊接时，则是尽力敲打使之强行接合。然而过了一些年月后，接口也就脱焊而不牢固了。因此，在西方只是部分大炮是锻造而成的，而中国的大炮则完全是靠铸造而成的。

斤斧

原 文

凡铁兵，薄者为刀剑，背厚而面薄者为斧斤。刀剑绝美者以百炼钢包裹其外，其中仍用无钢铁为骨。若非钢表铁里，则劲力所施，即成折断。其次寻常刀斧，止嵌钢于其面。即重价宝刀，可斩钉截凡铁者，经数千遭磨砺，则钢尽而铁现也。倭国刀，背阔不及

二分许，架于手指之上不复欹倒。不知用何锤法，中国未得其传。

凡健刀斧，皆嵌钢、包钢，整齐而后入水淬之。其快利则又在砺石成功①也。凡匠斧与椎，其中空管受柄处，皆先打冷铁为骨，名曰羊头，然后热铁包裹，冷者不黏，自成空隙。凡攻石椎，日久四面皆空，熔铁补满平填，再用无弊②。

注 释

①成功：下工夫。②无弊：没毛病，没问题。

译 文

铁制的兵器之中，薄的叫作刀剑，背厚而刃薄的叫作斧头或者砍刀。最好的刀剑，其表面包的是百炼钢，里面仍然用熟铁当作骨架。如果不是钢面铁骨的话，猛一用力，它就会折断了。通常所用的刀斧只是嵌钢在表面上，即使是能够斩金截铁的贵重宝刀，磨过几千次以后，也会把钢磨尽而现出铁来。日本出产的一种刀，刀背还不到两分宽，架在手指上却不会倾倒，不知道是用什么方法锻造出来的，这种技术还没有传到中国来。

凡是健刀健斧，都先要嵌钢或者包钢，收拾整齐以后，再放进水里淬火，要使它锋利，还得在磨石上多费些力才行。锻打斧头和铁椎装木柄的中空管子，先要锻打一条铁模当作冷骨，然后把烧红的铁包在这条名叫羊头的铁模上敲打。冷铁模不会粘住热铁，取出来后自然形成中空管子。打石椎用久了，四面都会凹陷下去，这时用熔铁水补平后就可以继续使用了。

锄镈

原 文

凡治地生物，用锄、镈之属，熟铁锻成，熔化生铁淋口，入水淬健，即成刚劲。每锹、锄重一斤者，淋生铁三钱为率①。少则不坚，多则过刚而折。

注 释

①率：标准。

凡是开垦土地、种植庄稼这些农活都要使用锄和宽口锄这类农具。它们的锻造方法是：先用熟铁锻打成形，再熔化生铁抹在锄口上，经过淬火之后，它们就变得十分硬朗和坚韧了。锻造的最佳比例是锹、锄每重一斤淋上生铁三钱，生铁淋少了不够刚硬，而生铁淋多了又会过于硬脆而容易折断。

锉

原文

　　凡铁锉，纯钢为之，未健之时，钢性亦软。以已健钢錾划成纵斜纹理，划时斜向入，则纹方成焰[1]。划后烧红，退微冷，入水健。久用乖平[2]，入火退去健性，再用錾斩划。凡锉，开锯齿用茅叶锉[3]，后用快弦锉[4]；治铜钱用方长牵锉；锁钥之类用方条锉；治骨角用剑面锉（朱注所谓镱锡[5]）。治木末则锥成圆眼，不用纵斜文者，名曰香锉（划锉纹时，用羊角末和盐醋先涂）。

注释

　　①焰：火焰状花纹。②乖平：磨损。③茅叶锉：三角锉。④快弦锉：半圆锉。⑤朱注所谓镱锡：朱熹《大学》注"如切如磋"云："磋以镱锡。"

译文

　　锉刀是用纯钢制成的，在锉刀淬火之前，它的钢质锉坯还是比较软的。这时先用经过淬火的硬钢小錾在锉坯表面划出成排的纵纹和斜纹，注意在开錾锉纹时要斜向进刀，这样纹沟才能有火焰似的锋芒。开錾好后再将锉刀烧红，取出来稍微冷却一下，放进水中进行淬火，此时锉刀便告成功了。锉刀使用时间太长后会变得平滑，这时应先行退火使得钢质变软，然后用钢錾开錾出新的纹沟。各种锉刀各有其不同用处：开锯齿可以选择先用三角锉，然后用半圆锉；修平铜钱可以选择用方长牵锉；加工锁和钥匙一类可以选择用方条锉；加工骨角可以选择用剑面锉；加工木器则可以选择用香锉，香锉没有成排的纵纹和斜纹，而是锥上许多圆眼（在开錾锉纹时，要先将盐、醋及羊角粉拌和，涂上后再錾）。

锥

原 文

凡锥，熟铁锤成，不入钢和。治书编之类用圆钻。攻皮革用扁钻。梓人①转索通眼、引钉合木者，用蛇头钻，其制：颖②上二分许，一面圆，一面剜入，旁起两棱，以便转索。治铜叶用鸡心钻，其通身三棱者，名旋钻，通身四方而末锐者，名打钻。

注 释

①梓人：木匠。②颖：尖利的钻头。

译 文

锥子（或者钻）是用熟铁锤成的，其中不必掺杂钢。装订书刊之类的东西用的是圆钻，穿缝皮革等用的是扁钻。木工转索钻孔以便引钉拼合木板时用的是蛇头钻。蛇头钻的钻头有二分长，一面为圆弧形，两面挖有空位，旁边起两个棱角，以便于蛇头钻转动时更容易钻入。钻铜片用的是鸡心钻，鸡心钻身上有三条棱的叫作旋钻，钻身四方末端尖的叫作打钻。

锯

原 文

凡锯，熟铁锻成薄条，不钢，亦不淬健。出火退烧后，频加冷锤坚性，用锉开齿。两头衔木为梁，纠篾张开，促紧使直。长者刮木，短者截木，齿最细者截竹。齿钝之时，频加锉锐，而后使之。

译 文

锯是这样做成的：先把熟铁锻打成薄条，锻造中既不掺杂钢，也不需要淬火，把薄条烧红取出来退火以后，再不断对其进行敲打，使它变得坚韧，然后用锉刀开齿，这样锯片也就做成功了。锯的两端是用短木作为锯把，两锯把的中间连接一条横梁，用竹篾纠扭使锯片张开绷直。长锯可以用来锯开木料，短锯可以用来截断木料，锯齿最细的则可用来锯断竹子。当锯齿磨钝时，就用锉刀将一个个锯齿锉得锋利，然后就可以继续使用了。

刨

原文

凡刨，磨砺嵌钢寸铁，露刃秒忽①，斜出木口之面，所以平木，古名曰准。巨者卧准露刃，持木抽削，名曰推刨，圆桶家使之。寻常用者横木为两翅，手执前推。梓人为细功者，有起线刨，刃阔二分许。又刮木使极光者，名蜈蚣刨，一木之上，衔十余小刀，如蜈蚣之足。

注释

①秒忽：古代以万分之一寸为一秒，十分之一秒为一忽。秒忽即指很短。

译文

刨子是把一寸宽的嵌钢铁片磨得锋利，斜向插入木刨壳中，稍微露出点刃口，用来刨平木料。刨的古名叫作准。大的刨子是仰卧露出点刃口的，木料用手拿着在它的刃口上抽削，这种刨叫作推刨，制圆桶的木工经常用到它。平常用的刨子则在刨身穿上一条横木，像一对翅膀，手执横木往前推。精细的木工还备有起线刨，这种刨子的刃口宽二分。还有一种叫作蜈蚣刨，刨壳上装有十几把小刨刀，好像蜈蚣的足，能把木面刮得极为光滑。

凿

原文

凡凿，熟铁锻成，嵌钢于口，其本空圆，以受木柄（先打铁骨为模，名曰羊头，杓柄同用）。斧从柄催①，入木透眼。其末粗者阔寸许，细者三分而止。需圆眼者，则制成剜凿为之。

①催：同"锤"，即敲打。

凿子是用熟铁锻造而成的，凿子的刃部嵌钢，上身是一截圆锥形的空管，用来方便装进木柄（锻凿时，先打一条圆锥形的铁骨做模，这叫作羊头，加工铁勺的木柄也要用到它）。用斧头敲击凿柄，凿子的刃就能方便插入木料而凿成孔。凿子的刃宽的一寸，窄的约三分。如果要凿成圆孔，则要另外制造弧形刃口的剜凿来进行。

锚

凡舟行遇风难泊，则全身系命于锚。战船、海船，有重千钧者，锤法：先成四爪，以次逐节接身。其三百斤以内者，用径尺阔砧，安顿炉旁，当其两端皆红，掀去炉炭，铁包木棍夹持上砧。若千斤内外者则架木为棚，多人立其上共持铁链。两接锚身，其末皆带巨铁圈链套，提起掀转，咸力①锤合。合药不用黄泥，先取陈久壁土筛细，一人频撒接口之中，浑合方无微罅②。盖炉锤之中，此物其最巨者。

①咸力：全力，合力。②罅：空隙。

每当船只航行遇到大风难以靠岸停泊的时候，它的安全就完全依靠锚了。战船或者海船的锚有的重量达到上万斤。它的锻造方法是先锤成四个铁爪子，然后将铁爪子逐一接在锚身上。三百斤以内的铁锚可以先在炉旁安一块直径一尺的砧，当锻件的接口两端都已烧红了，便掀去炉炭，用包着铁皮的木棍的一端把它们夹到砧上锤接。如果是一千斤左右的铁锚，则要先搭建一个木棚，让许多人都站在棚上，一齐握住铁链，铁链的另一端套住锚身两端的大铁环，把锚吊起来并按需要使它转动，众人合力把锚的四个铁爪逐个锤合上去。接铁用的"合药"不是黄泥，而是筛过的旧墙泥粉，由一个人将它不断地撒在接口上，一起与铁质锤合，这样，接口就不会有微隙了。在炉锤工作中，锚算是最大的锻造物件了。

针

原文

凡针，先锤铁为细条，用铁尺一根，锥成线眼，抽过条铁成线，逐寸剪断为针。先锉其末成颖，用小槌敲扁其本，钢锥穿鼻，复锉其外。然后入釜，慢火炒熬。炒后以土末入松木火矢①、豆豉三物掩盖，下用火蒸。留针二三口插于其外，以试火候。其外针入手捻成粉碎，则其下针火候皆足。然后开封，入水健之。凡引线成衣与刺绣者，其质皆刚；惟马尾刺工②为冠者，则用柳条软针。分别之妙，在于水火健法云。

注释

①松木火矢：松木炭粉。②马尾刺工：福建马尾那里的刺绣工。

译文

制造针的具体步骤是：先将铁片锤成细条，另外在一根铁尺上钻出小孔作为针眼，然后将细铁条从线眼中抽过便成铁线，再将铁线逐寸剪断成为针坯。然后把针坯的一端锉尖，而另一端锤扁，用硬锥钻出针鼻（穿针眼），再把针的周围锉平整。这时再将其放入锅里，用慢火炒。炒过之后，就用泥粉、松木炭和豆豉这三种混合物掩盖，下面再用火蒸。留两三根针插在混合物外面作为观察火候之用。当外面的针已经完全氧化到能用手捻成粉末时，表明被混合物盖住的针已经达到火候了。然后开封，经过淬水，便成为针了。凡是缝衣服和刺绣所用的针都比较硬，只有福建附近马尾镇的工人缝帽子所用的针才比较软，又叫柳条针。针与针之间软硬差别的诀窍就在于淬火方法的不同。

治铜

原文

凡红铜升黄①而后熔化造器。用砒升②者为白铜器，工费倍难，侈者事之。凡黄铜，

原从炉甘石升者不退火性受锤；从倭铅升者，出炉退火性，以受冷锤。凡响铜③入锡掺和（法具《五金》卷），成乐器者必圆成无焊。其余方圆用器，走焊④、炙火粘合。用锡末者为小焊，用响铜末者为大焊（碎铜为末，用饭粘合打，入水洗去饭。铜末具存，不然则撒散）。若焊银器，则用红铜末。

凡锤乐器，锤钲（俗名锣）不事先铸，熔团即锤；锤镯（俗名铜鼓）与丁宁⑤，则先铸成圆片，然后受锤。凡锤钲、镯，皆铺团于地面。巨者众共挥力。由小阔开，就身起弦声⑥，俱从冷锤点发。其铜鼓中间突起隆炮，而后冷锤开声。声分雌与雄⑦，则在分厘起伏之妙。重数锤者，其声为雄。凡铜经锤之后，色成哑白，受锉复现黄光。经锤折耗，铁损其十者，铜只去其一。气腥而色美，故锤工亦贵重铁工一等云。

注　释

①升黄：冶炼为黄铜。②砒（pī）升：加砒霜冶炼。③响铜：制乐器用的铜。④走焊：锻焊。⑤丁宁：古时行军用的铜钲，钲即带柄之钟。⑥就身起弦声：就被锻之器自身发出乐音。⑦声分雌与雄：高音为雌，低音为雄。

译　文

红铜要加锌才能冶炼成黄铜，再熔化以后才能制造成各种器物。如果加上砒霜等配料冶炼，可以得到白铜。白铜加工困难，成本也很高，只有阔气的人家才用到它。由炉甘石升炼而成的黄铜，熔化后要趁热敲打。如果是其中加入锌而锤炼成的，则要在熔化后经过冷锤。铜和锡的合金（制法详见本书第十四卷《五金》）叫作响铜，可以用来做乐器，制造时要用完整的一块加工而不能只是由几部分焊接而成。至于其他方形或者圆形的铜器，就可以进行走焊或者加温黏合。小件的焊接是用锡粉做焊料，大件的焊接则要用响铜做焊料（把铜打碎加工成粉末，要用米饭黏合，再进行舂打，最后把饭渣洗掉便能得到铜粉了。如果不用米饭黏合的话，舂打时，铜粉就会四处飞散）。焊接银器则要用红铜粉作为焊料。

关于部分乐器的制造方法：锣不必经过铸造，是在金属熔成一团之后再精心敲打而成；铜鼓和丁宁就要先铸成圆片，然后进行敲打而成。无论是锤锣，还是锤铜鼓，都要把铜块或铜片铺在地上进行敲打。其中大的铜块或者铜片还要众人齐心合力敲打才行。铜块或铜片由小逐渐展阔，冷件敲打会从物体本身发出类似弦乐的声音。在铜鼓中心要打出一个突起的圆泡，然后用冷锤敲定音色。声音分为高、低两种，关键在于圆泡的厚薄及深浅的细微差别，一般而言，重打数锤的声调比较低，而轻打数锤的声调比较高。铜质经过敲打以后，表层会变成哑白色而无光泽，但是经过锉工加工之后又呈现黄色而恢复光泽了。敲打时，铜的损耗量只是铁器损耗量的十分之一。铜有腥味而色泽美观，所以说铜匠要比铁匠高出一等。

精彩点拨

本篇系统地叙述了锻造铁器、铜器的工艺过程，从重万斤的大铁锚到轻细的绣花针，还有各种金属的加工工具，如锉、锯、刨等都包括在内。对金属的加工技术也做了介绍。

阅读积累

罗盘

罗盘，又叫罗经仪，起初是用于风水探测的工具，理气宗派常用的操作工具。罗盘主要由位于盘中央的磁针和一系列同心圆圈组成，每一个圆圈都代表着中国古人对于宇宙大系统中某一个层次信息的理解。

中国古人认为，人的气场受宇宙的气场所控制，人与宇宙和谐就是吉，人与宇宙不和谐就是凶。于是，他们凭着经验把宇宙中各个层次的信息，如天上的星宿、地上以五行为代表的万事万物、天干地支等，全部放在罗盘上。风水师则通过磁针的转动寻找最适合特定人或特定事的方位或时间。尽管风水学中没有提到磁场的概念，但是罗盘上各圈层之间所讲究的方向、方位、间隔的配合却暗含了磁场的规律。

第十一 燔石

精彩导读

　　煤是一种可燃的黑色或棕黑色沉积岩，这样的沉积岩通常是发生在被称为煤床或煤层的岩石地层中或矿脉中。因为后来暴露于升高的温度和压力下，所以较硬的形式的煤可以被认为是变质岩，例如，无烟煤。煤主要由碳构成，连同由不同数量的其他元素构成，主要是氢、硫、氧和氮。

原 文

　　宋子曰：五行之内，土为万物之母。子之贵者①，岂惟五金②哉！金与火相守而流，功用谓莫尚焉矣。石得燔而成功③，盖愈出而愈奇焉。水浸淫而败物，有隙必攻，所谓不遗丝发者。调和一物，以为外拒④，漂海则冲洋澜，粘甃则固城雉。不烦历候远涉⑤，而至宝得焉。燔石之功，殆莫之与京矣。至于矾现五色之形，硫为群石之将，皆变化于烈火。巧极丹铅炉火，方士纵焦劳唇舌，何尝肖像天工之万一哉！

注 释

　　①子之贵者：大地中所产之可宝贵者。②五金：古以金、银、铜、铁、锡为五金，此泛指各种金属。③石得燔而成功：石头被火烧之后而各成其功用。④外拒：抵御外物之渗漏。⑤历候远涉：历时很久而远行万里。

译 文

　　宋子说：在水、火、木、金、土这五行之中，土是产生万物之根本。从土中产生的众多物质之中，贵重的岂止有金属这一类呢！金属和火相互作用而熔融流动，这种功用真可以算是足够大的了。但是石头经过烈火焚烧以后也都有它的功用，而且越来越奇特。水会浸坏东西，凡是有空隙的地方，水都可以渗透，可以说，水连一根头发大小的裂缝都不放过。但是，有了石灰这一类填补缝隙的东西，用它来填补船缝就能确保大船可以安全漂洋过海，用来砌砖筑城也能使城墙保持坚固。这种宝物并不需要经过长途跋涉的艰苦努力才能得到。因此，大概没有什么东西比烧石的功用更大的了。至于矾能呈现出五色的形态、硫能够成为群石的主将，这些也都是从烈火中变化生成的。炼丹术可以说是最巧妙的了，然而，尽管炼丹术士唇焦舌烂地吹嘘，但是又怎能比得上自然力的万分之一呢！

石灰

原文

凡石灰，经火焚炼为用。成质之后，入水永劫不坏。亿万舟楫，亿万垣墙，窒隙防淫①，是必由之。百里内外，土中必生可燔石，石以青色为上，黄白次之。石必掩土内二三尺，掘取受燔，土面见风者不用。燔灰火料，煤炭居十九，薪炭居十一。先取煤炭、泥和做成饼，每煤饼一层，垒石一层，铺薪其底，灼火燔之。最佳者曰矿灰，最恶者曰窑滓灰。火力到后，烧酥石性，置于风中，久自吹化成粉。急用者以水沃之，亦自解散。

凡灰用以固舟缝，则桐油、鱼油调厚绢、细罗，和油，杵千下塞舱②。用以砌墙、石，则筛去石块，水调黏合。甃墁③则仍用油、灰。用以垩墙壁，则澄过，入纸筋涂墁。用以襄墓④及贮水池，则灰一分，入河沙、黄土三分，用糯粳米、羊桃藤汁和匀，轻筑坚固，永不隳坏，名曰三和土。其余造靛造纸。功用难以枚述。凡温、台、闽、广海滨，石不堪灰者，则天生蛎蚝⑤以代之。

注释

①窒隙防淫：堵住缝隙，防止漏水。②舱：船板上的缝隙。③甃墁（màn）：铺地砖，涂墙壁。④襄墓：建造坟墓。⑤蛎蚝：贝壳。

译文

凡是石灰，都是由石灰石经过烈火煅烧而成的。石灰一旦成形之后，即便遇到水也永远不会变坏。多少船只，多少墙壁，凡是需要填隙防水的，一定要用到它。方圆百里之间必定会有可供煅烧石灰的石头。这种石灰石以青色的为最好，黄白色的则差些。石灰石一般埋在地下二三尺，可以挖取进行煅烧，但表面已经风化的石灰石就不能用了。煅烧石灰的燃料，用煤的约占十分之九，用柴火或者炭的约占十分之一。先把煤掺和泥做成煤

饼，然后一层煤饼一层石相间着堆砌，底下铺柴引燃煅烧。质量最好的叫作矿灰，最差的叫作窑滓灰。火候足后，石头就会变脆。放在空气中会慢慢风化成粉末。着急用的时候洒上水，其也会自动散开。

石灰的用途有很多，它能与桐油、鱼油调拌后同时加上厚绢、细罗春烂，则可以用来塞补船缝；用来砌墙时，则要先筛去石块，再用水调匀黏合；用来砌砖铺地面时，则仍用油灰；用来粉刷或者涂抹墙壁时，则要先将石灰水澄清，再加入纸筋，然后涂抹；用来造坟墓或者建蓄水池时，则是一份石灰加两份河沙和黄泥，再用粳糯米饭和猕猴桃汁拌匀，不必夯打便很坚固，永远不会损坏，这就叫作三和土。此外，石灰还可以用于染色业和造纸业等方面，用途繁多而难以一一列举。大体上说，在温州、台州、福州、广州一带，如果沿海的石头不能用来煅烧石灰，可以寻找天然的牡蛎壳来代替。

蛎灰

原　文

凡海滨石山傍水处，咸浪积压，生出蛎房，闽中曰蚝房。经年久者，长成数丈，阔则数亩，崎岖如石假山形象。蛤之类压入岩中，久则消化作肉团，名曰蛎黄，味极珍美①。凡燔蛎灰者，执椎与凿，濡足②取来（药铺所货牡蛎，即此碎块），叠煤架火燔成，与前石灰共法。粘砌成墙、桥梁，调和桐油造舟，功皆相同。有误以蚬灰（即蛤粉）为蛎灰者，不格物之故也。

注 释

①珍美：鲜美。②濡足：涉水。

译 文

　　海滨一些背靠石山面临海水的地方，由于海浪长期冲击，因此生长出一种蛎房，福建一带称为蚝房。经过长时间积累而形成的这种蚝房可以达到几丈高、占地几亩，外形高低不平，如同假石山一样。一些蛤蜊一类的生物被冲入像岩石似的蛎房里面，经过长久消化，就变成了肉团，名叫蛎黄，味道非常珍美。煅烧蛎灰的人拿着椎和凿子，涉水将蛎房凿取下来（药房销售的牡蛎就是这种碎块），去肉后，将蛎壳和煤饼堆砌在一起煅烧，方法与烧石灰的方法相同。凡是砌城墙、桥梁等工程，将蛎灰调和桐油造船，功用都与石灰相同。之所以有人误以为蚬灰（即蛤蜊粉）是牡蛎灰，是因为没有考察客观事物的缘故。

煤炭

原 文

　　凡煤炭，普天皆生，以供煅炼金石之用。南方秃山无草木者，下即有煤，北方勿论。煤有三种：有明煤、碎煤、末煤。明煤大块如斗许，燕、齐、秦、晋生之。不用风箱鼓扇，以木炭少许引燃，熯炽①达昼夜。其傍夹带碎屑，则用洁净黄土调水作饼而烧之。碎煤有两种，多生吴、楚。炎高者曰饭炭，用以炊烹；炎平者曰铁炭，用以冶锻。入炉先用水沃湿，必用鼓鞴②后红，以次增添而用。末炭如面者，名曰自来风。泥水调成饼，入于炉内。既灼之后，与明煤相同，经昼夜不灭，半供炊爨③，半供熔铜、化石、升朱④。至于煅石为灰与矾、硫，则三煤皆可用也。

　　凡取煤经历久者，从土面能辨有无之色，然后掘挖。深至五丈许，方始得煤。初见煤端时，毒气灼人。有将巨竹凿去中节，尖锐其末，插入炭中，其毒烟从竹中透上。人从其下施钁⑤拾取者。或一井而下，炭纵横广有，则随其左右阔取。其上支板，以防压崩耳。

　　凡煤炭取空而后，以土填实其井，以二三十年后，其下煤复生长，取之不尽。其底及四周石卵，土人名曰铜炭者，取出烧皂矾与硫黄（详后款）。凡石卵单取硫黄者，其气薰甚⑥，名曰臭煤，燕京房山、固安，湖广荆州等处间有之。凡煤炭经焚而后，质随火神化去，总无灰滓。盖金与土石之间，造化别现此种云。凡煤炭不生茂草盛木之乡，以见天

心之妙。其炊爨功用所不及者，唯结腐一种而已（结豆腐者，用煤炉则焦苦）。

注 释

①煤炽：猛烈燃烧。②鼓鞲（gōu）：鼓风机。③炊爨（cuàn）：烧火做饭。④升朱：烧制朱砂。⑤施钁（jué）：用大锄挖。⑥薰甚：很呛人。

译 文

煤炭各地都有出产，供冶金和烧石之用。南方不生长草木的秃山底下便有煤，北方却不一定是这样。煤大致有三种，明煤、碎煤和末煤。明煤块头大，有的像米斗那样大，产于河北、山东、陕西及山西。明煤不必用风箱鼓风，只需加入少量木炭引燃，便能日夜炽烈地燃烧。明煤的碎屑则可以用干净的黄土调水做成煤饼来烧。碎煤有两种，多产于江苏、安徽和湖北等地区。碎煤燃烧时，火焰高的叫作饭炭，用来煮饭；火焰平的叫作铁炭，用于冶炼。碎煤先用水浇湿，入炉后再鼓风才能烧红，以后只要不断添煤，便可继续燃烧。末煤呈粉状的叫作自来风，用泥水调成饼状，将其放入炉内，点燃之后，便和明煤一样，日夜燃烧而不会熄灭。末煤有的用来烧火做饭，有的用来炼铜、熔化矿石及升炼朱砂。至于烧制石灰、矾或者硫，上述三种煤都可使用。

采煤经验多的人从地面上的土质情况就能判断地下是不是有煤，然后再往下挖掘，挖到五丈深左右才能得到煤。当煤层出现时，毒气冒出能伤人。一种方法是将大竹筒的中节凿通，削尖竹筒末端，插入煤层，这时毒气便通过竹筒往上空排出，人就可以下去用大锄挖煤了。井下发现煤层向四方延伸，人就可以横打巷道进行挖取。巷道要用木板支护，以防崩塌伤人。

煤层挖完以后，如果用土把井填实，二三十年后，煤又会重生，取之不尽。煤层底板或者围岩中有一种石卵，当地人叫作铜炭，可以用来烧取皂矾和硫黄（在下文详述）。只能用来烧取硫黄的铜炭，气味特别臭，叫作臭煤，有时在北京的房山、固安与湖北的荆州等地可以采到。煤炭燃烧的时候，煤质全部烧完，不会留下灰烬，这是自然界中介于金属与土石之间的特殊品种。煤不产于草木茂盛的地方，可见自然界安排得十分巧妙。如果说煤在炊事方面还有不足之处的话，那它仅仅是不适合用于做豆腐而已（用煤炉煮豆浆，结成的豆腐会有焦苦味）。

矾石　白矾

原文

凡矾，燔石而成。白矾一种，亦所在有之，最盛者山西晋、南直无为等州①。价值低贱，与寒水石②相仿。然煎水极沸，投矾化之，以之染物，则固结肤膜之间，外水永不入，故制糖饯与染画纸、红纸者需之。其末干撒，又能治浸淫恶水，故湿疮家③亦急需之也。

凡白矾，掘土取磊块石，层叠煤炭饼煅炼，如烧石灰样。火候已足，冷定入水。煎水极沸时，盘中有溅溢如物飞出，俗名蝴蝶矾者，则矾成矣。煎浓之后，入水缸内澄。其上隆结曰吊矾，洁白异常。其沉下者曰缸矾。轻虚如棉絮者曰柳絮矾。烧汁至尽，白如雪者，谓之巴石。方药家④煅过用者曰枯矾云。

注释

①山西晋、南直无为等州：山西无晋州，明时晋州即今河北晋州。南直隶无为州，即今安徽无为县。②寒水石：即天然石膏。③湿疮家：专治湿疮的医生。前言之"恶水"即湿疮所流之脓水。④方药家：专攻方剂、药理的医生。

译文

明矾是由矾石烧制而成的。白矾到处都有，出产最多的是山西的晋州和安徽的无为州等地，它的价钱十分便宜，同寒水石的价钱差不多。然而，当水煮开之后，将明矾放入沸水中溶化并用它来染东西时，它就能够固结在所染物品的表面，使其他水分永不渗入。所以，制蜜饯、染画纸、染红纸都要用到明矾。此外，用干燥的明矾粉末撒在患处，能治疗流出臭水的湿疹和疱疮等病症，因此也是皮肤科急需的药品。

在烧制明矾时，先挖取矾石，用煤饼逐层垒积再行烧炼，烧制的方法与烧石灰大体相同。等到火候烧足的时候，让它自然冷却，再将其放入水中进行溶解。再将水溶液煮沸，当看见有一些俗名叫作"蝴蝶矾"的东西飞溅出来之时，明矾便可算制成功了。煮浓之后，要装入缸内澄清。上面凝结的一层颜色非常洁白，叫作吊矾；沉淀在缸底的叫作缸矾；质地轻如棉絮的叫作柳絮矾。溶液蒸发干之后，剩下的便是雪白的巴石。经方药家煅制后用来当作药的，叫作枯矾。

青矾　红矾　黄矾　胆矾

　　凡皂、红、黄矾，皆出一种而成，变化其质。取煤炭外矿石（俗名铜炭）子，每五百斤入炉，炉内用煤炭饼（自来风，不用鼓鞴者）千余斤，周围包裹此石。炉外砌筑土墙圈围，炉巅空一圆孔，如茶碗口大，透炎直上，孔旁以矾滓厚掩（此滓不知起自何世，欲作新炉者，非旧滓掩盖则不成）。然后从底发火，此火度经十日方熄。其孔眼时有金色光直上（取硫，详后款）。煅经十日后，冷定取出。半酥杂碎者另拣出，名曰时矾，为煎矾红用。其中精粹如矿灰形者，取入缸中浸三个时，漉入釜中煎炼，每水十石，煎至一石，火候方足。煎干之后，上结者皆佳好皂矾，下者为矾滓（后炉用此盖）。此皂矾染家必需用，中国煎者亦惟五六所。原石五百斤，成皂矾二百斤，其大端也。其拣出时矾（俗又名鸡屎矾），每斤入黄土四两，入罐熬炼，则成矾红，坊墁及油漆家用之。

　　其黄矾所出又奇甚。乃即炼皂矾炉侧土墙，春夏经受火石精气，至霜降、立冬之交，冷静之时，其墙上自然爆出此种，如淮北砖墙生焰硝①样。刮取下来，名曰黄矾。染家②用之，金色淡者涂炙，立成紫赤也。其黄矾自外国来，打破，中有金丝者，名曰波斯③矾，别是一种。

　　又山陕烧取硫黄山上，其滓弃地，二三年后，雨水浸淋，精液流入沟麓之中，自然结成皂矾。取而货用，不假煎炼。其中色佳者，人取以混石胆云。

　　石胆一名胆矾者，亦出晋、隰等州，乃山石穴中自结成者，故绿色带宝光。烧铁器淬于胆矾水中，即成铜色也。

　　《本草》载矾虽五种，并未分别原委。其昆仑矾状如黑泥，铁矾状如赤石脂者，皆西域产也。

　　①淮北砖墙生焰硝：不仅淮北，凡地性盐碱者，墙根皆生硝土。②染家：染布作坊。③波斯：即今伊朗。

　　皂矾、红矾、黄矾都是由同一物质变化而来，而其性质却各不相同。先收取五百斤煤炭外层的矿石子（俗名铜炭）放入炉内，将一千多斤煤饼（不用鼓风就能燃烧的那种煤粉，因此名叫"自来风"）放在铜炭周围并包住这些矿石。在锅炉外修筑一面土墙绕圈围着，在炉顶留出一个圆孔，孔径好像茶碗口大，让火焰能够从炉孔中透出，炉孔旁边用矾渣盖严实（不知是从什么时候开始有的矾渣。奇妙的是，凡是起新炉子，不用旧渣掩住炉孔就会烧不成功），然后从炉底发火，估计这炉火要连续烧十天才能熄灭。燃烧时，炉孔眼不时会有金色光焰冒出来（后文将详细叙述具体如何取硫），煅烧十天以后，等待矾石都冷却了这才取出。其中半酥碎的另外挑出，名叫时矾，用来煎炼红矾。将矿灰样的精华部分放进缸里，用水浸泡约六小时，把它过滤后，再放入锅中煎炼，要将十石水熬成一石水，这才说明火候够足。等水快干时，上层结成的是优质的皂矾，下层便是矾渣了（下一炉用此盖炉子旁）。这种皂矾是印染业所必需的原料，整个中国制矾的也不外五六家。大概每五百斤石料可以炼出二百斤皂矾来。另外挑出的时矾（俗名又叫鸡屎矾），每斤加进黄土四两，再入罐熬炼，便成红矾了。泥水工和油漆工经常用到这两种矾。

至于黄矾的出现就更加奇异了。在每年春夏炼皂矾时，炉旁的土墙因为吸附了矾的蒸气，到了霜降与立冬相交的季节，土墙干冷，矾便析出来，就好像淮北的砖墙上生出火硝一样，将其刮取下来，便是黄矾了，染坊经常会用到它。如果金色太淡了，把黄矾涂上去放在火上一烤，立刻就会变成紫赤色。此外，还有外国运来的黄矾，打破以后中间会现出金丝来，名叫波斯矾，这是另外一个品种。

山西、陕西等地烧硫黄的山上随地丢弃废渣两三年后，其中的矾质经过雨水的淋洗溶解后流到山沟里，经过蒸发也能结成皂矾。这种皂矾取用或拿去出售时就不必再炼了，听说其中色泽美丽的还可以用来冒充石胆。

石胆，又叫作胆矾，产自陕西省隰县等地。由于胆矾是在山崖洞穴中自然结晶的，因此它的绿色具有宝石般的光泽。将烧红的铁器淬入胆矾水中，铁器会立刻现出黄铜的颜色。

虽然明朝李时珍的《本草纲目》中记载了矾有五类，但并没有区别它们的来源和关系。昆仑矾好像黑泥，铁矾好像赤石脂，这些都是西北出产的。

硫黄

凡硫黄，乃烧石承液①而结就。著书者误以焚石为矾石，遂有矾液之说。然烧取硫黄石，半出特生白石，半出煤矿烧矾石。此矾液之说所由混也。又言中国有温泉处必有硫黄，今东海广南产硫黄处又无温泉，此因温泉水气似硫黄，故意度言之也。

凡烧硫黄石与煤矿石同形。掘取其石，用煤炭饼包裹丛架，外筑土作炉。炭与石皆载千斤于内，炉上用烧硫旧滓掩盖，中顶隆起，透一圆孔，其中火力到时，孔内透出黄焰金光。先教陶家烧一钵盂，其盂当中隆起，边弦卷成鱼袋样，覆于孔上。石精感受火神，化出黄光飞走，遇盂掩住，不能上飞，则化成汁液，靠着盂底，其液流入弦袋之中，其弦又透小眼，流入冷道灰槽小池，则凝结而成硫黄矣。

其炭煤矿石烧取皂矾者，当其黄光上走时，仍用此法掩盖，以取硫黄。得硫一斤，则减去皂矾三十余斤，其矾精华已结硫黄，则枯滓遂为弃物。

凡火药，硫为纯阳，硝为纯阴，两精逼合，成声成变，此乾坤幻出神物也。硫黄不产北狄②，或产而不知炼取，亦不可知。至奇炮出于西洋与红夷，则东徂西数万里，皆产硫黄之地也。其琉球土硫黄。广南水硫黄，皆误记也。

注 释

①承液：承接所流液体。②北狄：此指满族人的政权后金。

译 文

硫黄是由烧炼矿石时得到的液体经过冷却后凝结而成的，过去的著书者误以为硫黄都是煅烧矾石而取得的，于是就把它叫作矾液。事实上，煅烧硫黄的原料有的是来自当地特产的白石，有的是来自煤矿的煅烧矾石，矾液的说法就是这样混杂进来的。又有人说中国凡是有温泉的地方，就一定会有硫黄，可是，东南沿海一带出产硫黄的地方并没有温泉，这可能是因为温泉的气味很像硫黄而猜想到的吧。

烧取硫黄的矿石与煤矿石的形状相同。煅烧硫黄的大致步骤是：先用煤饼包裹矿石并堆垒起来，外面用泥土夯实并建造熔炉。每炉的石料和煤饼都有千斤左右，炉上用烧硫黄的旧渣掩盖，炉顶中间要隆起，空出一个圆孔。燃烧到一定程度，炉孔内便会有金黄色的气体冒出。预先请陶工烧制一个中部隆起的盂钵，盂钵边缘往内卷成像鱼膘状的凹槽，烧硫黄时，将盂钵覆盖在炉孔上。硫黄的黄色蒸气沿着炉孔上升，被盂钵挡住而不能跑掉，于是便冷凝成液体，沿着盂钵的内壁流入凹槽，又透过小眼，沿着冷却管道流进小池子，最终凝结而变成固体硫黄。

用含煤黄铁矿烧取皂矾，当黄色的蒸气上升时，也可以用这种方法收取硫黄。得硫一斤，就要减收皂矾三十多斤，因为皂矾的精华都已经转化为硫了，剩下的枯渣便成了废物。

火药的主要原料是硫黄和硝石，硫黄是纯阳，硝石是纯阴，两种物质相互作用能引起爆炸，产生巨大的声响，这真是自然界变化出来的奇物。北方少数民族居住的地方不出产硫黄，或者也有可能是有硫黄出产而不会炼取。新式枪炮出现在西洋与荷兰，这说明由东往西数万里都有出产硫黄的地方。但是所谓琉球的土硫黄、广东南部的水硫黄却都是错误的记载。

砒石

原文

凡烧砒霜质料，似土而坚，似石而碎，穴土数尺而取之。江西信郡①、河南信阳州皆有砒井，故名信石。近则出产独盛衡阳②，一厂有造至万钧者。凡砒石井中，其上常有浊绿水，先绞水尽，然后下凿。

砒有红、白两种，各因所出原石色烧成。凡烧砒，下鞠③土窑，纳石其上，上砌曲突④，以铁釜倒悬覆突口。其下灼炭举火，其烟气从曲突内熏贴釜上。度其已贴一层，厚结寸许，下复熄火。待前烟冷定，又举次火，熏贴如前。一釜之内数层已满，然后提下，毁釜而取砒。故今砒底有铁沙，即破釜滓也。凡白砒止此一法。红砒则分金炉内银铜脑气有闪成⑤者。

凡烧砒时，立者必于上风十余丈外，下风所近，草木皆死，烧砒之人经两载即改徙，否则须发尽落。此物生人食过分厘立死。然每岁千万金钱速售不滞者，以晋地菽、麦必用拌种，且驱田中黄鼠害。宁、绍郡⑥稻田必用蘸秧根，则丰收也。不然，火药与染铜需用能几何哉！

注释

①江西信郡：江西广信府，今上饶。②衡阳：在今湖南。③下鞠：在地上挖砒。④曲突：烟筒。⑤分金炉内银铜脑气有闪成：在分金炉内炼银、铜等含砒金属时有偶尔生成的。⑥宁、绍郡：浙江宁波府、绍兴府。

译文

烧砒霜的原料好像泥土，却又比泥土硬实，类似石头，但又比石头坚脆，向下掘土几尺就能够获取到。由于江西信郡（今天的上饶地区）、河南信阳一带都有砒井，因此砒石又名信石。近来生产砒霜最多的则是湖南衡阳，一间工厂的年产量，能有达到三十万斤的砒井中常常积有绿色的浊水，开采时要先将水除尽，然后往下凿取。

砒霜有红、白两种，各由原来的红、白色砒石烧制而成。在烧制砒霜的时候，先在下面挖个土窑堆放砒石，在上面砌个弯曲的烟囱，然后把铁锅倒过来覆盖在烟囱口上。在窑下引火焙烧，烟便从烟囱内上升，熏贴在锅的内壁上。估计累计达到一寸厚时就熄灭炉火，等烟气已经冷却，便再次起火燃烧。这样反复几次，一直到锅内贴满砒霜为止，这时才可以把锅拿下来，打碎锅而剥取砒霜。因此接近锅底的砒霜常留有铁渣，那是锅的碎屑。白砒霜的制作方法只有这一种。至于红砒霜，则还有在冶炼含砷的银铜矿石时，由分金炉内析出的蒸气冷结而成。

在烧制砒霜时，操作者必须站在风向上方十多丈远的地方。风向下方所触及的地方，草木都会死去。所以烧砒霜的人两年后一定要改行，否则就会须发全部脱光。砒霜有剧毒，人只要吃一点点就会立即死亡。然而，每年却都有价值千百万的砒霜畅销无阻，这是因为山西等地乡民要用它来给豆和麦子拌种，而且可以用它来驱除田中的鼠害；浙江宁波绍兴一带也有用砒霜来蘸秧根而使水稻获得丰收的。不然的话，如果砒霜仅仅是用于火药和炼铜方面，那又能用得了多少呢！

精彩点拨

本篇介绍了一些非金属矿物的处理与制造。这些非金属的原料大多可以用在其他地方，比如煤炭燃烧有极强的热能，用在冶炼金属、制作合金等，石灰可以用于固结、填塞缝隙等。可以说，本篇是有关重工业或大型制造业的知识入门。

阅读积累

活性炭

一种非常优良的吸附剂，它是利用木炭、竹炭、各种果壳和优质煤等作为原料，通过物理和化学方法对原料进行破碎、过筛、催化剂活化、漂洗、烘干和筛选等一系列工序加工制造而成的。它具有物理吸附和化学吸附的双重特性，可以有选择地吸附气相、液相中的各种物质，以达到脱色精制（蔗糖脱色）、消毒除臭和去污提纯等目的。使用前经过烧灼能提高其吸附效果。

第十二　膏液

精彩导读

　　食用油,也称为食油,是指在制作食品过程中使用的动物或者植物油脂。常温下其为液态。由于原料来源、加工工艺以及品质等原因,常见的食用油多为植物油脂,包括菜籽油、花生油、火麻油、玉米油、橄榄油、山茶油、棕榈油、葵花子油、大豆油、芝麻油、亚麻籽油(胡麻油)、葡萄籽油、核桃油、牡丹籽油,等等。

原　文

　　宋子曰:天道平分昼夜,而人工继晷以襄事①,岂好劳而恶逸哉?使织女燃薪、书生映雪,所济成何事也②?草木之实,其中蕴藏膏液,而不能自流。假媒水火,凭藉木石,而后倾注而出焉。此人巧聪明,不知于何禀度③也。

　　人间负重致远,恃有舟车。乃车得一铢而辖转④,舟得一石而罅完⑤,非此物之为功也不可行矣。至蔬蔬之登釜也,莫或膏之,犹啼儿之失乳焉。斯其功用一端而已哉?

注　释

　　①人工继晷以襄事:晷,此指时光。襄,帮助。②织女燃薪、书生映雪,所济成何事也:燃薪以织,映雪以读,实际上是无济于事的。意思是夜织夜读是不能没有油灯的。③于何禀度:从何处被赋予。④车得一铢而辖转:车只需用一点点油膏于轴上就可以转动。⑤舟得一石而罅完:舟船只需用上百斤油就可以把全部缝隙补好。

译　文

　　宋先生说:自然界的运行之道是平分昼夜,然而人们却夜以继日地劳动,难道只是爱好劳动而厌恶安闲吗?让纺织女工在柴火的照耀下织布,读书人借助雪的反光来读书,这又能做得成什么事呢?草木的果实之中含有油膏脂液,但它是不会自己流出来的。而是

要凭借水火、木石来加工，然后才能倾注而出。真不知道人的这种聪明和技巧是从哪里得来的！

人们运东西到别处去，依靠的是船和车。只要有少量的润滑油，车轮子就能灵活转动起来；船身有了一石油灰，缝隙就可以完全填补好。没有油脂在其中起作用，船和车也就无法通行了。乃至切碎的蔬菜入锅烹调，如果没有油，就好比婴儿没有奶吃而啼哭一样，都是不行的。如此来看，油脂的功用岂止局限于一个方面呢？

油品

原文

凡油，供馔食用者，胡麻（一名脂麻）、莱菔子、黄豆、菘菜（一名白菜）子为上。苏麻（形似紫苏，粒大于胡麻）、芸苔①子（江南名菜子）次之，茶②子（其树高丈余，子如金罂子，去壳取仁）次之，苋菜子次之，大麻仁（粒如胡荽子，剥取其皮，为绲索用者）为下。

燃灯则柏仁③内水油为上，芸苔次之，亚麻子（陕西所种，俗名壁虱脂麻，气恶不堪食）次之，棉花子次之，胡麻次之（燃灯最易竭），桐油与柏混油为下（桐油毒气熏人，柏油连皮膜则冻结不清）。造烛则柏皮油为上，蓖麻子次之，柏混油每斤入白蜡结冻次之，白蜡结冻诸清油又次之，樟树子油又次之（其光不减，但有避香气者），冬青子油又次之（韶郡④专用，嫌其油少，故列次），北土广用牛油，则为下矣。

凡胡麻与蓖麻子、樟树子，每石得油四十斤。莱菔子每石得油二十七斤（甘美异常，益人五脏）。芸苔子每石得三十斤，其耨勤而地沃、榨法精到者，仍得四十斤（陈历一年，则空内而无油）。茶子每石得油一十五斤（油味似猪脂，甚美，其枯则止可种火及毒鱼用）。桐子仁每石得油三十三斤。柏子分打时，皮油得二十斤，水油得十五斤，混打时共得三十三斤（此须绝净者）。冬青子每石得油十二斤。黄豆每石得油九斤（吴下⑤取油食后，以其饼充豕粮）。菘菜子每石得油三十斤（油出清如绿水）。棉花子每百斤得油七斤（初出甚黑浊，澄半月清甚）。苋菜子每石得油三十斤（味甚甘美，嫌性冷滑）。亚麻、大麻仁每石得油二十余斤。此其大端。其他未穷究试验，与夫一方已试而他方未知者，尚有待云。

注释

①芸苔：即油菜，其子用以榨油。②茶：即油茶树。③柏（jiù）仁：乌桕树子。④韶郡：广东韶州府。今广东韶关地区。⑤吴下：今江苏南部苏州一带。

译文

在食用油之中，以胡麻油（又名脂麻油）、萝卜子油、黄豆油和大白菜子油等为最佳。苏麻油（苏麻子的形状像紫苏，粒比脂麻粒大些）和油菜子油次之，茶子油（茶树高的有一丈多，茶子外形像金樱子，去壳取仁）和苋菜子油为次品，大麻仁油（大麻种子像芜荽子，皮可以搓制绳索）为下品。

点灯所用的油料则以乌桕水油为最佳，油菜子油其次，亚麻仁油（陕西所种的亚麻俗名叫壁虱脂麻，气味不好闻，不堪食用）和棉子油又次之，胡麻子油（用来点灯耗油量最大）又其次，桐油和桕混油则为下品（桐油毒气熏人，连皮膜榨出的桕混油凝结不清）。制造蜡烛则以桕皮油为最适宜的油料，蓖麻子油、加白蜡凝结的桕混油其次，加白蜡凝结的各种清油又其次，樟树子油（点灯时光度不弱，但有人不喜欢它的香气）再其次，冬青子油（只有韶关地区才用，但由于嫌其含油量少，因此列为次等）更差一些。北方普遍用的牛油则是很下等的点灯油料了。

脂麻和蓖麻子、樟树子每石可以榨油四十斤。莱菔子每石可以榨油二十七斤（味道很好，对人的五脏很有益）。油菜子每石可以榨油三十斤，如果除草勤、土壤肥、榨的方法又得当的话，也可以榨四十斤（放置一年后，子实就会内空而变得无油）。茶子每石可以榨油十五斤（油味像猪油一样好，但得到的枯饼只能用来引火或者药鱼）。桐子仁每石可以榨油三十三斤。桕树子核和皮膜分开榨时，就可以得到皮油二十斤、水油十五斤，混和榨时，则可以得桕混油三十三斤（子、皮都必须干净）。冬青子每石可以榨油十二斤。黄豆每石可以榨油九斤（江苏南北和浙江北部一带取豆油食用，豆枯饼则作为喂猪的饲料）。大白菜子每石可以榨油三十斤（油清澈得好像绿水一样）。棉花子每一百斤可以榨油七斤（刚榨出来时，油色很黑、混浊不清，放置半个月后就很清了）。苋菜子每石可以榨油三十斤（味甘可口，但嫌冷滑）。亚麻仁、大麻仁每石可以榨油二十多斤。以上所列举的只是大概情况而已，至于其他油料及其榨油率，因为没有进行深入考察和试验，或者有的已经在某个地方试验过而尚未推广的，那就有待以后再进行补述了。

法具

原文

凡取油，榨法而外，有两镬煮取法，以治蓖麻与苏麻；北京有磨法，朝鲜有舂法，以治胡麻。其余则皆从榨出也。凡榨，木巨者围必合抱，而中空。其木樟为上，檀与杞次之（杞木为者，防地湿，则速朽）。此三木者脉理循环结长，非有纵直纹。故竭力挥椎，实尖其中，而两头无璺坼①之患，他木有纵纹者不可为也。中土②江北少合抱木者，

则取四根合并为之。铁箍裹定，横栓串合而空其中，以受诸质，则散木有完木之用也。

凡开榨③，空中其量随木大小，大者受一石有余，小者受五斗不足。凡开榨，辟中凿划平槽一条，以宛凿④入中，削圆上下，下沿凿一小孔，削一小槽，使油出之时流入承藉器中。其平槽约长三四尺，阔三四寸，视其身而为之，无定式也。实槽尖与枋，唯檀木、柞子木两者宜为之，他木无望焉。其尖过斤斧而不过刨，盖欲其涩，不欲其滑，惧报转也。撞木与受撞之尖皆以铁圈裹首，惧披散也。

榨具已整理，则取诸麻、菜子入釜，文火慢炒（凡柏、桐之类属树木生者，皆不炒而碾蒸），透出香气，然后碾碎受蒸。凡炒诸麻、菜子，宜铸平底锅，深止六寸者，投子仁于内，翻拌最勤。若釜底太深，翻拌疏慢，则火候交伤，减丧油质。炒锅亦斜安灶上，与蒸锅大异。凡碾埋槽土内（木为者以铁片掩之），其上以木杆衔铁陀，两人对举而椎之。资本广者则砌石为牛碾，一牛之力可敌十人。亦有不受碾而受磨者，则棉子之类是也。既碾而筛，择粗者再碾，细者则入釜甑受蒸。蒸气腾足，取出，以稻秸与麦秸包裹如饼形，其饼外圈箍，或用铁打成，或破篾绞刺而成，与榨中则寸相吻合。

凡油原因气取，有生于无。出甑之时，包裹急缓，则水火郁蒸之气游走，为此损油。能者疾倾，疾裹而疾箍之，得油之多，诀由于此，榨工有自少至老而不知者。包裹既定，装入榨中，随其量满，挥撞挤轧，而流泉出焉矣。包内油出滓存，名曰枯饼。凡胡麻、莱菔、芸苔诸饼，皆重新碾碎，筛去秸芒，再蒸、再裹而再榨之，初次得油二分，二次得油一分。若柏、桐诸物，则一榨已尽流出，不必再也。

若水煮法，则并用两釜。将蓖麻、苏麻子碾碎，入一釜中，注水滚煎，其上浮沫即油。以杓掠取，倾于干釜内，其下慢火熬干水气，油即成矣。然得油之数毕竟减杀。北磨麻油法，以粗麻布袋揿绞，其法再详。

①璺（wèn）坼：开裂破散。②中土：中原一带。③开榨：制作榨具。④宛凿：弧形凿。

译 文

制取油料的方法除了压榨法之外，还有用两个锅煮取的方法，用来制取蓖麻油和苏麻油。北京用的是研磨法，朝鲜用的是舂磨法，用来制取芝麻油。其余油都是用压榨法制取。榨具要用周长达到两臂伸出才能环抱住的木材来制作，将木头中间挖空。用樟木做的最好，用檀木与杞木做的要差一些（杞木做的怕潮湿、容易腐朽）。这三种木材的纹理都是缠绕扭曲的，没有纵直纹。当把尖的楔子插在其中并尽力春打时，木材的两头不会拆裂，而其他有直纹的木材则不适宜。中原地区长江以北很少有两臂抱围的大树，这时可用四根木拼合起来，用铁箍箍紧，再用横栓拼合起来，中间挖空，以便放进用于压榨的油料，这样就可把散木当作完整的木材来使用了。

木的中间挖空多少要以木料的大小为准，大的可以装下一石多油料，小的还装不了五斗。做油榨时，要在中空部分凿开一条平槽，用弯凿削圆上下部分，再在下沿凿一个小孔。再削一条小槽，使榨出的油能流入接受器中。平槽长三四尺，宽三四寸，大小根据榨身而定，没有一定的格式。插入槽里的尖楔和枋木都要用檀木或者柞木来制作，其他木料不合用。尖楔用刀斧砍成而不需要刨，因为要它粗糙而不要它光滑，以免它滑出。撞木和尖楔都要用铁圈箍住头部以防披散。

榨具准备好了，就可以将蓖麻子或油菜子之类的油料放进锅里，用文火慢炒（凡属木本的柏子、桐子这类的子实，都要碾碎后蒸熟而不必经过炒制）到透出香气时就取出来碾碎、入蒸。炒蓖麻子、菜子用六寸深的平底锅比较合适，将子仁放进锅后不断翻拌。如果锅太深，翻拌又少，就会因子仁受热不均匀而降低油的产量和质量。炒锅斜放在灶上，跟蒸锅大不一样。碾槽埋在地面上（木制的要用铁片覆盖），上面用一根木杆穿过圆铁饼的圆心，两人相对一齐向前推碾。资本雄厚的则用石块砌成牛碾，一头牛拉碾的劳动效率相当于十个人的劳动力。也有些子实，例如棉子之类，只能用磨而不需要用碾。碾了之后再筛，粗的再碾，细的放入甑子里蒸。当蒸气升腾足够饱和时将其取出，用稻秆或麦秆包裹成大饼的形状，饼外围的箍用铁打成或者用竹篾交织而成，这些箍要与榨中空隙的尺寸相符合。

油是通过蒸气而提取的，"有形"生于"无形"，如果出甑子的时候包裹动作太慢，就会使一部分闭结的蒸气逸散，出油率也就降低了。技术熟练的人能够做到快倒、快裹、快箍，得油多的诀窍就全在这里。有的榨工从小做到老都还不明白这个诀窍呢。油料包裹好了后，就可以装入榨具中，挥动撞木把尖楔打进去挤压，油就像泉水一样流出来了。包裹里剩下的渣滓叫作枯饼。胡麻、莱菔、芸苔等的初次枯饼都要重新碾碎，筛去茎秆和壳刺，再蒸、再包和再榨。第一次榨已经得到一份油了，第二次榨还能得到第一次油量的一半。但如果是柏子、桐子之类的子实，则第一次榨油已全部流出，因此也就不必再榨了。

水煮法制油是同时使用两个锅，将蓖麻子或苏麻子碾碎放进一个锅里，加水煮至沸腾，上浮的泡沫便是油。用勺子撇取，倒入另一个没有水的干锅中，下面用慢火熬干水分，便得到油了。不过用这种方法得到的油量毕竟有所降低。北京用研磨法制取芝麻油，是把磨过的芝麻子装在粗麻布袋里进行扭绞，以后再详细地对这种方法加以研究。

皮油

　　凡皮油造烛，法起广信郡①。其法取洁净柏子，囫囵入釜甑蒸，蒸后倾于臼内受春。其臼深约尺五寸。碓以石为身，不用铁嘴。石取深山结而腻者，轻重斫成限四十斤，上嵌横木之上而春之。其皮膜上油尽脱骨而纷落，挖起，筛于盘内，再蒸，包裹入榨皆同前法。皮油已落尽，其骨为黑子。用冷腻小石磨不惧火煅者（此磨亦从信郡深山觅取），以红火矢围壅煅热②，将黑子逐把灌入疾磨。磨破之时，风扇去其黑壳，则其内完全白仁，与梧桐子无异。将此碾蒸、包裹入榨，与前法同。榨出水油清亮无比。贮小盏之中，独根心草燃至天明，盖诸清油所不及者。入食馔即不伤人，恐有忌者，宁不用耳。

　　其皮油造烛，截苦竹筒两破，水中煮涨（不然则粘滞）。小篾箍勒定，用鹰嘴铁杓挽油灌入，即成一枝。插心于内，顷刻冻结，捋箍开筒而取之。或削棍为模，裁纸一方，卷于其上，而成纸筒，灌入亦成一烛。此烛任置风尘中，再经寒暑，不敝坏也。

　　①广信郡：江西广信府，今江西上饶地区。②以红火矢围壅煅热：用烧红的木炭围满石磨使其变热。

　　用皮油制造蜡烛是江西广信郡创始的。把洁净的乌桕子整个放入饭甑里去蒸煮，蒸好后倒入臼内春捣。臼约一尺五寸深，碓身是用石块制造的，不用铁嘴，而采取深山中坚实而细滑的石块制成。琢成后重量限定四十斤，上部嵌在平横木的一端，便可以春捣了。乌桕子核外包裹的蜡质春过以后全部脱落，将其挖起来，把蜡质层筛掉放入盘里再蒸，然后包裹入榨，方法同上。乌桕子外面的蜡质脱落后，里面剩下的核子就是黑子。用一座不怕火烧的冷滑小石磨（这种磨石也是从广信的深山中找到的），周围堆满烧红的炭火加以烘热，将黑子逐把投入快磨。磨破以后，就用风扇扇去黑壳，剩下的便全是白色的仁，如梧桐子一样。将这种白仁碾碎上蒸之后，用前文所述的方法包裹、入榨。榨出的油叫作水油，很是清亮，装入小灯盏中，用一根灯芯草就可点燃到天明，其他清油都比不上它。拿它来食用并不对人有伤害，但也会有些人不放心，宁可不食用。

用皮油制造蜡烛的方法是：将苦竹筒破成两半，放在水里煮涨（否则会黏带皮油）后，用小篾箍固定，用尖嘴铁勺将油灌入筒中，再插进烛芯，便成了一支蜡烛。过一会儿待蜡冻结后，顺筒捋下篾箍，打开竹筒，将蜡烛取出。另一种方法是把小木棒削成蜡烛模型，然后裁一张纸，卷在上面做成纸筒。将皮油灌入纸筒，也能制作成一根蜡烛。这种蜡烛无论风吹尘盖，还是经历冷天和热天，都不会变坏。

精彩点拨

现代人照明用电不像古时候照明只有点油灯。除了烧菜之外，其他用途所用的油，比如机油，大部分是经过化学工业提炼的。但是古代没有电，也没有化工厂，点灯要用油，烧菜也要用油，还有用在交通工具上的油。

阅读积累

煤油

以石蜡基原油沸点230℃左右的馏分或环烷基原油215℃左右的馏分经蒸馏、深度精制而得。

除含硫化合物外，尚有含氮和含氧的化合物等杂质。在原油蒸馏时，将汽油和轻油之间的馏分用硫酸及碱进行精制，用氯化钙、无水硫酸钠和白土作为脱水剂。主要用于点灯照明和各种喷灯、汽灯、汽化炉和煤油炉的燃料；也可用作机械零部件的洗涤剂，橡胶和制药工业的溶剂，油墨稀释剂，有机化工的裂解原料；还可用于玻璃陶瓷工业、铝板辊轧、金属工件表面化学热处理等工艺用油；有的煤油还用来制作温度计。根据用途，可分为动力煤油、照明煤油等。

第十三　杀青

精彩导读

　　造纸是古代中国劳动人民的重要发明。分为机制和手工两种形式。机制是在造纸机上连续进行，将适合纸张质量的纸浆用水稀释至一定浓度，在造纸机的网部初步脱水，形成湿的纸页，再经压榨脱水，然后烘干成纸。

　　手工则用有竹帘、聚酯网或铜网的框架，将分散悬浮于水中的纤维抄成湿纸页，经压榨脱水，再行晒干或烘干成纸。机制和手工两种形式造出来的纸最大区别在于，由于手工纸采用人工打浆，纸浆中的纤维保存完好；机制纸采用机器打浆，纸浆纤维被打碎，这就使得手工纸在韧性拉力上大大优于机制纸。

原　文

　　宋子曰：物象精华，乾坤微妙，古传今而华达夷，使后起含生，目授而心识之，承载者以何物哉①？君与民通，师将弟命，凭藉呫呫口语，其与几何②？持寸符③，握半卷，终事诠旨，风行而冰释④焉。覆载之间之藉有楮先生⑤也，圣顽⑥咸嘉赖之矣。身为竹骨与木皮，杀其青而白乃见，万卷百家基从此起。其精在此，而其粗效于障风、护物⑦之间。事已开于上古，而使汉、晋时人擅名记者，何其陋哉⑧！

注　释

　　①"物象精华"句：万物万象之精华，天地宇宙之奥妙，这些知识从古传至今，从中华传至四夷，使后世的生民眼观而心会，靠的是什么载体呢？②凭藉呫呫口语，其与几何：只靠着琐屑的言语相传，又能传后人多少呢？③寸符：一寸宽的文书凭证。④终事诠旨，风行而冰释：事情交代清，就办得如风行一般迅速；意思表达透，一切疑问就都焕然如冰之融化。⑤楮先生：唐人韩愈有《毛颖传》，拟文房为人，毛笔以兔毫所造，故称毛颖；纸以楮树皮制造，故称楮先生。又古有褚先生补《史记》者，亦取其音近。⑥圣顽：圣贤与愚顽。⑦障风、护物：糊窗户、包东西。⑧"事已开于上古"句：宋应星的意思是

把造纸术的发明权记在汉、晋某人的名下，这是不对的。造纸的源头远在上古，因为那时就应该有最原始的纸，以用来糊窗户、包东西。宋应星的推测不是没有道理，即纸的雏形应该远早于蔡伦，但若说是起源于上古，则推得也太远了。

译　文

宋先生说：事物的精华、天地的奥妙，从古代传到现在，从中原抵达边疆，使后来人能够了然于心，那是用什么东西记载下来的呢？君主与臣下交换意见，老师传授课业给学生，如果只是凭借喋喋不休的口头语言，那又能解决多少问题呢？但是只要有短短一张文符或者是半册课本，就能把有关事物的道理阐述清楚，就能使命令风行天下，疑难也会如同冰雪融化一样消释。自从世上有了纸之后，聪明的人和愚钝的人都从中受益不浅。纸是以竹骨和树皮为原料造成的。除去树木的青色外层就造成了白纸，于是诸子百家的万卷图书才有了书写和印刷的物质基础。精细的纸用在这方面，而粗糙的纸则用来挡风和进行包装。造纸的事早在上古时期就已经开始了，却有人把它说成汉、晋时由某个人所发明，这种见识是多么浅陋啊！

纸料

原　文

凡纸质，用楮树（一名榖树）皮与桑穰①、芙蓉膜②等诸物者为皮纸，用竹麻者为竹纸。精者极其洁白，供书文、印文、柬启用；粗者为火纸③、包裹纸。所谓杀青，以斩竹得名；汗青以煮沥得名；简即已成纸名。乃煮竹成简④，后人遂疑削竹片以纪事，而又误疑"韦编"为皮条穿竹札也。秦火未经时，书籍繁甚，削竹能藏几何？如西番用贝树造成纸叶⑤，中华又疑以贝叶书经典。不知树叶离根即焦，与削竹同一可晒也。

注　释

①桑穰：桑树里面那一层皮，较松软。②芙蓉膜：即木芙蓉的韧皮。③火纸：做冥钱烧用的纸。④"所谓杀青"句：宋应星继续为他的纸起源于上古说进行论证，对"杀青""汗青"做了自己的理解，即都是造纸的工序，而"简"就是纸的别名。这些说法显然是不正确的。⑤西番用贝树造成纸叶：印度并不是宋应星说的把贝树造成纸，而是把文字直接写在贝树叶上。宋应星的这一臆测也是错误的。

用楮树（一名穀树）、桑树和木芙蓉的第二层皮等造的纸叫作皮纸，用竹麻造的纸叫作竹纸。精细的纸非常洁白，可以用来书写、印刷和制作柬帖；粗糙的纸则用于制作火纸和包装纸。所谓"杀青"就是从斩竹去青而得到的名称，"汗青"则是以煮沥而得到的名称，"简"便是已经造成的纸。因为煮竹能成"简"和纸，于是后人就误认为削竹片可以记事，还错误地以为古代的书册都是用皮条穿编竹简而成的。在秦始皇焚书以前，已经有很多书籍，如果纯用竹简，又能写下多少字呢？西域一带的人用贝树造成纸页，而我国中土人士误传他们可以用贝树叶来书写经文（即"贝叶经"）。他们不懂得树叶离根就会焦枯的道理，这跟削竹记事的说法是同样可笑的。

造竹纸

凡造竹纸，事出南方，而闽省独专其盛。当笋生之后，看视山窝深浅，其竹以将生枝叶者为上料。节届芒种，则登山砍伐。截断五七尺长，就于本山开塘一口，注水其中漂浸。恐塘水有涸时，则用竹枧①通引，不断瀑流注入。浸至百日之外，加功槌洗，洗去粗壳与青皮（是名杀青）。其中竹穰形同苎麻样。用上好石灰化汁涂浆，入楻桶②下煮，火以八日八夜为率。

凡煮竹，下锅用径四尺者，锅上泥与石灰捏弦③，高阔如广中④煮盐牢盆样，中可载水十余石。上盖楻桶，其围丈五尺，其径四尺余。盖定受煮，八日已足。歇火一日，揭楻取出竹麻，入清水漂塘之内洗净。其塘底面、四维⑤皆用木板合缝砌完，以防泥污（造粗纸者，不须为此）。洗净，用柴灰浆过，再入釜中，其上按平，平铺稻草灰寸许。桶内水滚沸，即取出别桶之中，仍以灰汁淋下。倘水冷，烧滚再淋。如是十余日，自然臭烂。取出入臼受舂（山国⑥皆有水碓），舂至形同泥面，倾入槽内。

凡抄纸槽，上合方斗，尺寸阔狭，槽视帘，帘视纸⑦。竹麻已成，槽内清水浸浮其面三寸许。入纸药水汁于其中（形同桃竹叶，方语无定名）。则水干自成洁白。凡抄纸帘，用刮磨绝细竹丝编成。展卷张开时，下有纵横架框。两手持帘入水，荡起竹麻入于帘内。厚薄由人手法，轻荡则薄，重荡则厚。竹料浮帘之顷，水从四际淋下槽内。然后覆帘，落纸于板上，叠积千万张。数满，则上以板压。俏绳入棍，如榨酒法，使水气净尽流干。然后以轻细铜镊逐张揭起焙干。凡焙纸，先以土砖砌成夹巷，下以砖盖巷地面，数块以往，即空一砖。火薪从头穴烧发，火气从砖隙透巷，外砖尽热，湿纸逐张贴上焙干，揭起成帙。

近世阔幅者，名大四连，一时书文贵重。其废纸，洗去朱墨污秽，浸烂，入槽再造，全省从前煮浸之力，依然成纸，耗亦不多。南方竹贱之国，不以为然。北方即寸条片角在地，随手拾取再造，名曰还魂纸。竹与皮⑧，精与粗，皆同之也。若火纸、糙纸，斩竹煮麻，灰浆水淋，皆同前法。唯脱帘之后不用烘焙，压水去湿，日晒成干而已。

盛唐时，鬼神事繁，以纸钱代焚帛（北方用切条，名曰板钱），故造此者，名曰火纸。荆楚近俗，有一焚侈至千斤者。此纸十七供冥烧，十三供日用。其最粗而厚者名曰包裹纸，则竹麻和宿田晚稻稿所为也。若铅山⑨诸邑所造柬纸，则全用细竹料厚质荡成，以射重价⑩。最上者曰官柬，富贵之家通刺⑪用之。其纸敦厚而无筋膜，染红为吉柬，则先以白矾水染过，后上红花汁云。

注释

①竹枧：毛竹做的水管或水槽。②楻桶：大木桶，但在这里是指连同下面受火的铁锅在内的楻桶。③泥与石灰捏弦：弦指锅的边缘，捏弦即把边缘透气之处用灰泥封死。④广中：两广一带。⑤四维：四面。⑥山国：此指南方山区。⑦尺寸阔狭，槽视帘，帘视纸：尺寸的规格，纸槽要根据纸帘的大小，纸帘要根据所制之纸的大小。⑧竹与皮：竹纸与皮纸。⑨铅山：地在江西。⑩射重价：谋求重利。⑪刺：名帖，相当于今天的名片，是在拜访别人时通报所用。

译文

竹纸是南方制造的，其中以福建省为最多。当竹笋生出以后，到山窝里观察竹林长势，将要生枝叶的嫩竹是造纸的上等材料。每年到芒种节令，便可上山砍竹。把嫩竹截成五到七尺一段，就地开一口山塘，灌水漂浸。为了避免塘水干涸，用竹制导管引水滚滚流入。浸到一百天开外，把竹子取出，再用木棒敲打，最后洗掉粗壳与青皮（这一步骤就叫作"杀青"）。这时候的竹穰就像苎麻一样，再用优质石灰调成乳液拌和，放入楻桶里煮上八天八夜。

煮竹子的锅直径约四尺，用黏土调石灰封固锅的边沿，使其高度和宽度类似广东中部沿海地区煮盐的牢盆那样，里面可以装下十多石水。上面盖上周长约一丈五尺、直径四尺多的楻桶。竹料加入锅和楻桶中，煮八天就足够了。停止加热一天后，揭开楻桶，取出竹麻，放到清水塘里漂洗干净。漂塘底部和四周都要用木板合缝砌好以防止沾染泥污（造粗纸时不必如此）。竹麻洗净之后，用柴灰水浸透，再放入锅内按平，接着铺一寸左右厚的稻草灰。煮沸之后，就把竹麻移入另一桶中，继续用草木灰水淋洗。草木灰水

冷却以后，要煮沸再淋洗。这样经过十多天，竹麻自然就会腐烂发臭。把它拿出来放入臼内舂成泥状（山区都有水碓），倒入抄纸槽内。

抄纸槽像个方斗，大小由抄纸帘而定，抄纸帘又由纸张的大小来定。抄纸槽内放置清水，水面高出竹浆三寸左右，加入纸药水汁（这种纸药液用一种好像桃竹叶的植物叶子制成，各地的名称都不一样），这样抄成的纸干后便会很洁白。抄纸帘是用刮磨得极其细的竹丝编成的，展开时，下面有木框托住。两只手拿着抄纸帘放进水中，荡起竹浆让它进入抄纸帘中。纸的厚薄可以由人的手法来调控、掌握：轻荡则薄，重荡则厚。提起抄纸帘，水便从帘眼淋回抄纸槽；然后把帘网翻转，让纸落到木板上，叠积成千上万张。等到数目够了时，就压上一块木板，捆上绳子并插进棍子，接着将其绞紧，用类似榨酒的方法把水分压干，然后用小铜镊把纸逐张揭起，烘干。烘焙纸张时，先用土砖砌两堵墙形成夹巷，底下用砖盖火道，夹巷之内盖的砖块每隔几块砖就留出一个空位。火从巷头的炉口燃烧，热气从留空的砖缝中透出而充满整个夹巷，等到夹巷外壁的砖都烧热时，就把湿纸逐张贴上去焙干，再揭下来放成一叠。

近来生产一种宽幅的纸，名叫大四连，用来书写显得贵重。等到它用废以后，废纸也可以洗去朱墨、污秽，浸烂之后入抄纸槽再造，节省了浸竹和煮竹等工序，依然成纸，损耗不多。南方竹子数量多而且价格低廉，也就用不着这样做。北方即使是寸条片角的纸丢在地，也要随手拾起来再造，这种纸叫作还魂纸。竹纸与皮纸、精细的纸与粗糙的纸都是用上述方法制造的。至于火纸与粗纸，斩竹、制取竹麻、用石灰浆、用稻草灰水淋洗等工序都和前面讲过的相同，只是脱帘之后不必再行烘焙，压干水分后放在阳光底下晒干就可以了。

盛唐时期，很时兴拜神祭鬼，祭祀时烧纸钱而不再烧帛（纸钱北方则用切条，名为板钱），因而这种纸叫火纸。湖南、湖北一带近来的风俗有的浪费到一次烧火纸就达到上千斤的。这种纸十分之七用于祭祀，十分之三供人日常所用。其中最粗糙的厚纸叫作包裹纸，是用竹麻和隔年晚稻的稻草制成的。铅山等县出产的柬纸完全是用细竹料加厚抄成的，用以抬高价格。其中最上等的纸称为官柬纸，供富贵人家制作名片所用。这种纸厚实而没有粗筋，如果把它染红用作办喜事的红吉帖，就要先用明矾水浸过，再染上红花汁。

造皮纸

凡楮树取皮，于春末夏初剥取。树已老者，就根伐去，以土盖之。来年再长新条，其皮更美。凡皮纸，楮皮六十斤，仍入绝嫩竹麻四十斤，同塘漂浸，同用石灰浆涂，入釜煮糜。近法省啬者，皮、竹十七而外，或入宿田稻稿十三，用药得方[①]，仍成洁白。凡皮料坚固纸，其纵文扯断如绵丝，故曰绵纸，横断且费力。其最上一等，供用大内糊窗格者，曰棂纱纸。此纸自广信郡造，长过七尺，阔过四尺。五色颜料，先滴色汁，槽内和成，不由后染。其次曰连四纸，连四中最白者曰红上纸。皮名而竹与稻稿参和而成料者，曰揭帖呈文纸。

芙蓉等皮造者，统曰小皮纸，在江西则曰中夹纸。河南所造，未详何草木为质，北供帝京，产亦甚广。又桑皮造者曰桑穰纸，极其敦厚。东浙所产，三吴收蚕种者必用之。凡糊雨伞与油扇，皆用小皮纸。

凡造皮纸长阔者，其盛水槽甚宽，巨帘非一人手力所胜，两人对举荡成。若棂纱，则数人方胜其任。凡皮纸供用画幅，先用矾水荡过，则毛茨不起。纸以逼帘者②为正面，盖料即成泥浮其上者③，粗意犹存也。

朝鲜白硾纸，不知用何质料。倭国有造纸不用帘抄者，煮料成糜时，以巨阔青石覆于炕面，其下燃火，使石发烧。然后用糊刷蘸糜，薄刷石面，居然顷刻成纸一张，一揭而起。其朝鲜用此法与否，不可得知。中国有用此法者亦不可得知也。永嘉蠲糨纸④，亦桑穰造。四川薛涛笺⑤，亦芙蓉皮为料煮糜，入芙蓉花末汁。或当时薛涛所指，遂留名至今。其美在色，不在质料也。

①用药得方：用药得法。②逼帘者：与帘相接的一面。③盖料即成泥浮其上者：盖料即纸的背面，因叠纸时朝上，故曰盖料。背面因是纸浆荡浮而成，故较粗糙。④蠲糨（juān jiàng）纸：为五代时期温州（即永嘉）所造，吴越国王钱镠以贡此纸者蠲其赋税，故名蠲纸。⑤薛涛笺：薛涛为唐代女妓，精诗，晚年居于成都浣花溪上，自造粉红笺纸，有名于时，号薛涛笺。此为后世仿制，沿用其名。

译 文

剥取楮树皮最好是在春末夏初进行。如果树龄已老，就在接近根部的地方将它砍掉，再用土盖上，第二年又会生长出新树枝，它的皮会更好。制造皮纸用楮树皮六十斤，嫩竹麻四十斤，一起放在池塘里漂浸，然后涂上石灰浆，放到锅里煮烂。近来又出现了比较经济的办法，就是用十分之七的树皮和竹麻原料，用十分之三的隔年稻草制造，如果纸药水汁下的得当的话，纸质也会很洁白。坚固的皮纸，其扯断纵纹就像丝绵一样，因此又叫作绵纸，要想把它横向扯断更不容易。其中最好的一种叫作棂纱纸，这种纸是江西广信郡制造的，长七尺多，宽四尺多。染成各种颜色是先将色料放进抄纸槽内而不是做成纸后才染成的。其次是连四纸，其中最洁白的叫作红上纸。还有名为皮纸而实际上是用竹子与

稻草掺和制成的纸，叫作揭帖呈文纸。

此外，用木芙蓉等树皮造的纸都叫作小皮纸，在江西则叫作中夹纸。不知道河南造的纸用的是什么原料，这种纸供京城人使用，产地十分广泛。还有用桑皮造的纸叫作桑穰纸，纸质特别厚，是浙江东部出产的，江浙一带收蚕种时都必定会用到它。糊雨伞和油扇则都要用小皮纸。

制造又长又宽的皮纸所用的水槽要很宽、纸帘很大，一个人干不了，而是需要两个人对抄。如果是楮纱纸，则需要好几个人才行。凡是用来绘画和写条幅的皮纸，要先用明矾水浸过以后才不会起毛。贴近竹帘的一面为纸的正面，因为料泥都浮在上面，所以纸的反面就比较粗。

不知道朝鲜的白硾纸是用什么原料做成的。日本有些地方造的纸不用帘抄，制作方法是将纸料煮烂之后，将宽大的青石放在炕上，在下面烧火而使石发热，这时用刷子把纸浆薄薄地刷在青石面上，揭一次就是一张纸。朝鲜是不是用这种方法造纸，我们不得而知。国内有没有用这种方法，也不清楚。温州的蠲糨纸也是用桑树皮制造的。四川的薛涛笺则是以木芙蓉皮为原料，煮烂然后加入芙蓉花的汁，做成彩色的小幅信纸。这种做法可能是当时薛涛个人提出来的，所以"薛涛笺"的名字流传到今天。这种纸的优点是颜色好看，而不是因为它质料好。

精彩点拨

　　纸在现代人的日常生活中已经是不可缺少的重要物品，如果没有纸，真不知道要怎么过日子。小到卫生纸，大到报纸，各式各样的纸为我们带来了很大便利，尤其是在沟通、传递信息方面。但古代最早是没有纸的，书写的工具是竹木片，直至后来才有纸的出现。一般人都认为纸是东汉时代蔡伦发明的，但宋应星却反驳这种说法。阅读完本篇，便会了解宋应星为何反驳这一说法，并了解造纸的过程。

阅读积累

宣纸

　　宣纸润墨性好，耐久耐老化强，不易变色。宣纸具有韧而能润、光而不滑、洁白稠密、纹理纯净、搓折无损、润墨性强等特点，具有独特的渗透、润滑性能。写字、作画"墨分五色"，即一笔落成，深浅浓淡，纹理可见，墨韵清晰，层次分明。少虫蛀，寿命长。宣纸自古有"纸中之王、千年寿纸"的誉称。

下篇

第十四　五金

精彩导读

　　传统的五金制品，也称"小五金"，是指金、银、铜、铁、锡五种金属。经人工加工可以制成刀、剑等艺术品或金属器件。现代社会的五金更为广泛，例如，五金工具、五金零部件、日用五金、建筑五金以及安防用品等。小五金产品大都不是最终消费品。

原 文

　　宋子曰：人有十等，自王、公至于舆、台①，缺一焉，而人纪不立矣。大地生五金，以利用天下与后世，其义亦犹是也。贵者千里一生，促②亦五六百里而生。贱者舟车稍艰之国③，其土必广生焉。黄金美者，其值去黑铁一万六千倍，然使釜鬻斤斧不呈效于日用之间，即得黄金，值高而无民耳。贸迁有无，货居《周官》泉府④，万物司命系焉。其分别美恶而指点重轻，孰开其先，而使相须于不朽焉？

注 释

　　①人有十等，自王、公至于舆、台：见《左传》昭公七年："天有十日（甲至癸），人有十等（王至台）。下所以事上，上所以共神也。故王臣公，公臣大夫，大夫臣士，士臣皂，皂臣舆，舆臣隶，隶臣僚，僚臣仆，仆臣台。"②促：近。③舟车稍艰之国：舟车难于到达的偏僻地区。④泉府：掌管钱币铸造及流通的官职。《周礼》："以泉府同货而敛赊""泉府掌以市之征布"。

译 文

　　宋先生说：人分十个等级，从高贵的王、公到低贱的舆、台，其中缺少一个等级，人的立身处世之道就建立不起来了。大地产生出贵贱不同的各种金属（五金），以供人类

及其子孙后代使用，这两者的意义都是一样的。贵金属大概一千里之外才有一处出产，近的也要五六百里才有。五金中最贱的金属，在交通稍有不便的地方就会有大量的储藏。最好的黄金价值要比黑铁高一万六千倍，然而，如果没有铁制的锅、鼎、刀、斧之类供人们日常生活之用，即使有了黄金，也不过好比只有高官而没有百姓罢了。金属的另一种作用是铸成钱币，作为贸易交往中的流通手段，由《周礼》所说的泉府一类官员掌管铸钱，以牢牢控制一切货物的命脉。至于分别金属的好与坏，指出它们价值的轻与重，这是谁开的头，使得它们彼此相辅相成而又永远地起作用呢？

黄金

　　凡黄金为五金之长，熔化成形之后，住世永无变更。白银入洪炉虽无折耗，但火候足时，鼓鞴而金花闪烁，一现即没，再鼓则沉而不见。惟黄金则竭力鼓鞴，一扇一花，愈烈愈现，其质所以贵也。凡中国产金之区，大约百余处，难以枚举。山石中所出，大者名马蹄金，中者名橄榄金、带胯金，小者名瓜子金。水沙中所出，大者名狗头金，小者名麸麦金、糠金。平地掘井得者，名面沙金，大者名豆粒金。皆待先淘洗后冶炼而成颗块。

　　金多出西南。取者穴山至十余丈，见伴金石，即可见金。其石褐色，一头如火烧黑状。水金多者出云南金沙江（古名丽水）。此水源出吐蕃，绕流丽江府，至于北胜州，回环五百余里，出金者有数截。又川北潼川①等州邑与湖广沅陵、溆浦等，皆于江沙水中淘沃取金。千百中间有获狗头金一块者，名曰金母，其余皆麸麦形。入冶煎炼，初出色浅黄，再炼而后转赤也。儋、崖②有金田，金杂沙土之中，不必深求而得。取太频则不复产，经年淘炼，若有则限。然岭南夷獠洞穴中金，初出如黑铁落③，深挖数丈得之黑焦石下。初得时咬之柔软，夫匠有吞窃腹中者，亦不伤人。河南蔡、巩等州邑，江西乐平、新建等邑，皆平地掘深井取细沙淘炼成，但酬答人功所获亦无几耳。大抵赤县之内隔千里而一生。《岭表录》④云："居民有从鹅鸭屎中淘出片屑者，或日得一两，或空无所获。"此恐妄记也。

　　凡金质至重。每铜方寸重一两者，银照依其则寸增重三钱；银方寸重一两者，金照依其则寸增重二钱。凡金性又柔可屈折如枝柳。其高下色，分七青、八黄、九紫、十赤。登试金石上（此石广信郡河中甚多，大者如斗，小者如拳，入鹅汤中一煮，光黑如漆），立见分明。凡足色金参和伪售者，惟银可入，余物无望焉。欲去银存金，则将其金打成薄片剪碎，每块以土泥裹涂，入坩埚中硼砂熔化，其银即吸入土内，让金流出以成足色。然后入铅少许，另入坩埚内，勾出土内银，亦毫厘具在也。

凡色至于金，为人间华美贵重，故人工成箔而后施之。凡金箔，每金七厘，造方寸金一千片，粘铺物面，可盖纵横三尺。凡造金箔，既成薄片后，包入乌金纸内，竭力挥椎打成（打金椎，短柄，约重八斤）。凡乌金纸由苏杭造成。其纸用东海巨竹膜为质。用豆油点灯，闭塞周围，只留针孔通气，熏染烟光而成此纸。每纸一张打金箔五十度，然后弃去，为药铺包朱⑤用，尚未破损，盖人巧造成异物也。凡纸内打成箔后，先用硝熟猫皮绷急为小方板，又铺线香灰撒墁皮上，取出乌金纸内箔覆于其上，钝刀界画成方寸。口中屏息，手执轻杖，唾湿而挑起，夹于小纸之中。以之华物，先以熟漆布地，然后粘贴（贴字者多用楮树浆）。秦中造皮金者，硝扩羊皮使最薄，贴金其上，以便剪裁服饰用。皆煌煌至色存焉。凡金箔粘物，他日敝弃之时，刮削火化，其金仍藏灰内。滴清油数点，伴落聚底，淘洗入炉，毫厘无恙。

凡假藉金色者，杭扇以银箔为质，红花子油刷盖，向火熏成。广南货物，以蝉蜕壳调水描画，向火一微炙而就。非真金色也。其金成器物，呈分浅淡者，以黄矾涂染，炭火炸炙，即成赤宝色。然风尘逐渐淡去，见火又即还原耳（黄矾详《燔石》卷）。

译 文

黄金是五金中最贵重的，一旦熔化成形，永远不会发生变化。虽然白银入烘炉熔化不会有损耗，但当温度够高时，用风箱鼓风引起金花闪烁，出现一次就没有了，再鼓风也不再出现金花。只有黄金，用力鼓风时，鼓一次，金花就闪烁一次，火越猛，金花出现越多，这是黄金之所以珍贵的原因。中国的产金地区有一百多处，难以列举。山石中所出产的，大的叫马蹄金，中的叫橄榄金或带胯金，小的叫瓜子金。在水沙中所出产的，大的叫狗头金，小的叫麦麸金、糠金。在平地挖井得到的叫面沙金，大的叫豆粒金。这些都要先经淘洗，然后进行冶炼，最后才可以成为整颗整块的金子。

黄金多数出产自我国西南部，采金的人开凿矿井十多丈深，一看到伴金石，就可以找到金了。这种石呈褐色，一头好像被火烧黑了似的。蕴藏在河里的沙金大多产于云南的金沙江（古名丽水），这条江发源于青藏高原，绕过丽江府，流至北胜州，迂回达五百多里，其中产金的有好几段。此外还有四川省北部的潼川等州和湖南省的沅陵、溆浦等地都可在江沙中淘得沙金。在千百次淘取中，偶尔才会获得一块狗头金，叫作金母，其余的都不过是麦麸形状的金屑。在冶炼时，最初金呈现浅黄色，再炼就转化成为赤色。海南岛的儋、崖两地都有砂金矿，金夹杂在沙土中，不必深挖就可以获得。但淘取太频繁，便不会再出产，一年到头都这样挖取、熔炼，即使有也是很有限的了。在广东、广西少数民族地区的洞穴中，刚挖出来的金好像黑色的氧化铁屑，这种金要挖几丈深，在黑焦石下面才能找到。初得时拿来咬一下，是柔软的，采金的人有的偷偷把它吞进肚子里去也不会对人有所伤害。河南省的汝南县和巩县一带，以及江西的乐平、新建等地都是在平地开挖很深的矿井，取得细矿砂淘炼而得到金的，可是由于消耗劳动力太大，扣除人工费用外，所得也就很少了。在我国，大概要隔千里才可以找到一处金矿。《岭表录》中说："有人从鹅、鸭屎中淘取金屑，多的每日可得一两，少的则毫无所获。"这个记载恐怕是虚妄不可信的。

金是最重的东西，假定铜每立方寸重一两，则银每立方寸要增加三钱重量；再假定银每立方寸重一两，则金每立方寸增加重量二钱。黄金的另一种性质就是柔软，能像柳枝那样屈折。至于它的成分高低，大抵青色的含金七成，黄色的含金八成，紫色的含金九成，赤色的则是纯金了。把这些金在试金石上划出条痕（这种石头在江西省信江流域河里有很多，大的有斗那样大，小的就像个拳头，把它放进鹅汤里煮一下，就显得像漆那样又光又黑了），用比色法就能够分辨出它的成色。如果纯金要掺和别的金属来作伪出售，只有银可以掺入，其他金属都不行。如果想除银存金，就要将这些杂金打成薄片并剪碎，每块用泥土涂上或包住，然后放入坩埚里加入硼砂熔化，这样银便被泥土所吸收，让金水流出来，成为纯金。另外放一点铅入坩埚里，又可以把泥土中的银吸附出来，而丝毫不会有所损耗。

黄金以其华美的颜色为人所贵重，人们将黄金加工打造成金箔用于装饰。每七厘黄金捶成一平方寸的金箔一千片，把它们粘铺在器物表面，可以盖满三尺见方的面积。金箔的制法是：把金捶成薄片，再包在乌金纸里，用力挥动铁锤打成（打金箔的锤大约有八斤重，且柄很短）。乌金纸由苏州或杭州制造，用东海大竹膜做原料。纸做成后，点起豆油灯，封闭着周围，只留下一个针眼大的小孔通气，经过灯烟的熏染制成乌金纸。每张乌金纸供捶打金箔五十次后就不要了，如果还未破损的话，可以给药铺做包朱砂之用，这是凭精妙工艺制造出来的奇妙东西。夹在乌金纸里的金片被打成箔后，先把硝制过的猫皮绷紧成小方板，再将香灰撒满皮面，拿出乌金纸里的金箔放上去，用钝刀画成一平方寸的方块。然后屏住呼吸，拿一根轻木条用唾液蘸湿一下，粘起金箔，夹在小纸片里。用金箔装饰物件时，先用熟漆在物件表面上涂刷一遍，然后将金箔粘贴上去（贴字时多用楮树浆）。陕西省中部制造的皮金，是用硝制过的羊皮拉至极薄，然后把金箔贴在皮上，供剪裁服饰使用。这些器物皮件因此都显出辉煌夺目的美丽颜色。凡用金箔粘贴的物件，如果日后破旧不用，可以刮下来用火烧，金质就留在灰里。接着往灰里加进几滴菜籽油，金质又会积聚沉底，淘洗后再熔炼，可以全部回收而毫无损耗。

杭州的扇子是用银箔做底，涂上一层红花子油，再在火上熏一下做成金色的。广东、广西的货物是用蝉蜕壳磨碎后浸水来描画，再用火稍微烤一下做成金色的，这些都不是真金的颜色。即使由金做成的器物，因成色较低而颜色浅淡的，也可用黄矾涂染，在猛火中烘一烘，立刻就会变成赤宝色。但是日子久了又会逐渐褪色，如果把它拿到火中焙一下，则又可以恢复赤宝色（黄矾详见《燔石》卷）。

银

原文

凡银，中国所出：浙江、福建旧有坑场，国初或采或闭。江西饶、信、瑞三郡，有坑从未开。湖广则出辰州，贵州则出铜仁，河南则宜阳赵保山、永宁秋树坡、卢氏高嘴儿、嵩县马槽山，与四川会川密勒山、甘肃大黄山等，皆称美矿。其他难以枚举。然生气有限，每逢开采，数不足，则括派①以赔偿；法不严，则窃争而酿乱，故禁戒不得不苛。燕、齐诸道，则地气寒而石骨薄，不产金、银。然合八省所生，不敌云南之半，故开矿煎银，唯滇中可永行也。

凡云南银矿，楚雄、永昌、大理为最盛，曲靖、姚安次之，镇沅又次之。凡石山硐中有矿砂，其上现磊然小石，微带褐色者，分丫成径路。采者穴土十丈或二十丈，工程不可日月计。寻见土内银苗，然后得礁砂所在。凡礁砂藏深土，如枝分派别，各人随苗分径横挖而寻之。上楮横板架顶，以防崩压。采工篝灯逐径施镬，得矿方止。凡土内银苗，或

有黄色碎石，或土隙石缝有乱丝形状，此即去矿不远矣。凡成银者曰礁，至碎者曰砂，其面分丫若枝形者曰铆，其外包环石块曰矿。矿石大者如斗，小者如拳，为弃置无用物。其礁砂形如煤炭，底衬石而不甚黑。其高下有数等（商民凿穴得砂，先呈官府验辨，然后定税）。出土以斗量，付与冶工，高者六七两一斗，中者三四两，最下一二两（其礁砂放光甚者，精华泄露，得银偏少）。

凡礁砂入炉，先行拣净淘洗。其炉，土筑巨墩，高五尺许，底铺瓷屑、炭灰，每炉受礁砂二石。用栗木炭二百斤，周遭丛架。靠炉砌砖墙一垛，高阔皆丈余。风箱安置墙背，合两三人力，带拽透管通风。用墙以抵炎热，鼓鞲之人方克安身。炭尽之时，以长铁叉添入。风火力到，礁砂熔化成团。此时，银隐铅中，尚未出脱，计礁砂二石熔出团约重百斤。冷定取出，另入分金炉（一名虾蟆炉）内，用松木炭匝围，透一门以辨火色。其炉或施风箱，或使交箑②。火热功到，铅沉下为底子（其底已成陀僧③样，别入炉炼，又成扁担铅）。频以柳枝从门隙入内燃照，铅气净尽，则世宝④凝然成象矣。此初出银，亦名生银。倾定无丝纹，即再经一火，当中止现一点圆星，滇人名曰"茶经"。逮后入铜少许，重以铅力熔化，然后入槽成丝（丝必倾槽而现，以四围匡住，宝气不横溢走散）。其楚雄所出又异，彼硐砂铅气甚少，向诸郡购铅佐炼。每礁百斤，先坐铅二百斤于炉内，然后煽炼成团。其再入虾蟆炉沉铅结银，则同法也。此世宝所生，更无别出。方书、本草，无端妄想妄注，可厌之甚。

大抵坤元⑤精气，出金之所，三百里无银；出银之所，三百里无金，造物之情，亦大可见。其贱役扫刷泥尘，入水漂淘而煎者，名曰淘厘锱。一日功劳，轻者所获三分，重者倍之。其银俱日用剪、斧口中委余⑥，或鞋底粘带布于衢市，或院宇扫屑弃于河沿。其中必有焉，非浅浮土面能生此物也。

凡银为世用，惟红铜与铅两物可杂入成伪。然当其合琐碎而成钣锭⑦，去疵伪而造精纯。高炉火中，坩埚足炼。撒硝少许，而铜、铅尽滞埚底，名曰银锈。其灰池中敲落者，名曰炉底。将锈与底同入分金炉内，填火土甑之中，其铅先化，就低溢流，而铜与粘带余银，用铁条逼就分拨，并然不紊。人工、天工亦见一斑云。炉式并具于左。

注释

①括派：搜括摊派。②交箑（shà）：团扇。③陀僧：一种矿石，为黄色的氧化铅。④世宝：世上可以作为货币流通的白银。⑤坤元：大地。⑥日用剪、斧口中委余：大概是指剪割银块时掉下的渣滓，平时所用的剪刀斧头是不会掉下银渣来的。⑦钣锭：板状或块状的银锭。

译文

中国产银的情况大体上是这样的：浙江和福建两省原有的银矿坑场，到了明初之时，有的仍然在开采中，但是有的已经关闭了。江西饶州、信州和瑞州三个州县有些银坑还从来没有开采过。湖南省的辰州，贵州省的铜仁，河南省的宜阳县赵保山、永宁县秋树坡、卢氏县高嘴儿、嵩县马槽山，四川省的会川密勒山，以及甘肃省的大黄山等处都有优良的产银矿场，其余的地方就难以一一列举了。然而，一般而言，这些银矿都没有多少产量。因此每次开采时，如果采银的数量达不到原定的最低限额，那么参加开采银矿的人就得摊派钱财用来赔偿。如果法制不严，就很容易出现偷窃争夺而造成祸乱的事件，所以禁戒律令又不得不十分严苛。河北和山东一带由于天气寒冷，石层又薄，因而不出产金银。以上八省合起来的产银总量还比不上云南省的一半呢，所以开矿炼银只有在云南一省可以常办不衰。

云南的银矿以楚雄、永昌和大理三个地方储量最为丰富，曲靖、姚安位居其次，镇沅又居其次。凡是石山洞里蕴藏有银矿的，在山上面就会出现一堆堆带有微褐色的小石头，分成若干个支脉。采矿的人要挖土一二十丈深才能找到矿脉，这种巨大的工程强度不是几天或者几个月所能完成的。找到了银矿苗以后，才能知道银矿的具体所在。银矿埋藏得很深，而且像树枝那样有主干、枝干。采矿的工人跟踪着银矿苗分成几路横挖找矿，一边挖，一边还要搭架横板用以支撑坑顶，以防塌方。采矿的工人提着灯笼分头挖掘，一直到取得矿砂为止。在土里的银矿苗，有的掺杂着一些黄色碎石，有的在泥隙石缝中出现有乱丝的形状，这都表明银矿就在附近了。在银矿石中，含银较多的成块矿石叫作礁，细碎的叫作砂，其表面分布成树枝状的叫作铆，外面包裹着的石块叫作围岩。围岩大的像斗，小的像拳头，都是可以抛弃的废物。礁砂形状像煤炭，由于底下垫着石头，因而显得不那么黑。礁砂的品质分为几个等级（矿场主挖到矿砂后，先要呈交官府验辨分级，然后再行定税）。刚出土的矿砂用斗量过之后，交给冶工去炼。矿砂品质高的每斗可以炼出纯银六七两，中等的矿砂可以炼出纯银三四两，最差的可以炼出的纯银只有一二两（那些特别光亮的礁砂反倒由于里面的精华已经被泄漏得太多，最终得到的纯银反而偏少）。

在入炉之前，礁砂先要进行手选、淘洗。炼银的炉子是用土筑成的，土墩高五尺左右，炉子底下铺上瓷片和炭灰之类的东西，每个炉子可容纳含银矿石二石。用栗木炭二百斤，在矿石周围叠架起来。靠近炉旁还要砌一道砖墙，高和宽各一丈多。风箱安装在墙背，由两三个人拉动鼓风。靠这一道砖墙来隔热，拉风箱的人才能有立身之地。等到炉里的炭烧完时，就用长铁叉陆续添加。如果火力够了，炉里的矿石就会熔化成团，这时的银还混在铅里而没有被分离出来。两石银矿石熔成团后约有一百斤。冷却后将其取出，放入另一个名叫分金炉或者虾蟆炉的炉子里，用松木炭围住熔团，透过一个小门辨别火色。可

以用风箱鼓风，也可以用扇子来回扇。当达到一定的温度时，熔团会重新熔化，铅就沉到炉底了（炉底的铅已成为氧化铅，再放进别的炉子里熔炼，可以得到扁担铅）。要不断用柳树枝从门缝中插进去燃烧，如果铅全部被氧化成氧化铅，就可以提炼出纯银来了。刚炼出来的银叫作生银。如果倒出来凝固以后的银表面没有丝纹，就要再熔炼一次，直到凝固的银锭中心出现一种云南人叫"茶经"的一点圆星。接着加入一点铜，再重新用铅来协助熔化，然后倒入槽里就会现出丝纹了（之所以倒进槽里才能出现丝纹，是因为四周被围住，银气不会四处走散）。云南楚雄的银矿有些不一样，那里的矿砂含铅太少，还要向其他地方采购铅来辅助炼银。每炼银矿石一百斤，就需要先在炉子里垫二百斤铅，然后鼓风将矿砂冶炼成团。至于再转到虾蟆炉里使铅沉下分离出银的方法则是相同的。银的开采和熔炼用的就是这种方法，并没有其他方法。讲炼丹的方书和谈医药的《本草纲目》中常常没有根据地乱想乱注，真是十分令人讨厌。

　　一般来说，金和银都是大地里面隐藏着的宝气的精华，产金的地方三百里之内没有银矿，产银的地方三百里之内也没有金矿。大自然的安排设计从这里也能看出个大概。有的干粗活的人把扫刷到的泥尘放进水里进行淘洗，然后再加以熬炼，这就叫作淘厘锱。操劳一天，少的只能得到三分银子，多的也只有六分银子。这些银屑都是平常从剪刀或者斧子口上掉下来的，或者是由鞋底带到街道地面，或者是从院子房舍扫出来被抛弃在河边的。泥尘中必然会夹杂着一些银屑，但这并不是浅的浮土上所能出产的。

　　世间使用的银只有红铜和铅两种金属可以掺混进去用来作假，但是在把碎银铸成银锭的时候，就可以除去杂质加以提纯。方法是将杂银放在坩埚里，送进高炉里用猛火熔炼，撒上一些硝石，其中的铜和铅便全部结在埚底了，这就叫作银锈。那些敲落在灰池里的叫作炉底。将银锈和炉底一起放进分金炉里，用土甑子装满木炭起火熔炼，铅就会首先熔化，流向低处，剩下的铜和银可以用铁条分拨，这样两者就截然分开了。人工与天工的关系由此可见一斑。炉的式样附图于左边。

附：朱砂银

　　凡虚伪方士以炉火惑人者，唯朱砂银愚人[①]易惑。其法以投铅、朱砂与白银等分，入罐封固，温养三七日后，砂盗银气[②]，煎成至宝。拣出其银，形有神丧，块然枯物[③]。入铅煎时，逐火轻折，再经数火，毫忽无存。折去[④]砂价、炭资，愚者贪惑犹不解。并志于此。

注 释

①愚人：愚弄人。②盗银气：吸收银的成分。③"拣出其银"句：把银子从混合物中拣出，剩下的只有银之形而无银之实，只是一堆渣滓。④折去：损失掉。

译 文

那些虚伪的方士用炉火骗人的方法中，用朱砂银愚弄人是比较容易的。在罐子里放入铅、朱砂、白银等物，然后封存起来，用火低温养二十一天后，朱砂便含有银的成分，成为很好的宝物。把银子从中挑出来，剩下的已经没有银的样子，光有渣滓了。放铅炼时，随着火力的加大，铅有所损耗，再炼几次，就一点儿都不剩了。损失了朱砂、炭的钱，笨人还抱着贪恋不放，我把这也记录下来。

铜

原 文

凡铜供世用，出山与出炉止有赤铜。以炉甘石或倭铅掺和，转色为黄铜；以砒霜等药制炼为白铜；矾、硝等药制炼为青铜；广锡掺和为响铜；倭铅和写为铸铜。初质则一味红铜而已。

凡铜坑所在有之。《山海经》言：出铜之山四百三十七。或有所考据也。今中国供用者，西自四川、贵州为最盛，东南间自海舶来①，湖广武昌、江西广信皆饶铜穴。其衡、瑞等郡，出最下品，曰蒙山铜者，或入冶铸混入，不堪升炼成坚质也。

凡出铜山夹土带石，穴凿数丈得之，仍有矿包其外。矿状如礓石而有铜星，亦名铜璞，煎炼仍有铜流出，不似银矿之为弃物。凡铜砂在矿内，形状不一，或大或小，或光或暗，或如鍮石②，或如礓铁。淘洗去土滓，然后入炉煎炼，其熏蒸旁溢者，为自然铜，亦曰石髓铅。

凡铜质有数种：有全体皆铜，不夹铅、银者，洪炉单炼而成。有与铅同体者，其煎炼炉法，旁通高低二孔，铅质先化从上孔流出，铜质后化从下孔流出。东夷铜又有托体银矿内者，入炉煎炼时，银结于面，铜沉于下。商舶漂入中国，名曰日本铜，其形为方长板条。漳郡人得之，有以炉再炼，取出零银，然后写成薄饼，如川铜一样货卖者。

凡红铜升黄色为锤锻用者，用自风煤炭（此煤碎如粉，泥糊作饼，不用鼓风，通红则自昼达夜。江西则产袁郡及新喻邑）百斤，灼于炉内，以泥瓦罐载铜十斤，继入炉甘石六斤坐于炉内，自然熔化。后人因炉甘石烟洪飞损，改用倭铅。每红铜六斤，入倭铅四

斤，先后入罐熔化。冷定取出，即成黄铜，惟人打造。

凡用铜造响器，用出山广锡无铅气者入内。钲（今名锣）、镯（今名铜鼓）之类，皆红铜八斤，入广锡二斤；铙、钹、铜与锡更加精炼。凡铸器，低者红铜、倭铅均平分两，甚至铅六铜四；高者名三火黄铜、四火熟铜，则铜七而铅三也。

凡造低伪银者，唯本色红铜可入。一受倭铅、砒、矾等气，则永不和合。然铜入银内，使白质顿成红色，洪炉再鼓，则清浊浮沉立分，至于净尽云。

注 释

①舶来：用船运来。②鍮（tōu）石：天然黄铜。

译 文

在世间用的铜中，开采后经过熔炼得来的只有红铜一种。但是如果加入炉甘石或锌共同熔炼，就会转变成黄铜；如果加入砒霜等药物，可以炼成白铜；加入明矾和硝石等药物可炼成青铜；加入锡的得响铜；加入锌的得铸铜。然而最基本的质地不过是红铜一种而已。

铜矿到处都有，《山海经》一书中提到全国产铜的地方共有四百三十七处，或许这是有根据的。今天中国供人使用的铜要数西部的四川、贵州两省出产为最多，东南多是从国外由海上运来的，湖北省的武昌以及江西省的广信都有丰富铜矿。从湖南衡州、瑞州等地出产的蒙山铜品质低劣，仅可以在铸造时掺入，不能熔炼成坚实的铜块。

产铜的山总是夹土带石的，要挖几丈深才能得到，取得的矿石仍然有围岩包在外层。围岩的形状好像礓石一样，表面呈现一些铜的斑点，这又叫作铜璞。把它拿到炉里去冶炼，仍然会有一些铜流出来，不像银矿石那样完全是废物。铜砂在矿里的形状不一样，有的大，有的小，有的光，有的暗，有的像黄铜矿石，有的则像礓铁。把铜砂夹杂着的土滓洗去，然后入炉熔炼，经过熔化后从炉里流出来的就是自然铜，也叫石髓铅。

铜矿石有几个品种，其中有全部是铜而不夹杂铅和银的，只要入炉一炼就成。有的却和铅混杂在一起，这种铜矿的冶炼方法是：在炉旁留高低两个孔，先熔化的铅从上孔流出，后熔化的铜则从下孔流出。日本等处的铜矿也有与银矿在一块儿的，当放进炉里去熔炼时，银会浮在上层，而铜沉在下面。由商船运进中国的铜，叫作日本铜，它是铸成长方形的板条状的。福建漳州人得到后，有把这种铜入炉再炼，取出其中零星的银，然后铸成薄饼模样，然后像四川的铜那样出售。

由红铜炼成可以锤锻的黄铜要用一百斤自风煤（这种煤细碎如粉，和泥做成来烧不需要鼓风，从早到晚炉火通红。产于江西省宜春、新余等地）放入炉里烧，在一个泥瓦罐里装铜十斤、炉甘石六斤，然后放入炉内，让它自然熔化。后来人们因为炉甘石挥发得太厉害，损耗很大，所以就改用锌。每次红铜六斤，配锌四斤，先后放入罐里熔化，冷却后取出即是黄铜，供人们打造各种器物。

制造乐器用的响铜要把不含铅的两广产的锡放进罐里与铜同熔。制造锣、鼓一类乐器一般用红铜八斤，掺入广锡二斤；锤制铙、钹所用铜、锡还须进一步精炼。一般质量差的铜器含红铜和锌各一半，甚至锌占六成而铜占四成；好的铜器则要用经过三次或四次熔炼的所谓三火黄铜或四火熟铜来制成，其中含铜七成、铅三成。

那些制造假银的只有纯铜可以混入。如果掺杂有锌、砒、矾等物质，那么永远都不能互相结合。然而铜混进银里，使白色立刻变成红色，再入炉鼓风熔炼，等它全部熔化后，此时哪个清、哪个浊、哪个浮、哪个沉就能辨识得清清楚楚，银和铜便分离得干干净净了。

附：倭铅

原 文

凡倭铅，古书本无之，乃近世所立名色。其质用炉甘石熬炼而成。繁产山西太行山一带，而荆、衡为次之。每炉甘石十斤，装载入一泥罐内，封裹泥固，以渐砑①干，勿使见火坼裂。然后逐层用煤炭饼垫盛，其底铺薪，发火煅红，罐中炉甘石熔化成团，冷定毁罐取出。每十耗去其二，即倭铅也。此物无铜收伏，入火即成烟飞去。以其似铅而性猛，故名之曰"倭"②云。

注 释

①砑：碾压。②故名之曰倭：此言倭铅之"倭"乃猛烈的意思，非日本之倭也。

译 文

倭铅（锌）在古书里本来没有什么记载，只是到了近代才有了这个名字。它是由炉甘石熬炼而成的，大量出产于山西省的太行山一带，其次是湖北省荆州和湖南省衡州。熔炼的方法是：每次将十斤炉甘石装进一个泥罐里，在泥罐外面涂上泥封固，再将表面碾光滑，让它渐渐风干。千万不要用火烤，以防泥罐开裂。然后用煤饼一层层地把装炉甘石的罐垫起来，在下面铺柴引火烧红，最终，泥罐里的炉甘石就能熔成一团了。等到泥罐冷却以后，将罐子打烂后取出来的就是倭铅（锌），每十斤炉甘石会损耗两斤。但是，如果这

种倭铅不和铜结合，那么一见火就会挥发成烟。由于它很像铅而又比铅的性质更猛烈，因此把它叫作倭铅。

铁

原文

凡铁场①，所在有之，其质浅浮土面，不生深穴。繁生平阳、岗埠②，不生峻岭高山。质有土锭、碎砂数种。凡土锭铁，土面浮出黑块，形似秤锤，遥望宛然如铁，拈之则碎土。若起冶煎炼，浮者拾之，又乘雨湿之后牛耕起土，拾其数寸土内者。耕垦之后，其块逐日生长，愈用不穷。西北甘肃、东南泉郡③，皆锭铁之薮也。燕京、遵化与山西平阳，则皆砂铁之薮也。凡砂铁一抛土膜即现其形，取来淘洗，入炉煎炼，熔化之后，与锭铁无二也。

凡铁分生、熟：出炉未炒则生，既炒则熟。生熟相和，炼成则钢。凡铁炉，用盐做造，和泥砌成。其炉多傍山穴为之，或用巨木匡围，塑造盐泥，穷月之力，不容造次④。盐泥有罅，尽弃全功。凡铁一炉载土二千余斤，或用硬木柴，或用煤炭，或用木炭，南北各从利便。扇炉风箱必用四人、六人带拽。土化成铁之后，从炉腰孔流出。炉孔先用泥塞。每旦昼六时，一时出铁一陀。既出即又泥塞，鼓风再熔。

凡造生铁为冶铸用者，就此流成长条、圆块，范内取用。若造熟铁，则生铁流出时相连数尺内，低下数寸筑一方塘，短墙抵之。其铁流入塘内，数人执持柳木棍排立墙上，先以污潮泥晒干，舂筛细罗如面，一人疾手撒搅⑤，众人柳棍疾搅，即时炒成熟铁。其柳棍每炒一次烧折二三寸，再用则又更之。炒过稍冷之时，或有就塘内斩划成方块者，或有提出挥椎打圆后货者。若浏阳诸冶，不知出此也。

凡钢铁炼法，用熟铁打成薄片，如指头阔，长寸半许，以铁片束包尖紧，生铁安置其上（广南生铁名堕子生钢者妙甚），又用破草履盖其上（粘带泥土者，故不速化），泥涂其底下。洪炉鼓鞲，火力到时，生钢先化，渗淋熟铁之中，两情投合。取出加锤，再炼再锤，不一而足。俗名团钢，亦曰灌钢者是也。

其倭夷刀剑，有百炼精纯、置日光檐下则满室辉曜者，不用生熟相和炼，又名此钢为下乘云。夷人又有以地溲淬刀剑者（地溲乃石脑油之类，不产中国），云钢可切玉，亦未之见也。凡铁内有硬处不可打者名铁核，以香油涂之即散。凡产铁之阴，其阳出慈石⑥，第有数处，不尽然也。

注释

①铁场：采铁矿之场。②平阳、岗埠：平原与丘陵。③泉郡：泉州府，今福建泉

186

州。④造次：马虎凑合。⑤撒搅：摊撒。⑥慈石：磁石。

全国各地都有铁矿，而且都是浅藏在地面而不是深埋在洞穴里。其中出产得最多的是在平原和丘陵地带，而不在高山峻岭上。铁矿石有土块状的土锭铁和碎砂状的砂铁等好几种。铁矿石呈黑色，露出在泥土上面，形状好像秤锤，从远处看上去就像一块铁，而用手一捏却成了碎土。如果要进行冶炼，就可以把浮在土面上的这些铁矿石拾起来，还可以在下雨地湿时，用牛犁耕浅土，把那些埋在泥土里几寸深的铁矿石都捡起来。犁耕过之后，铁矿石还会逐渐生长，用也用不完。我国西北的甘肃和东南的福建泉州都盛产这种土锭铁，而北京、遵化和山西临汾都是盛产砂铁的主要地区。至于砂铁，一挖开表土层就可以找到，把它取出来后进行淘洗，再入炉冶炼。这样熔炼出来的铁跟来自土锭铁的完全是一种品质。

铁分为生铁和熟铁两种，其中，已经出炉但是还没有炒过的是生铁，炒过以后便成了熟铁。把生铁和熟铁混合熔炼就变成了钢。炼铁炉是用掺盐的泥土砌成的，这种炉大多是依傍着山洞而砌成的，也有些是用大根木头围成框框的。用盐泥塑造出这样一个炉子，非得要花个把月时间不可，不能轻率贪快。盐泥一旦出现裂缝，那就会前功尽弃了。一座炼铁炉可以装铁矿石两千多斤，燃料有的用硬木柴，有的用煤或者用木炭，南方北方可根据方便就地取料。鼓风的风箱要由四个人或者六个人一起推拉。铁矿石化成了铁水之后，就会从炼铁炉的腰孔中流出来，这个孔要事先用泥塞住。白天十二小时当中，每两小时就能炼出一炉子铁来。出铁之后，立即又拨泥把孔塞住，然后鼓风熔炼。

如果是造供铸造用的生铁，就让铁水注入条形或者圆形的铸模里。如果是造熟铁，便在离炉子几尺远而又低几寸的地方筑一口方塘，四周砌上矮墙。让铁水流入塘内，几个人拿着柳木棍，站在矮墙上。事先将污潮泥晒干，舂成粉，再筛成像面粉一样的细末。一个人迅速把泥粉均匀地撒播在铁水上面，另外几个人就用柳棍猛烈搅拌，这样很快就炒成熟铁了。柳木棍每炒一次便会燃掉二三寸，再炒时就得更换一根新的。炒过以后，稍微冷却时，有的人就在塘里划成方块，有的人则拿出来锤打成圆块，然后出售。但是湖南浏阳那些冶铁场却并不懂得这种技术。

炼钢的方法是：先将熟铁打成约有寸半长、像指头一般宽的薄片，然后把薄片包扎尖紧，将生铁放在扎紧的熟铁片上面（广东南部有一种叫作堕子生钢的生铁最适宜）。再盖上破草鞋（要沾有泥土的，才不会被立即烧毁），在熟铁片底下还要涂上泥浆。投进洪炉进行鼓风熔炼，当达到一定的温度时，生铁会先熔化而渗到熟铁里，两者相互融合。取出来后进行敲打，再熔炼，再敲打，如此反复进行多次。这样锤炼出来的钢，俗名叫作团

钢，也叫作灌钢。

日本出的一种刀剑用的是经过百炼的精纯的好钢，白天放在日光下，那么整个屋子都非常明亮。这种钢不是用生铁和熟铁炼成的，有人把它称为次品。日本人又有用地溲（即石脑油之类的东西，我国中原地区不出产）来淬刀剑的，据说这种钢刀可以切玉，但也未曾见过。打铁时，铁里偶尔会出现一种非常坚硬的、打不散的硬块，这东西叫作铁核。如果涂上香油再次敲打，铁核就会消散了。凡是在山的北坡有铁矿的，山的南坡就会有磁石，好几个地方都有这种现象，但并不是全都如此。

锡

原文

凡锡，中国偏出西南郡邑，东北寡生。古书名锡为"贺"者，以临贺郡①产锡最盛而得名也。今衣被天下②者，独广西南丹、河池二州，居其十八，衡、永③则次之。大理、楚雄即产锡甚盛，道远难致也。

凡锡有山锡、水锡两种。山锡中又有锡瓜、锡砂两种。锡瓜块大如小瓠，锡砂如豆粒，皆穴土不甚深而得之。间或土中生脉充牣，致山土自颓，恣人拾取者。水锡，衡、永出溪中，广西则出南丹州河内。其质黑色，粉碎如重罗面。南丹河出者，居民旬前从南淘至北，旬后又从北淘至南。愈经淘取，其砂日长，百年不竭。但一日功劳，淘取煎炼，不过一斤。会计炉炭资本，所获不多也。南丹山锡出山之阴，其方无水淘洗，则接连百竹为枧，从山阳枧水淘洗土滓，然后入炉。

凡炼煎亦用洪炉。入砂数百斤，丛架木炭亦数百斤，鼓鞲熔化。火力已到，砂不即熔，用铅少许勾引，方始沛然流注。或有用人家炒锡剩灰勾引者。其炉底炭末、瓷灰铺作平池，旁安铁管小槽道，熔时流出炉外低池。其质初出洁白，然过刚，承锤即坼裂。入铅制柔，方充造器用。售者杂铅太多，欲取净则熔化，入醋淬八九度，铅尽化灰而去。出锡唯此道。方书云马齿苋取草锡者，妄言也。谓砒为锡苗者，亦妄言也。

注释

①临贺郡：今广西贺县。②衣被天下：广布于天下。③衡、永：今湖南衡阳、永州。

译文

中国的产锡地主要分布在西南地区，而以东北地区尤其少。古书中之所以称锡为

"贺"，是因为广西贺县一带产锡最多而得名。今天供应全国的大量的锡中，仅广西的南丹、河池二州就占了八成，湖南的衡州、永州次之。虽然云南的大理、楚雄产锡很多，但路途遥远，难以供应内地。

锡矿分为山锡和水锡两种。山锡又分为锡瓜和锡砂两种。锡瓜的块度好像个小葫芦瓜，锡砂则像豆粒，二者都可以在不很深的地层里找到。偶尔还会有这样的情况，原生矿床所含的矿脉露出地表后受到风化和崩解，而形成呈条带状分布的次生矿，可任凭人们拾取。至于水锡，在湖南衡州和永州两地产于小溪里，广西则产于南丹河里。这种水锡是黑色的，细碎得好像是筛过了的面粉。南丹河出产水锡，居民十天前从南淘到北，十天后再从北淘到南，这些矿砂不断生长出来，千百年都取之不尽。但是，一天的淘取和熔炼也就不过一斤左右，计算所耗费的炉炭成本，获利实在是不多。南丹的山锡产于山的北坡，由于那里缺水淘洗，因此就用许多根竹管接起来当导水槽，从山的南坡引水过来洗矿，把泥沙除掉，然后入炉。

熔炼时也要用洪炉，每炉入锡砂数百斤，添加的木炭也要数百斤，一起鼓风熔炼。当火力足够时，锡砂还不一定能马上熔化，这时要掺少量的铅去勾引，锡才会大量熔流出来。也有采用别人的炼锡炉渣去勾引的。洪炉炉底用炭末和瓷灰铺成平池，炉旁安装一条铁管小槽，炼出的锡水引流入炉外低池内。锡出炉时洁白，可是太过硬脆，一经敲打就会碎裂，这时要加铅使锡质变软，才能用来制造各种器具。市面上卖的锡掺铅太多，如果需要提纯，就应该在把它熔化后与醋酸反复接触八九次，这样其中所含的铅便会形成渣灰而被除去。生产纯锡只有这么一种方法。有的医药书说什么可以从马齿苋中提取草锡，这是胡说。所谓发现了砒就一定有锡矿的苗头的说法也是信口胡言。

铅

原 文

凡产铅山穴，繁于铜、锡。其质有三种：一出银矿中，包孕白银，初炼和银成团，再炼脱银沉底，曰银矿铅，此铅云南为盛。一出铜矿中，入洪炉炼化，铅先出，铜后随，曰铜山铅，此铅贵州为盛。一出单生铅穴，取者穴山石，挟油灯寻脉，曲折如采银铆，取出淘洗煎炼，名曰草节铅，此铅蜀中嘉、利等州为盛。其余雅州出钓脚铅，形如皂荚子，又如蝌蚪子，生山涧沙中；广信郡上饶、饶郡乐平出杂铜铅；剑州[①]出阴平铅，难以枚举。

凡银铆中铅，炼铅成底，炼底复成铅。草节铅单入洪炉煎炼，炉旁通管，注入长条土槽内，俗名扁担铅，亦曰出山铅，所以别于凡银炉内频经煎炼者。凡铅物值虽贱，变化殊奇：白粉、黄丹，皆其显象。操银、底于[②]精纯，勾锡成其柔软，皆铅力也。

注　释

①剑州：今四川剑阁。②于：达到。

译　文

　　产铅的矿山比产铜矿和锡矿的矿山都要多。铅矿的质地有三种，第一种产自银矿中，这种铅包裹着白银，初炼时和银熔成一团，再炼时脱离银而沉底，名为银矿铅，以我国云南出产为最多。第二种夹杂在铜矿里，入洪炉冶炼时，铅比铜先熔化而流出，名为铜山铅，以我国贵州出产为最多。第三种产自山洞中找到的纯铅矿，开采的人凿开山石，点着油灯在山洞里寻找铅脉，好像采银矿时的那种曲折情况。采出来铅后再加淘洗、熔炼，名为草节铅，以四川的嘉州（乐山）和利州（广元）出产为最多。除此之外，还有四川的雅州出产有钓脚铅，形状像个皂荚子，又好像蝌蚪，出自山洞的沙里。江西广信郡的上饶和饶郡的乐平等地还出产有杂铜铅，剑州还出产有阴平铅，在这里难以一一列举。

　　银矿铅的熔炼方法是：先从银铅矿石中提取银，剩下的作为“炉底”，再把“炉底”炼成铅。草节铅则单独放入洪炉里冶炼，洪炉旁通一条管子以便浇注入长条形的土槽里，这样铸成的铅，俗名叫作扁担铅，也叫作出山铅，用以区别从银炉里多次熔炼出来的那种铅。虽然铅的价值低贱，可是变化却特别奇妙，白粉和黄丹便是一种明显的体现。此外，促使白银矿的“炉底”提炼精纯、使锡变得很柔软都是铅起的作用。

附：胡粉

原　文

　　凡造胡粉，每铅百斤，熔化，削成薄片，卷作筒，安木甑内。甑下、甑中各安醋一瓶，外以盐泥固济①，纸糊甑缝。安火四两，养之七日，期足启开，铅片皆生霜粉，扫入水缸内。未生霜者，入甑依旧再养七日，再扫，以质尽为度。其不尽者留作黄丹料。

　　每扫下霜一斤，入豆粉二两、蛤粉四两，缸内搅匀，澄去清水，用细灰按成沟，纸隔数层，置粉于上。将干，截成瓦定形②，或如磊块，待干收货。此物古因辰、韶诸郡专造，故曰韶粉（俗误朝粉）。今则各省直饶为之矣。其质入丹青，则白不减；擦妇人颊，能使本色转青。胡粉投入炭炉中，仍还熔化为铅，所谓色尽归皂者。

①固济：封牢固。②截成瓦定形：截成瓦状以定形。

译 文

　　制作胡粉的方法是：先把一百斤铅熔化之后再削成薄片，卷成筒状，安置在木甑子里面。甑子下面及甑子中间各放置一瓶醋，外面用盐泥封固，并用纸糊严甑子缝。用大约四两木炭的火力持续加热，七天之后，再把木盖打开，就能够见到铅片上面覆盖着的一层霜粉，将粉扫进水缸里。那些还未产生霜的铅再放进甑子里，按照原来的方法再次加热七天后，再次收扫，直到铅用尽为止，剩下的残渣可作为制黄丹的原料。

　　每扫下霜粉一斤，加进豆粉二两、蛤粉四两，在缸里把它们调和搅匀，澄清之后再把水倒去。用细灰做成一条沟，沟上平铺几层纸，将湿粉放在上面。湿粉快干的时候，把其截成瓦形或者是方块状，等到完全风干之后才收藏起来。由于古代只有湖南的辰州和广东的韶州制造这种粉，因此也把它叫作韶粉（民间误叫它朝粉），到今天，全国各省都已经有制造了。如果这种粉用作颜料，能够长期保持白色；如果妇女经常用它来粉饰脸颊，涂多了就会使脸色变青。将胡粉投入炭炉里面烧，仍然会还原为铅，这就是所谓一切的颜色终归还会变回黑色。

附：黄丹

原 文

　　凡炒铅丹，用铅一斤、土硫黄十两、硝石一两，熔铅成汁，下醋点之。滚沸时，下硫一块，少顷，入硝少许。沸定，再点醋。依前渐下硝、黄。待为末，则成丹矣。其胡粉残剩者，用硝石、矾石炒成丹，不复用醋也。欲丹还铅，用葱白汁拌黄丹慢炒①，金汁出时，倾出即还铅矣。

①慢炒：慢火熬炒。

译文

　　制炼铅丹的方法是用铅一斤、土硫黄十两、硝石一两配合。铅熔化变成液体后，加进一点醋。沸腾时再投入一块硫黄，过一会儿再加进一点硝石，沸腾停止后再按程序加醋，接着再加硫黄和硝石，就这样下去，直到炉里的东西都成为粉末，就炼成黄丹了。如要将制胡粉时剩余的铅炼成黄丹，那就只用硝石、矾石加进去炒，而不必加醋了。如想把黄丹还原成铅，则要用葱白汁拌入黄丹，慢火熬炒，等到有黄汁流出时，倒出来就可得到铅了。

精彩点拨

　　本篇讲到了各种常见的金属，包括金、银、铜、铁、锡、铅等的采取和冶炼。除了贵重金属金和银，其他各种金属都各有用途，如铜、铁可用来铸造金属器具，还可以与其他金属熔合成合金。铸造金属器具另有专篇说明，本篇主要以金属原料的采取与炼制为主。

阅读积累

金

　　金是一种金属元素，元素符号是 Au，原子序数是 79。

　　金的单质（游离态形式）通称黄金，是一种贵金属，很多世纪以来，其一直被用作货币、保值物及珠宝。在自然界中，金以单质的形式出现于岩石中的金块或金粒、地下矿脉及冲积层中。金金亦是货币金属之一。金在室温下为固体，密度高、柔软、光亮、抗腐蚀，是延展性最好的金属之一。

　　金是一种过渡金属，被溶解后可以形成三价及一价正离子。金与大部分物质都不会发生化学反应，但可以被氯、氟、王水及氰化物腐蚀。金能被汞溶解，形成金汞齐（这并非化学反应）；能够溶解银的硝酸不能溶解金。以上两个性质成为黄金精炼技术的基础，分别称为加银分金法（inquartation）及金银分离法（parting）。

第十五　佳兵

精彩导读

兵器自古就有，中国古代兵器不但是为了防御，有时更是人身份地位的象征，"国之大事，在祀与戎"，足见兵器在古代国家中的显赫地位。兵器的发展程度往往决定了一个国家强盛与否。

原 文

宋子曰：兵非圣人之得已也①。虞舜在位五十载，而有苗犹弗率②。明王圣帝，谁能去兵哉？"弧矢之利，以威天下③"，其来尚矣。为老氏者④，有葛天之思⑤焉。其词有曰："佳兵者，不祥之器⑥"，盖言慎⑦也。

火药机械之窍，其先凿自西番与南裔⑧，而后乃及于中国。变幻百出，日盛月新。中国至今日，则即戎⑨者以为第一义，岂其然哉？虽然，生人纵有巧思，乌⑩能至此极也？

注 释

①兵非圣人之得已也：用兵器不是圣人所能废止的。②而有苗犹弗率：有苗：虞舜时南方部族。弗率，不肯接受统治。③弧矢之利，以威天下：语出《易·系辞下》。弧矢，即弓箭。④为老氏者：信奉老子的无为而治者。⑤葛天之思：向往葛天氏的时代。葛天氏，古人想象中的远古帝王之号。《吕氏春秋·古乐》："昔葛天氏之乐，三人操牛尾，投足以歌八阕。"⑥佳兵者，不祥之器：见于《老子》。⑦慎：不轻易用兵。⑧其先凿自西番与南裔：西番是指西洋各国，南裔是指南洋各国。按：火药武器最早见于中国的北宋，并不是由西洋或南洋人发明后中国才有的。⑨即戎：从事战争。⑩乌：怎能。

译 文

宋先生说：用兵是圣人不得已才做的事情。舜帝在位长达五十余年，苗部族仍然

没有归附。即使是贤明的帝王，谁能够放弃战争和取消兵器呢？"武器的功用就在于威慑天下"，这句话由来已久了。写作《老子》一书的人怀有葛天氏"无为而治"的理想，书中有句话说："兵器这玩意儿，是不吉祥的东西。"那只是警戒人们用兵要慎重罢了。

制造新式枪炮的技巧是西洋人较早使用，后来经由西域和南方的边远地区传到中国来的，紧接着，它就变化百出，日新月异。时至今日，中国有些带兵的人已把发展兵器放到了第一位，难道这种想法是对的吗？不过话说回来，即便人类有着巧妙的构思，武器的发展又怎能到此为止呢？

弧矢

凡造弓，以竹与牛角为正中干质①（东北夷无竹，以柔木为之），桑枝木为两弰②。弛则竹为内体，角护其外；张则角向内而竹居外。竹一条而角两接③，桑弰则其末刻锲④，以受驱⑤，其本则贯插接榫于竹丫⑥，而光削一面以贴角。

凡造弓，先削竹一片（竹宜秋冬伐，春夏则朽蛀），中腰微亚小，两头差大，约长二尺许。一面粘胶靠角，一面铺置牛筋与胶而固之。牛角当中牙接⑦（北边无修长牛角，则以羊角四接而束之。广弓则黄牛明角亦用，不独水牛也），固以筋胶。胶外固以桦皮，名曰暖靶。凡桦木，关外产辽阳，北土繁生遵化，西陲繁生临洮郡，闽、广、浙亦皆有之。其皮护物，手握如软绵，故弓靶所必用。即刀柄与枪干，亦需用之。其最薄者，则为刀剑鞘室⑧也。

凡牛脊梁每只生筋一方条，约重三十两。杀取晒干，复浸水中，析破如苎麻丝。胡虏边无蚕丝，弓弦处皆纠合此物为之。中华则以之铺护弓干，与为棉花弹弓弦也。凡胶，乃鱼脬、杂肠所为，煎治多属宁国郡⑨，其东海石首鱼，浙中以造白鲞者，取其脬为胶，坚固过于金铁。北边取海鱼脬煎成，坚固与中华无异，种性则别也。天生数物，缺一而良弓不成，非偶然也。

凡造弓，初成坯后，安置室中梁阁上，地面勿离火意⑩。促者旬日，多者两月，透干其津液，然后取下磨光，重加筋胶与漆，则其弓良甚。货弓之家，不能俟日足者，则他日解释之患因之⑪。

凡弓弦，取食柘叶蚕茧，其丝更坚韧。每条用丝线二十余根作骨，然后用线横缠紧约⑫。缠丝分三停，隔七寸许则空一二分不缠，故弦不张弓时，可折叠三曲而收之。往者北边弓弦，尽以牛筋为质，故夏月雨雾，妨其解脱，不相侵犯。今则丝弦亦广有之。涂弦或用黄蜡，或不用亦无害也。凡弓两弰系驱处，或切最厚牛皮，或削柔木如小棋子，钉粘角端，名曰垫弦，义同琴轸[13]。放弦归返时，雄力向内，得此而抗止，不然则受损也。

凡造弓，视人力强弱为轻重：上力挽一百二十斤，过此则为虎力，亦不数出；中力减十之二三；下力及其半。彀满[14]之时，皆能中的。但战阵之上，洞胸彻札[15]，功必归于挽强者。而下力倘能穿杨贯虱[16]，则以巧胜也。凡试弓力，以足踏弦就地，秤钩搭挂弓腰，弦满之时，推移秤锤所压，则知多少。其初造料分两，则上力挽强者，角与竹片削就时，约重七两。筋与胶、漆与缠约丝绳，约重八钱，此其大略。中力减十之一二，下力减十之二三也。

凡成弓，藏时最嫌霉湿（霉气先南后北，岭南谷雨时，江南小满，江北六月，燕、齐七月。然淮、扬霉气独盛）。将士家或置烘厨、烘箱，日以炭火置其下（春秋雾雨皆然，不但霉气）。小卒无烘厨，则安顿灶突之上。稍怠不勤，立受朽解之患也（近岁命南方诸省造弓解北[17]，纷纷驳回，不知离火即坏之故，亦无人陈说本章者）。

凡箭笴[18]，中国南方竹质，北方萑柳质，北边桦质，随方不一。竿长二尺，镞长一寸，其大端也。凡竹箭，削竹四条或三条，以胶粘合，过刀光削而圆成之。漆丝缠约两头，名曰"三不齐"箭杆。浙与广南有生成箭竹，不破合者。柳与桦杆，则取彼圆直枝条而为之，微费刮削而成也。凡竹箭其体自直，不用矫揉。木杆则燥时必曲，削造时以数寸之木，刻槽一条，名曰箭端，将木杆逐寸戛拖而过，其身乃直。即首尾轻重，亦由过端而均停也。

凡箭，其本刻衔口以驾弦[19]，其末受镞。凡镞，冶铁为之（《禹贡》砮石[20]乃方物，不适用）北边制如桃叶枪尖，广南黎人矢镞如平面铁铲，中国则三棱锥象也。响箭则以寸木空中锥眼为窍，矢过招风而飞鸣，即《庄子》所谓"嚆矢"也。

凡箭行端斜与疾慢，窍妙皆系本端翎羽之上。箭本近衔处，剪翎直贴三条，其长三寸，鼎足安顿，粘以胶，名曰箭羽（此胶亦忌霉湿，故将卒勤者，箭亦时以火烘）。羽以雕膀为上（雕似鹰而大，尾长翅短），角鹰次之，鸱鹞又次之。南方造箭者，雕无望焉，即鹰、鹞亦难得之货，急用塞数，即以雁翎，甚至鹅翎亦为之矣。凡雕翎箭行疾过鹰、鹞翎十余步，而端正能抗风吹。北边羽箭多出此料。鹰、鹞翎作法精工，亦恍惚焉。若鹅、雁之质，则释放之时，手不应心，而遇风斜窜者多矣。南箭不及北，由此分也。

①正中干质：此指弓背中间的主干部分。质，材料。②弰：弓背的两端为弰，又作"硝"。③角两接：所用牛角为两截相接。④刻锲：用刀刻出一个缺口。⑤弦彄

（kōu）：弓弦套在弓背两端的索套。⑥其本则贯插接榫（sǔn）于竹丫：桑硝之根部用榫子与竹片的丫口相衔插。⑦牙接：以牙榫相接。⑧鞘室：刀剑之鞘及匣。⑨宁国郡：宁国府，在今安徽宣城。⑩地面勿离火意：室内不要间断用火。火意，即火气的熏烤。⑪解释之患因之：松散脱落的毛病就随之而来了。⑫紧约：紧紧地束缚住。⑬琴轸：古琴上调弦的转轴。⑭彀（gòu）满：把弓拉满。⑮洞胸彻札：射穿胸膛，射透木板。⑯穿杨贯虱：比喻神射，可以百步之外射穿柳叶，射穿虱子之心。贯虱，典出《列子·汤问》纪昌学射的故事。⑰解北：解运至北方。⑱箭笴：即箭杆。⑲驾弦：扣在弓弦上。⑳《禹贡》砮石：《禹贡》："砺、砥、砮、丹。"

译 文

造弓要用竹片和牛角做正中的骨干（东北少数民族地区没有竹，就用柔韧的木料），两头接上桑木。未安紧弓弦时，竹在弓弧的内侧，角在弓弧的外侧起保护作用；安紧弓弦以后，角在弓弧的内侧，竹在弓弧的外侧。弓的本体是用一整条竹片，牛角则两段相接。弓两头的桑木末端都刻有缺口，使弓弦能够套紧。桑木本身与竹片互相穿插接榫，并削光一面贴上牛角。

在动手造弓时，先削竹片一根（秋冬季节砍伐的竹子较好，因为春夏砍的容易蛀朽），中腰略小，两头稍大一些，长两尺左右。一面用胶粘贴上牛角，一面用胶粘铺上牛筋，加固弓身。两段牛角之间互相咬合（北方少数民族没有长的牛角，就用羊角分为四段相接扎紧。广东一带的弓不单用水牛角，有时也用半透明的黄牛角），用牛筋和胶液固定，外面再粘上桦树皮加固，这就叫作暖靶。至于桦树，东北地区产在辽阳，华北地区以河北遵化为最多，西北地区以甘肃临洮为最多，福建、广东和浙江等地也有出产。用桦树皮作为保护层，手握起来感到柔软，所以造弓把一定要用它。即使是刀柄和枪身也要用到它。最薄的就可用来作为刀剑的套子。

牛脊骨里都有一条长方形的筋，重约三十两。宰杀牛以后取出来晒干，再用水浸泡，然后将它撕成苎麻丝那样的纤维。北方少数民族没有蚕丝，弓弦都是用这种牛筋缠合的。中原地区则用它铺护弓的主干，或者用它来作为弹棉花的弓弦。胶是从鱼鳔、杂肠中熬取的，多数在安徽宁国县熬炼。东海有一种石首鱼，浙江人常用它晒成美味的鱼干，用它的鳔熬成的胶比铜铁还要牢固。北方少数民族用其他海鱼的鳔熬成的胶，同中原的一样牢固，只是种类不同而已。天然的这几种东西，缺少一种就造不成良弓，看来这并不是偶然的。

弓坯子刚刚做成之后，要放在屋梁高处，地面不断地生火烘焙。短则放置十来天，长则两个月，等到胶液干透后，就拿下来磨光，再一次添加牛筋、涂胶和上漆，这样做出来的弓质量就很好了。有的卖弓人不到足够的烘焙时间就把弓卖出，这样，日后就可能出现脱胶的毛病。

用柘蚕丝为弓弦的弓就会更加坚韧。每条弦用二十多根丝线为骨，然后用丝线横向缠紧。缠丝的时候分成三段，每缠七寸左右就留空一两分不缠。这样，在弦不上弓时就可以折成三节收起。过去北方少数民族都用牛筋为弓弦，每逢夏天雨季，就怕它吸潮解脱而不敢贸然出兵进犯。现在到处都有丝弦了，有的人用黄蜡涂弦防潮，不用也不要紧。弓两端系弦的部位要用最厚的牛皮或软木做成像小棋子那样的垫子，用胶粘紧钉在牛角末端，这叫作垫弦，作用跟琴弦的码子差不多。放箭时，弓弦的回弹力很大，有了垫弦就可以抵消它，否则会损伤弓弦。

造弓还要按人的挽力大小来分轻重。上等力气的人能挽一百二十斤，超过这个数目的叫作虎力，但这样的人很少见。中等力气的人能挽八九十斤，下等力气的人只能挽六十斤左右。这些弓箭在拉满弦时都可以射中目标。但在战场上能射穿敌人的胸膛或铠甲的，当然是力气大的射手；如果力气小的人有能射穿杨树叶或射中虱子的，那是以巧取胜。测定弓力的方法是：可以用脚踩弓弦，将秤钩钩住弓的中点往上拉，弦满之时，推移秤锤称平，就可知道弓力大小。做弓料的分量是：上等力气所用的弓，角和竹片削好后约重七两，筋、胶、漆和缠丝约重八钱，这是大概的数字。中等力气的相应减少十分之一或五分之一，下等力气的减少五分之一或十分之三。

弓的保管：藏弓最怕潮湿（阴雨天气先南后北，开始的节气，岭南是谷雨，江南是小满，江北是六月，河北、山东一带是七月。而以淮河和扬州地区的阴雨天气为最多）。军官家里常设置有烘厨或烘箱，每天都用炭火放在下面烘（不仅是阴雨天，春秋下雨或多雾的天气也都这样做）。士兵没有烘厨或烘箱，就把弓放在灶头烟道的凸起上。稍微照管不周到，弓就会朽坏解脱（近年来，朝廷命令南方各省造弓解送北京，但纷纷被退回，就是因为他们不知道弓离火就坏的道理，也没有人就此事上奏朝廷陈述个中原因）。

箭杆的用料各地不尽相同，我国南方用竹，北方使用薄柳木，北方少数民族则用桦木。箭杆长二尺，箭头长一寸，这是一般的规格。做竹箭时，削竹三四条并用胶黏合，再用刀削圆刮光。然后用漆丝缠紧两头，这叫作"三不齐"箭杆。浙江和广东南部有天然的箭竹，不用破开黏合。柳木或桦木做的箭杆，只要选取圆直的枝条稍加削刮就可以了。竹箭本身很直，不必矫正。木箭杆干燥后势必变弯，矫正的办法是用一块几寸长的木头，上面刻一条槽，名叫箭端。将木杆嵌在槽里逐寸刮拉而过，这样杆身就会变直。即使原来杆身头尾重量不均匀的也能得到矫正。

箭杆的末端刻有一个小凹口，叫作衔口，以便扣在弦上，另一端安装箭头。箭头是用铁铸成的（《尚书·禹贡》记载的那种石制箭头是用一种土办法做的，并不适用），至

于箭头的形状，北方少数民族做的像桃叶枪尖，广东南部黎族人做的像平头铁铲，中原地区做的则是三棱锥形。响箭之所以能迎风飞鸣，巧妙就在于小小的箭杆上锥有孔眼，这就是《庄子》说的"嚆矢"。

箭飞行得是正还是偏，是快还是慢，关键都在箭羽上。在箭杆末端近衔口的地方，用胂胶粘上三条三寸长的三足鼎立形的翎羽，名叫箭羽（这种胶也怕潮湿，于是勤劳的将士经常用火来烘烤箭）。所用的羽毛中，以雕的翅毛为最好（雕像鹰而比鹰大，尾长而翅膀短），角鹰的翎羽居其次，鹞鹰的翎羽更次。南方造箭的人固然没希望得到雕翎，就是鹰翎也很难得到，急用时就只好用雁翎，甚至用鹅翎来充数。雕翎箭飞得比鹰、鹞翎箭快十多步而且端正，还能抗风吹。北方少数民族的箭羽多数都用雕翎。如果角鹰或鹞鹰翎箭精工制作，效用也跟雕翎箭差不多。可是，鹅翎箭和雁翎箭射出时却手不应心，往往一遇到风就歪到一边去了。南方的箭之所以比不上北方的箭，原因就在这里。

弩

凡弩为守营兵器，不利行阵。直者名身，衡者名翼，弩牙发弦者①名机。斫木为身，约长二尺许，身之首横拴度翼。其空缺度翼处，去面刻定一分（稍厚则弦发不应节）。去背则不论分数。面上微刻直槽一条以盛箭。其翼以柔木一条为者名扁担弩，力最雄。或一木之下，加以竹片叠承（其竹一片短一片），名三撑弩，或五撑、七撑而止。身下截刻锲衔弦，其衔傍活钉牙机，上剔发弦。上弦之时，唯力是视。一人以脚踏强弩而弦者，《汉书》名曰蹶张材官②。弦送矢行，其疾无与比数。

凡弩弦以苎麻为质，缠绕以鹅翎，涂以黄蜡。其弦上翼则紧，放下仍松，故鹅翎可扱首尾于绳内。弩箭羽以箬叶为之。析破箭本，衔于其中而缠约之。其射猛兽药箭，则用草乌一味，熬成浓胶，蘸染矢刃。见血一缕，则命即绝，人畜同之。凡弓箭强者，行二百余步，弩箭最强者五十步而止，即过咫尺，不能穿鲁缟③矣。然其行疾则十倍于弓，而入物之深亦倍之。

国朝军器④造神臂弩、克敌弩，皆并发二矢、三矢者。又有诸葛弩，其上刻直槽，相承函十矢，其翼取最柔木为之。另安机木，随手扳弦而上，发去一矢，槽中又落下一矢，则又扳木上弦而发。机巧虽工，然其力绵甚，所及二十余步而已。此民家妨窃具，非军国器。其山人射猛兽者名曰窝弩，安顿交迹之衢，机旁引线，俟兽过带发而射之。一发所获，一兽而已。

198

注 释

①弩牙发弦者：弩上有突牙，用以扣弦以发弩箭。②蹶张材官：又作"材官蹶张"。材官，应即兵士中较强壮者。注：脚蹋强弩张之，故曰蹶张。《汉书·申屠嘉传》："申屠嘉，梁人也。以材官蹶张从高帝击项籍，迁为队率。"③不能穿鲁缟：《史记·韩长孺传》："强弩之极，矢不能穿鲁缟。"注：鲁缟，缟中尤薄者。④军器：疑指军器局。明置兵仗、军器二局，分造火器及刀牌、弓箭、枪弩等各种武器。

译 文

弩是镇守营地的重要兵器，不适用于冲锋陷阵。其中直的部分叫身，横的部分叫翼，扣弦发箭的开关叫机。砍木做弩身，长约二尺。弩身的前端横拴弩翼，拴翼的孔离弩面划定一分厚（稍微厚了一些，弦和箭就配合不精准），与弩底的距离则不必计较。弩面上还要刻上一条直槽用来放箭。有的弩翼只用一根柔木做成，叫作扁担弩，这种弩的射杀力最强。如果弩翼是在一根柔木下面，又用竹片（挨次缩短）叠撑的，就相应叫作三撑弩、五撑弩或七撑弩。弩身后端刻一个缺口扣弦，旁边钉上活动扳机，将活动扳机上推即可发箭。上弦时全靠人的体力。由一个人脚踏强弩上弦的，《汉书》称为"蹶张材官"。弩弦把箭射出，快速无比。

弩弦用苎麻绳为骨，还要缠上鹅翎，涂上黄蜡。虽然弩弦装上弩翼时拉得很紧，但放下来时仍然是松的，所以鹅翎的头尾都可以夹入麻绳内。弩箭的箭羽是用箬竹叶制成的。把箭尾破开一点，然后把箬竹叶夹进去并将它缠紧。射杀猛兽用的药箭则是用草乌熬成浓胶蘸涂在箭头上，这种箭一见血就能使人畜丧命。强弓可以射出二百多步远，而强弩只能射五十步远，再远一点，就连薄绢也射不穿了。然而，弩比弓要快十倍，而穿透物体的深度也要大一倍。

本朝作为军器的弩有神臂弩和克敌弩，都是能同时发出两三支箭的。还有一种诸葛弩，弩上刻有直槽可装箭十支，弩翼用最柔韧的木制成。另外还安有木制弩机，随手扳机就可以上弦，发出一箭，槽中又落下一箭，又可以再拉扳机上弦发一箭。这种弩机结构精巧，但射杀力弱，射程只有二十来步远。这是民间用来防盗用的，而不是军队所用的兵器。山区的居民用来射杀猛兽的弩叫作窝弩，装在野兽出没的地方，拉上引线，野兽走过时一触动引线，箭就会自动射出。每发一箭，所得的收获只是一只野兽罢了。

干

原 文

　　凡干①戈，名最古，干与戈相连得名者。后世战卒、短兵驰骑者更用之。盖右手执短刀，左手执干以蔽敌矢。古者车战之上，则有专司执干并抵②同人之受矢者。若双手执长戈与持戟、槊，则无所用之也。凡干，长不过三尺，杞柳织成尺径圈，置于项下，上出五寸，亦锐其端，下则轻竿可执。若盾名中干，则步卒所持以蔽矢并拒槊者，俗所谓傍牌是也。

注 释

　　①干：盾牌。②抵：抵挡，遮蔽。

译 文

"干戈"这个名字在兵器中是最为古老的，干和戈相连成为一个词，是因为后代的步兵和手握短兵器的骑兵经常配合使用干和戈。右手执短刀，左手执盾牌以抵挡敌人的箭。古时候的战车上，有人专门负责拿着盾牌，用来保护同车的人免中敌方的来箭。要是双手拿着长矛或者戟，那就腾不出手来拿盾牌了。盾牌长度一般不会超过三尺，用杞柳枝条编织成的直径约一尺的圆块，盾牌上方的尖部突出五寸，它的下端接有一根轻竿可供手握，放在脖子下面进行防护。另有一种盾叫中干，那是步兵拿来挡箭或长矛用的，俗称傍牌。

火药料

原 文

火药火器，今时妄想进身博官者，人人张目而道，著书以献，未必尽由试验。然亦粗载数页，附于卷内。

凡火药，以硝石、硫黄为主，草木灰为辅。硝性至阴，硫性至阳，阴阳两神物相遇于无隙可容之中，其出也，人物膺①之，魂散惊而魄虀粉。凡硝性主直，直击者硝九而硫一；硫性主横，爆击者硝七而硫三。其佐使之灰，则青杨、枯杉、桦根、箬叶、蜀葵、毛竹根、茄秸之类，烧使存性，而其中箬叶为最燥也。

凡火攻有毒火、神火、法火、烂火、喷火。毒火，以白砒、硇砂为君，金汁、银锈、人粪和制；神火，以朱砂、雄黄、雌黄为君；烂火，以硼砂、瓷末、牙皂、秦椒配合；飞火，以朱砂、石黄、轻粉、草乌、巴豆配合；劫营火，则用桐油、松香。此其大略。其狼粪烟②昼黑夜红，迎风直上，与江豚灰能逆风而炽，皆须试见而后详之。

注 释

①膺：膺受，承受打击。②狼粪烟：即常说的狼烟，边塞燃狼粪以报警。

译 文

关于火药和火器，现在那些妄图博取高官厚禄的人个个都是高谈阔论，著书呈献朝廷，他们说的不一定都是经过试验的。在这里还是要粗略写上几页附在卷内。

　　火药的成分以硝石和硫黄为主、草木灰为辅。其中硝石的阴性最强，硫黄的阳性最强，这两种神奇的阴阳物质在没有一点空隙的地方相遇，就会爆炸起来，不论是人，还是物，都要魂飞魄散、粉身碎骨。硝石纵向的爆发力大，所以用于射击的火药成分是硝九硫一。硫黄横向的爆发威力大，所以用于爆破的火药成分是硝七硫三。作为辅助剂的炭粉可以用青杨、枯杉、桦树根、箬竹叶、蜀葵、毛竹根、茄秆之类烧制成炭，其中以箬竹叶炭末最为燥烈。

　　战争中采用火攻的有毒火、神火、法火、烂火、喷火等名目。毒火主要以白砒、硇砂为主，再加上金汁、银锈、人粪混和配制；神火主要以朱砂、雄黄、雌黄为主；烂火要加上硼砂、瓷屑、猪牙皂荚、花椒等物；飞火要加上朱砂、雄黄、轻粉、草乌、巴豆；劫营火则要用桐油、松香。这些配方只是个大概。至于焚烧狼粪的烟白天黑、晚上红，迎风直上，以及江豚的灰还能逆风燃烧，这些都只是传闻，必须先经过试验，亲眼看一看，才能详加说明。

硝石

　　凡硝，华夷皆生，中国则专产西北。若东南贩者不给官引①，则以为私货而罪之。硝质与盐同母，大地之下，潮气蒸成，现于地面。近水而土薄者成盐，近山而土厚者成硝。以其入水即消溶，故名曰"硝"。长、淮②以北，节过中秋，即居室之中，隔日扫地，可取少许以供煎炼。

　　凡硝三所最多：出蜀中者曰川硝，生山西者俗呼盐硝，生山东者俗呼土硝。凡硝刮扫取时（墙中亦或进出），入缸内，水浸一宿，秽杂之物浮于面上，掠取去时，然后入釜，注水煎炼。硝化水干，倾于器内，经过一宿，即结成硝。其上浮者曰芒硝，芒长者曰马牙硝（皆从方产本质幻出），其下猥杂者曰朴硝。欲去杂还纯，再入水煎炼。入莱菔数枚同煮熟，倾入盆中，经宿结成白雪，则呼盆硝。凡制火药，牙硝、盆硝功用皆同。

　　凡取硝制药，少者用新瓦焙，多者用土釜焙，潮气一干，即取研末。凡研硝不以铁碾入石臼，相激火生，则祸不可测。凡硝配定何药分两，入黄③同研，木炭则从后增入。凡硝既焙之后，经久潮性复生。使用巨炮，多从临期装载也。

注释

①官引：由官府发放的专卖许可证。②长、淮：长江、淮河。③黄：硫黄。

译文

硝石这种东西，国内外都有，而中原只有西北部才出产。如果东南地区卖硝石的人没有官府下发的运销凭证，就会以走私的名义而被治罪。硝石和盐都是在地底下面生成的，随着水气蒸发，出现在地面。近水而土层薄的地方形成盐，靠山而土层厚的地方形成硝。因为它入水即消溶，所以就叫硝。长江、淮河以北地区，过了中秋节以后，即使是在室内，隔天扫地也可扫出少量的粗硝，以供进一步煎炼提纯。

我国有三个地方出产硝石为最多，其中，四川产的叫作川硝，山西产的叫作盐硝，山东产的叫作土硝。把刮扫来的粗硝（有时土墙中也有硝冒出来）放进缸里，用水浸一夜，捞去浮渣，然后放进锅中，加水煎煮直到硝完全溶解并又充分浓缩时，倒入容器，经过一晚便析出硝石的结晶。其中浮在上面的叫芒硝，芒长的叫马牙硝（这都是各地出产的硝再经过纯化而得到的），而沉在下面含杂质较多的叫朴硝。要除去杂质把它提纯，还需要加水再煮。扔进去几个萝卜一起煮熟后，再倒入盆中，经过一晚便能析出雪白的结晶，这叫作盆硝。牙硝和盆硝制造火药的功用相同。

用硝制造火药，少量的可以放在新瓦片上焙干，多的就要放在土锅中焙。焙干后，立即取出研成粉末。不能用铁碾在石臼里研磨硝，因为铁石摩擦一旦产生火花，造成的灾祸就不堪设想。硝和硫按照某种火药所要求的配方比例拌匀研磨以后，木炭末随后才加入。硝焙干后，时间久了又会返潮。因此大炮所用的硝药多数是临时才装上去的。

硫黄

原文

凡硫黄，配硝而后，火药成声。北狄无黄之国，空繁硝产①，故中国有严禁。凡燃炮，拈硝与木灰为引线，黄不入内，入黄即不透关。凡碾黄难碎，每黄一两，和硝一钱同碾，则立成微尘细末也。

注释

①空繁硝产：白白地生产那么多硝，而不能制火药。

硫黄和硝配合好之后，才能使火药能够爆炸。北方少数民族地区不产硫黄，虽然硝石的产量多，但用不上。因此中原地区对于硫黄是严禁贩运的。大炮点火，要用硝和木炭末混合搓成导火线，不要加入硫黄，不然引线导火就会失灵。硫黄很难单独碾碎，但是如果每两硫黄加入一钱硝一起碾磨，很快就可以碾成像尘一样的粉末了。

火器

原 文

西洋炮。熟铜铸就，圆形，若铜鼓。引放时，半里之内，人马受惊死（平地爇引炮有关捩，前行遇坎方止。点引之人，反走坠入深坑内，炮声在高头，放者方不丧命）。

红夷炮。铸铁为之，身长丈许，用以守城。中藏铁弹并火药数斗，飞激二里，膺其锋者为齑粉。凡炮爇引内灼时，先往后坐千钧力，其位须墙抵住，墙崩者其常。

大将军，二将军（即红夷之次，在中国为巨物）。佛郎机（水战舟头用）。

三眼铳、百子连珠炮。

地雷。埋伏土中，竹管通引，冲土起击，其身从其炸裂。所谓横击，用黄多者（引线用矾油，炮口覆以盆）。

混江龙。漆固皮囊裹炮沉于水底，岸上带索引机。囊中悬吊火石、火镰，索机一动，其中自发。敌舟行过，遇之则败。然此终痴物也。

鸟铳。凡鸟铳长约三尺，铁管载药，嵌盛木棍之中，以便手握。凡锤鸟铳，先以铁梃一条大如箸者为冷骨，裹红铁锤成。先为三接，接口炽红，竭力撞合。合后以四棱钢锥如箸大者，透转其中，使极光净，则发药无阻滞。其本近身处，管亦大于末，所以容受火药。每铳约载配硝一钱二分，铅铁弹子二钱。发药不用信引（岭南制度，有用引者），孔口通内处露硝分厘，捶熟苎麻点火。左手握铳对敌，右手发铁机逼苎火于硝上，则一发而去。鸟雀遇于三十步内者，羽肉皆粉碎，五十步外方有完形，若百步则铳力竭矣。鸟枪行远过二百步，制方仿佛鸟铳，而身长药多，亦皆倍此也。

万人敌。凡外郡小邑乘城却敌，有炮力不具者，即有空悬火炮而痴重难使者，则万人敌近制随宜可用，不必拘执一方也。盖硝黄火力所射，千军万马立时糜烂。其法：用宿干空中①泥团，上留小眼筑实硝、黄火药，掺入毒火、神火，由人变通增损。贯药安信而后，外以木架匡正围，或有即用木桶而塑泥实其内郭者，其义亦同。若泥团必用木框，所以妨掷投先碎也。敌攻城时，燃灼引信，抛掷城下。火力出腾，八面旋转。旋向内时，则

204

城墙抵住，不伤我兵；旋向外时，则敌人马皆无幸。此为守城第一器。而能通火药之性、火器之方者，聪明由人。作者不上十年②，守土者留心可也。

①空中：中间是空的。②作者不上十年：这种武器发明还不到十年。

西洋炮是用熟铜铸成的，圆得像一个铜鼓。放炮时，半里之内，人和马都会被吓死（在平地点燃引线时装上可以使炮身转动的机关，转到一个缺口才停下来。炮手点燃引线之后，马上往回跑并跳进深坑里，这时炮声在高处爆响，炮手才不至于受伤或丧命）。

红夷炮是用铸铁造的，身长一丈多，用来守城。炮膛里装有几斗铁丸和火药，射程二里，被击中的目标会变成碎粉。大炮引发时，首先会产生很大的后坐力，炮位必须用墙顶住，墙因此而崩塌也是常见的事。

大将军、二将军（是小一点的红夷炮，在中国却已算是个大家伙了），佛郎机（水战时装在船头用）。

三眼铳、百子连珠炮。

地雷：埋藏在泥土中，用竹管套上保护引线，引爆时冲开泥土起到杀伤作用，地雷本身也同时炸裂了。这便是所谓的横击，是因为火药配方中硫黄用得较多的缘故（引线要涂上矾油，引线入口处要用盆覆盖）。

混江龙：用皮囊包裹，再用漆密封，然后沉入水底，岸上用一条引索控制。皮囊里挂有火石和火镰，一旦牵动引索，皮囊里自然就会点火引爆。如果敌船碰到它，就会被炸坏，但它毕竟是个笨重的家伙。

鸟铳：约有三尺长，装火药的铁枪管嵌在木托上，以便于手握。锤制鸟铳时，先用一根像筷子一样粗的铁条当锻模，然后将烧红的铁块包在它上面打成铁管。枪管分为三段，再把接口烧红，尽力锤打接合。接合之后，又用如同筷子一样粗的四棱钢锥插进枪管里来回转动，使枪管内壁极其圆滑，发射时才不会有任何阻滞。枪管近人身的一端较粗，用来装载火药。每支铳一次大约装火药一钱二分，铅铁弹子二钱。点火时不用引信（岭南的鸟铳制法也有用引信的），在枪管近人身一端通到枪膛的小孔上露出一点硝，用锤烂了的苎麻点火。左手握铳对准目标，右手扣动扳机将苎麻火逼到硝药上，一刹那就发射出去了。鸟雀在三十步之内中弹，会被打得稀巴烂，五十步以外中弹才能保存原形，到了一百步，火力就不及了。鸟枪的射程超过二百步，制法跟鸟铳相似，但枪管的长度和装火药的

量都增加了一倍。

万人敌：用于边远小县城里守城御敌，有的没有炮，有的即使配有火炮、也笨重难使，万人敌便是适合近距离作战的机动武器。硝石和硫黄配合产生的火力能使千军万马被炸得血肉横飞。它的制法是：把中空的泥团晾干后，通过上边留出的小孔装满由硝和硫黄配成的火药，并由人灵活地增减和掺入毒火、神火等药料，压实并安上引信后，再用木框框住。也有在木桶里面糊泥并填实火药而造成的，道理是一样的。如果用泥团，就一定要在泥团外加上木框以防止抛出去还没爆炸就破裂了。敌人攻城时，点燃引信，把万人敌抛掷到城下。这时，万人敌不断射出火力，而且四方八面地旋转起来。当它向内旋时，由于有城墙挡着，因此才不会伤害自己人；当它向外旋时，敌军人马会大量伤亡。这是守城的首要武器。凡能通晓火药性能和火器制法的人，都可以发挥自己的聪明才智。这种武器发明还不到十年，负责守卫疆土的将士们都应密切关注其中的技巧原理呀！

精彩点拨

自古以来，只要有人的地方，就会有摩擦。两个人的摩擦会引起争吵，两个国家的摩擦，严重时就会引起战争了。但凡战争，为了保护自己，也为了求胜利，就有兵器的生产。有对付少数人的兵器，也有一次可以对付一群人的兵器。在明代，随着传教士东来的还有西洋武器的传入。这些传统武器和西洋武器的制造方法与作用在本篇中都有说明。

阅读积累

锏

锏，（铁）鞭类，长而无刃，有四棱，长为四尺（宋制四尺为一米二），锏多双锏合用，属于短兵器，对马战上有利。锏的分量重，非力大之人不能运用自如，杀伤力十分可观，即使隔着盔甲，也能将人活活砸死。技法上，与刀法剑法接近。起自晋和唐，以铜或铁制成，形似硬鞭，状如竹根节，锏端无尖。锏体断面成方形，有槽，故有"凹面锏"名称。锏的大小长短可因人而异。

第十六 丹青

精彩导读

　　矿物颜料属于无机性质的有色颜料，它的来源主要有两类：一类是用天然矿石经选矿、粉碎、研磨、分级，精制而成，主要用于绘画、工艺品、仿古、文物修复等。无机颜料的另一个来源是天然矿产品经过一系列化学处理加工而制成的化工合成颜料。

原文

　　宋子曰：斯文千古之不坠①也，注玄尚白②，其功孰与京③哉！离火红而至黑孕其中④，水银白而至红呈其变⑤。造化炉锤，思议何所容也！五章⑥遥降，朱临墨而大号彰⑦；万卷横披，墨得朱而天章焕。文房异宝，珠玉何为⑧？至画工肖像万物，或取本姿，或从配合，而色色咸备焉。夫亦依坎附离，而共呈五行变态⑨，非至神孰能与于斯哉？

注释

　　①斯文千古之不坠：斯文，此作文化、文明解。不坠，不断绝。②注玄尚白：典出《汉书·扬雄传》："雄方草《太玄》，用以自守（洁身自好），泊如也。或嘲雄以玄尚白，而雄解之，号曰《解嘲》。"此处变化原意，是在白纸上写黑字的意思。③孰与京：有谁能与相比。④离火红而至黑孕其中：八卦中"离"为火，故称离火。火燃尽则为黑烬，故云"至黑孕其中"。⑤水银白而至红呈其变：水银可以炼成银朱。⑥五章：《尚书·皋陶谟》："天命有德，五服五章哉。"此处是指穿着各种颜色官服以区分等级的王公大臣。⑦朱临墨而大号彰：与下文"墨得朱而天章焕"都语意双关，一方面说朱、墨等颜料对文化的发展具有极大意义，另一面又以"朱"代指明朝，以"墨"代指文化，说文化在大明皇帝手里得到极大发展，而大明朝也得到文化的支持。⑧文房异宝，珠玉何为：文房才是奇珍异宝，珠玉算得了什么。⑨依坎附离，而共呈五行变态：坎为水，离为火，水火相济，五行中的金、木、土也发生变化，于是出现了各种朱墨颜色。

宋先生说：古代的文化遗产之所以能够流传千古而不失散，靠的就是白纸黑字的文献记载，这种功绩是无与伦比的。火是红色的，其中却酝酿着最黑的墨烟；水银是白色的，而最红的银朱却由它变化而来。大自然的熔炉锤炼变化万千，真是不可思议啊！从遥远的时代，五色就已经出现，有了朱红色和墨色这两种主要颜色就能使得重大的号令得到彰扬；万卷图书，阅读时用朱红色的笔在黑色的字加以圈点，从而使好文章焕发了异彩。文房自有笔、墨、纸、砚四宝，在这里即便是珠玉，又能派上什么用场呢？至于画家描摹万物，有的人使用原色，有的人使用调配出来的颜色，这样一来，各种各样的颜色也就齐备了。颜料的调制要依靠水火的作用，而表现在水、火、木、金、土这五种事物（五行）的相互磨合变化之中，若不是世间最为玄妙的大自然，谁能做到这一切呢？

朱

原文

凡朱砂、水银、银朱，原同一物，所以异名者，由精粗老嫩而分也。上好朱砂，出辰、锦①（今名麻阳）与西川者，中即孕汞②，然不以升炼。盖光明、箭镞、镜面等砂③，其价重于水银三倍，故择出为朱砂货鬻。若以升汞④，反降贱值。惟粗次朱砂方以升炼水银，而水银又升银朱也。

凡朱砂上品者，穴土十余丈乃得之。始见其苗，磊然白石，谓之朱砂床。近床之砂，有如鸡子大者。其次砂不入药，只为研供画用与升炼水银者。其苗不必白石，其深数丈即得。外床或杂青黄石，或间沙土，土中孕满，则其外沙石多自折裂。此种砂贵州思、印、铜仁⑤等地最繁，而商州、秦州⑥出亦广也。

凡次砂取来，其通坑色带白嫩者，则不以研朱，尽以升汞。若砂质即嫩而烁视欲丹者，则取来时，入巨铁碾槽中，轧碎如微尘，然后入缸，注清水澄浸。过三日夜，跌取其上浮者，倾入别缸，名曰二朱；其下沉结者，晒干，即名头朱也。

凡升水银，或用嫩白次砂，或用缸中跌出浮面二朱，水和搓成大盘条，每三十斤入一釜内升汞，其下炭质亦用三十斤。凡升汞，上盖一釜，釜当中留一小孔，釜旁盐泥紧固。釜上用铁打成一曲弓溜管，其管用麻绳密缠通梢，仍用盐泥涂固。煅火之时，曲溜一头插入釜中通气（插处一丝固密），一头以中罐注水两瓶，插曲溜尾于内，釜中之气达于罐中之水而止。共煅五个时辰，其中砂末尽化成汞，布于满釜。冷定一日，取出扫下。此最妙玄，化⑦全部天机也（《本草》胡乱注：凿地一孔，于碗一个盛水）。

凡将水银再升朱用，故名曰银朱。其法或用磬口泥罐，或用上下釜⑧。每水银一斤，入石亭脂（即硫黄制造者）二斤，同研不见星，炒作青砂头，装于罐内。上用铁盏盖定，盏上压一铁尺。铁线兜底捆缚，盐泥固济口缝，下用三钉插地鼎足盛罐。打火三柱香久，频以废笔蘸水擦盏，则银自成粉，贴于罐上。其贴口者朱更鲜华。冷定揭出，刮扫取用。其石亭脂沉下罐底，可取再用也。每升水银一斤，得朱十四两、次朱三两五钱。出数藉硫质而生。

凡升朱与研朱，功用亦相仿。若皇家贵家画彩，则即同辰、锦丹砂研成者，不用此朱也。凡朱，文房胶成条块，石砚则显，若磨于锡砚之上，则立成皂汁。即漆工以鲜物彩，惟入桐油调则显，入漆亦晦也。

凡水银与朱更无他出，其汞海、草汞之说⑨，无端狂妄，耳食者⑩信之。若水银已升朱，则不可复还为汞，所谓造化之巧已尽也。

注释

①辰、锦：辰，辰州府，治在今湖南沅陵。锦即锦州，今湖南麻阳，在辰溪之西南。②孕汞：含有汞（水银）。③光明、箭镞（zú）、镜面等砂：俱朱砂，当以其功用为名。④升汞：提炼水银。⑤思、印、铜仁：贵州思南、印江、铜仁，俱在今贵州东北部。⑥商州、秦州：今陕西商县、甘肃天水。⑦玄化：变化。《淮南子·氾论》："使鬼神能玄化。"⑧上下釜：一上一下，口径一样的两只锅。⑨汞海、草汞之说：此针对《本草纲目·金石部》所引诸家说，以为可从马齿苋中提炼水银而言。此说未必无端狂妄。⑩耳食者：轻信耳食之言者。

译文

朱砂、水银和银朱本来都是同一类东西，名称不同只是由于其中精与粗、老与嫩等的差别所造成的。上等的朱砂产于湖南西部的辰州、锦州以及四川西部地区，虽然朱砂里面包含着水银，但不用来炼取水银，这是因为光明砂、箭镞砂、镜面砂等几种朱砂比水银还要贵上三倍，因此要选出来销售。如果把它们炼成水银，反而会降低它们的价值。只有粗糙的和低等的朱砂才用来提炼水银，又由水银再炼成银朱。

上档次的朱砂矿要挖土十多丈深才能找到。当发现矿苗时，只看见一堆白石，这叫作朱砂床。靠近床的朱砂，有的像鸡蛋那样大块。那些次等朱砂一般是不用来配药的，而只是研磨成粉供绘画或炼水银使用。这种次等朱砂矿不一定会有白石矿苗，挖到几丈深就

可以得到，它的矿床外面还掺杂有青黄色的石块或沙土，由于土中蕴藏着朱砂，因此石块或沙土大多自行裂开。这种次等朱砂以贵州东部的思南、印江、铜仁等地最为常见，而陕西商县、甘肃天水县一带也十分常见。

至于次等朱砂，如果整条矿坑都是质地较嫩而颜色泛白的，就不用来研磨做朱砂，而全部用来炼取水银。如果砂质很嫩，但其中有红光闪烁，就用大铁槽碾成尘粉，然后放入缸内，用清水浸泡三天三夜，然后摇荡它把上浮的砂石倒入别的缸里，这是二朱，把下沉的取出来晒干成头朱。

升炼水银要用嫩白次等朱砂或缸中倾出的浮面二朱，加水搓成粗条，盘起来放进锅里。每锅共装三十斤，下面烧火用的炭也要三十斤。锅上面还要倒扣另一只锅，锅顶留一个小孔，两锅的衔接处要用盐泥加固密封。锅顶上的小孔和一根弯曲的铁管相连接，铁管通身要用麻绳缠绕紧密，并涂上盐泥加固，使每个接口处不能有丝毫漏气。曲管的另一端则通到装有两瓶水的罐子中，使熔炼锅中的气体只能到达罐里的水为止。在锅底下起火加热，约共煅烧十小时后，朱砂就会全部化为水银而布满整个锅壁。冷却一天之后，再取出扫下。这里面的道理最难以捉摸，自然界的变化真是奥妙无穷（《神农本草经》注释中说什么炼水银时要"凿地一孔，放碗一个盛水"等，那是胡乱注的）！

把水银再炼成朱砂，就叫作银朱。提炼时要用一个开口的泥罐子或者用上下两只锅。每斤水银加入石亭脂（天然硫黄）两斤一起研磨，要磨到看不见水银的亮斑为止，并将其炒成青黑色，装进罐子里。罐子口要用铁盏盖好，盏上压一根铁尺，并用铁线兜底把罐子和铁盏绑紧，然后用盐泥封口，再用三根铁棒插在地上用以承托泥罐。烧火加热时需要约燃完三炷香的时间，在这个过程中要不断用废毛笔蘸水擦擦铁盏面，那么水银便会变成银朱粉凝结在罐子壁上，贴近罐口的银朱色泽更加鲜艳。冷却之后揭开铁盏封口，把银朱刮扫下来。剩下的石亭脂沉到罐底，还可以取出来再用。每一斤水银可炼得上等朱砂十四两、次等朱砂三两半，其中多出的重量是凭借石亭脂的硫质而产生的。

用这种方法升炼成的朱砂跟天然朱砂研成的朱砂功用差不多。皇家贵族绘画用的是辰州、锦州等地出产的丹砂直接研磨而成的粉，而不用升炼成的银朱粉。书房用的朱砂通常胶合成条块状，在石砚上磨就能显出原来的鲜红色。但如果在锡砚上磨，就会立即变成灰黑色。当漆工用朱砂调制红油彩来粉饰器具时，和桐油调在一起就会色彩鲜明，和天然漆调在一起就会色彩灰暗。

水银和朱砂再没有别的出处了。关于水银海和水银草的说法都是没有根据的，只有盲目轻信的人才会相信这种说法。水银在升炼为朱砂之后，再不能还原为水银了，因为大自然创造化育万物的工巧到此施展完了。

墨

原文

凡墨，烧烟凝质而为之。取桐油、清油、猪油烟为者，居十之一；取松烟为者，居十之九。凡造贵重墨者，国朝推重徽郡①人。或以载油之艰，遣人僦居荆襄、辰沅，就其贱值桐油点烟而归。其墨他日登于纸上，日影横射，有红光者，则以紫草汁浸染灯心而燃炷者也。

凡熬油取烟，每油一斤，得上烟一两余。手力捷疾者，一人供事灯盏二百副。若刮取怠缓则烟老，火燃、质料并丧也。其余寻常用墨，则先将松树流去胶香，然后伐木。凡松香有一毛未净尽，其烟造墨，终有滓结不解之病。凡松树流去香②，木根凿一小孔，炷灯缓炙，则通身膏液，就暖倾流而出也。

凡烧松烟，伐松，斩成尺寸，鞠篾③为圆屋，如舟中雨篷式，接连十余丈。内外与接口皆以纸及席糊固完成。隔位数节，小孔出烟，其下掩土砌砖先为通烟道路。燃薪数日，歇冷入中扫刮。凡烧松烟，放火通烟，自头彻尾。靠尾一二节者为清烟，取入佳墨为料。中节者为混烟，取为时墨料。若近头一二节，只刮取为烟子，货卖刷印书文家，仍取研细用之。其余则供漆工垩工之涂玄④者。

凡松烟造墨，入水久浸，以浮沉分精悫⑤。其和胶之后，以捶敲多寡分脆坚。其增入珍料与漱金、衔麝，则松烟、油烟增减听人。其余，《墨经》《墨谱》⑥，博物者自详，此不过粗记质料原因而已。

注释

①徽郡：徽州府。今安徽徽州一带。②香：松香。③鞠篾：编竹条。④涂玄：涂为黑色。⑤精悫（què）：悫，此即"确"字。⑥《墨经》《墨谱》：宋人晁贯之有《墨经》，李孝美有《墨谱》。明代此类书籍更多。

译文

墨是由烟（炭黑）和胶二者结合而成的。其中，用桐油、清油或猪油等烧成的烟做墨的约占十分之一；用松烟做墨的约占十分之九。制造贵重的墨，本朝（明朝）最推崇安徽的徽州人。有时由于油料运输困难，于是他们便派人到湖北的江陵、襄阳和湖南的辰

溪、沅陵等地租屋居住，购买当地便宜的桐油就地点烟，燃成的烟灰带回去用来制墨。有一种墨写在纸上后，在阳光的斜照下可泛红光，那是用紫草汁浸染灯芯之后，用点油灯所得的烟做成的。

燃油取烟，每斤油可获得上等烟一两多。手脚伶俐的，一个人可照管专门用于收集烟的灯盏二百多副。如果刮取烟灰不及时，烟就会过火而质量下降，造成油料和时间的浪费。其余的一般用墨都是用松烟制成的，先使松树中的松脂流掉，然后砍伐。哪怕松脂有一点点没流干净，用这种松烟做成的墨就总会有渣滓，不好书写。流掉松脂的方法是：在松树干接近根部的地方凿一个小孔，然后点灯缓缓燃烧，这样整棵树上的松脂就会朝着这个温暖的小孔倾流出来。

烧松木取烟，先把松木砍成一定尺寸，并在地上用竹篾搭建一个圆拱篷，就像小船上的遮雨篷那样，逐节连接成长达十多丈，它的内外和接口都要用纸和草席糊紧密封。每隔几节留出一个出烟小孔，竹篷和地接触的地方要盖上泥土，篷内砌砖要预先设计一个通烟火路。让松木在里面一连烧上好几天，冷歇后，人们便可进去刮取了。烧松烟时，放火通烟的操作顺序是从篷头弥散到篷尾。从那靠尾一二节中取的烟叫作清烟，是制作优质墨的原料。从中节取的烟叫作混烟，用作普通墨料。从近头一二节中取的烟叫作烟子，只能卖给印书的店家，但仍要磨细后才能用。其他的就留给漆工、粉刷工作为黑色颜料使用了。

造墨用的松烟放在水中长时间浸泡的话，其中那些精细而纯粹的会浮在上面，粗糙而稠厚的就会沉在下面。在和胶调在一起固结后，用锤敲它，根据敲出的多少来区别墨的坚脆。至于在松烟或油烟中刻上金粉或加入麝香之类的珍贵原料，多少则可由人自行决定。其他有关墨的知识，《墨经》《墨谱》等书中都有所记述，想要知道更多知识的人可以自己去仔细阅读，这里只不过是简单地概述一下制墨的原料和方法罢了。

附

原文

胡粉（至白色。详《五金》卷）。

黄丹（红黄色。详《五金》卷）。

靛花（至蓝色。详《彰施》卷）。

紫粉（缥红色。贵重者用胡粉、银朱对和，粗者用染家红花滓汁为之）。

大青（至青色。详《珠玉》卷）。

铜绿（至绿色。黄铜打成板片，醋涂其上，裹藏糠内，微藉暖火气，逐日刮取）。

石绿（详《珠玉》卷）。

代赭石（殷红色。处处山中有之，以代郡者为最佳）。

石黄（中黄色，外紫色，石皮内黄，一名石中黄子）。

译文

胡粉（最白色，详见《五金》卷）。

黄丹（红黄色，详见《五金》卷）。

靛花（纯蓝色，详见《彰施》卷）。

紫粉（粉红色，贵重的用胡粉、银朱相互对和，粗糙的则用染布坊里的红花滓汁制成）。

大青（深蓝色，详见《珠玉》卷）。

铜绿（深绿色，具体制法是：将黄铜打成板片，在上面涂上醋，包裹起来放在米糠里，微借温暖火气，每天从铜板面上刮取）。

石绿（详见《珠玉》卷）。

代赭石（殷红色，各地山中都有，以山西代县一带出产的质量为最好）。

石黄（中心黄色，表层紫色的一种石头，内层是黄色的，又叫作石中黄子）。

精彩点拨

信息的传递与表达除了纸，还要有可以显现在纸上的物质，才可以完整表达人们的所思所想。白纸上当然是黑字最醒目。在学写书法时，总要用一条黑的墨先磨出一些水来，再用笔蘸了黑墨水写字。墨是怎么做出来的？纸除了写字，也可以用来绘画，这些颜料，尤其中国人最喜欢的红色，又是怎么得到的呢？本篇有着充分说明。

阅读和累

赭石

赭石为鲕状、豆状、肾状集合体，多呈不规则的扁平块状。赭石是氧化物类矿物刚玉族赤铁矿，主含三氧化二铁（Fe_2O_3）。暗棕红色或灰黑色，条痕樱红色或红棕色，有的有金属光泽。

一面多有圆形的突起，习称钉头；另一面与突起相对应处有同样大小的凹窝。体重，质硬，砸碎后，断面显层叠状。气微，味淡。可用赭石代替硫酸钡作为 X 射线胃肠造影剂。

第十七　曲蘖

精彩导读

　　酒的代称。本意指酒母。亦称"麴蘖"。在上古时代，曲蘖只是指一种东西，即酒曲。随着生产力的发展，以及酿酒技术的进步，曲蘖分化为曲（发霉谷物）、蘖（发芽谷物），用蘖和曲酿制的酒分别称为醴和酒。

　　据《尚书·说命》记载，"若作酒醴，尔惟曲蘖"。据《礼记·月令》记载，"乃命大酋，秫稻必齐，曲蘖必时"。

　　杜甫《归来》："凭谁给曲蘖，细酌老江干。"

　　苏轼《浊醪有妙理赋》："曲蘖有毒，安能发性。"

原 文

　　宋子曰：狱讼日繁，酒流生祸，其源则何辜？祀天追远，沉吟《商颂》《周雅》之间①。若作酒醴之资曲蘖②也，殆圣作而明述矣。惟是五谷菁华变幻，得水而凝，感风而化。供用岐黄者③神其名，而坚固食羞者丹其色。君臣自古配合日新，眉寿介④而宿痼怯，其功不可殚述。自非炎黄作祖、末流聪明，乌能竟其方术哉？

注 释

　　①沉吟《商颂》《周雅》之间：《诗》有《商颂》及大小《雅》，其中多有涉及饮酒或以酒祭神的诗句。②曲蘖（niè）：即今之酒曲。③供用岐黄者：岐黄，岐伯、黄帝。岐伯为黄帝时名医，古代医书往往借岐伯与黄帝对话成文，如《灵枢》《素问》等。供用岐黄者即指医生。④眉寿介：《诗·豳风·七月》："十月获稻，为此春酒，以介眉寿。"眉寿，人至高寿则眉长，故曰眉寿。介，助也。

译 文

　　宋先生说：因酗酒闹事而惹起的官司案件一天比一天多，这确实是酗酒造成的祸害，然而话又说回来，对于酒曲本身又谈得上有什么罪过呢？在祭祀天地、追怀先祖的仪式上，在吟咏诗篇、朋友欢宴的时候，都需要有酒。这时就得靠酒曲来造酒了，关于这一点，古代的圣人已经说得很清楚了。酒曲原本就是用五谷的精华，通过水凝及风化的作用而变化成功的。供医药上用的曲名叫神曲，而用以保持珍贵食物美味的则是红曲。自古以来，制作曲蘖的主料和配料的调制配方不断改进，既能延年益寿，又能医治各种痼疾顽症，其间的功效真是一言难尽。如果没有我们祖先的创造发明和后人的聪明才智，如何能够使酿酒的技巧达到这样完善呢？

酒母

凡酿酒，必资曲药成信。无曲，即佳米珍黍，空造不成。古来曲造酒，蘖造醴，后世厌醴味薄，遂至失传，则并蘖法亦亡。凡曲，麦、米、面随方土造，南北不同，其义则一。凡麦曲，大、小麦皆可用。造者将麦连皮，井水淘净，晒干，时宜盛暑天，磨碎，即以淘麦水和，作块，用楮叶包扎，悬风处，或用稻秸罨黄①，经四十九日取用。

造面曲，用白面五斤、黄豆五升，以蓼汁煮烂，再用辣蓼末五两、杏仁泥十两，和踏成饼，楮叶包悬与稻秸罨黄，法亦同前。其用糯米粉与自然蓼汁溲和成饼，生黄收用者，罨法与时日亦无不同也。其入诸般君臣②与草药，少者数味，多者百味，则各土各法，亦不可殚述。

近代燕京，则以薏苡仁为君，入曲造薏酒。浙中宁、绍则以绿豆为君，入曲造豆酒。二酒颇擅天下佳雄（别载《酒经》③）。

凡造酒母家，生黄未足，视候不勤，盥拭不洁，则疵药④数丸，动辄败人石米。故市曲之家，必信著名闻，而后不负酿者。凡燕、齐黄酒曲药，多从淮郡造成，载于舟车北市。南方曲酒，酿出即成红色者，用曲与淮郡⑤所造相同，统名大曲，但淮郡市者打成砖片，而南方则用饼团。其曲一味，蓼身为气脉，而米、麦为质料，但必用已成曲、酒糟为媒合。此糟不知相承起自何代，犹之烧矾之必用旧矾滓云。

注释

①罨（yǎn）黄：掊盖使其生出黄毛。②君臣：中药讲究君臣配伍，即以某药为君，

某药为臣，以区别其在药剂中的主辅关系。此处君臣亦指曲药中各种材料的配伍。③《酒经》：宋人朱翼中著有《酒经》一书。此处当指另一书。④疵（cī）药：有杂菌的曲蘖。⑤淮郡：淮安府，今江苏北部，治所在今淮安市。

译 文

　　酿酒必须要用酒曲作为酒引子，没有酒曲，即便有好米好黍，也酿不成酒。自古以来，用曲酿黄酒，用蘖酿甜酒。后来的人嫌甜酒酒味太薄，结果导致所谓酿甜酒的技术和制蘖的方法都失传了。制作酒曲可以因地制宜，用麦子、面粉或米粉为原料，南方和北方做法不同，但原理同出一辙。做麦曲，大麦、小麦都可以选用。制作酒曲的人最好选在炎热的夏天把麦粒带皮都用井水洗净、晒干。把麦粒磨碎，用淘麦水拌和做成块状，再用楮叶包扎起来，悬挂在通风的地方，或者用稻草覆盖使它变黄，这样经过四十九天之后便可以取用了。

　　制作面曲是用白面五斤、黄豆五升，加入蓼汁一起煮烂，再加辣蓼末五两、杏仁泥十两，混合踏压成饼状，再用楮叶包扎悬挂或用稻草覆盖使它变黄，方法跟麦曲相同。用糯米粉加蓼汁搓和揉成饼，覆盖使它变黄让它长出黄毛后才取用，方法和时间也跟前述相同。在酒曲中加入主料、配料和草药，少的只有几种，多的可达上百种，各地的做法不同，难以一一详尽论述。

　　近代，北京用薏米仁为主要原料制作酒曲后再酿造薏酒，浙江的宁波和绍兴则用绿豆为料制作酒曲后再酿造豆酒。这两种酒都被列为名酒（《酒经》一书有所记载）。

　　在制作酒曲时，如果生黄不足，看管不勤，洗抹得不干净，便会出岔子。几粒坏的酒曲轻易就能败坏人们上百斤的粮食。所以，卖酒曲的人必须要守信用、重名誉，这样才不会对不起酿酒的人。河北、山东一带酿造黄酒用的酒曲大部分是在江苏淮安造好后用车船运去贩卖的。南方酿造红酒所用的酒曲跟淮安造的相同，都叫作大曲。但淮安卖的酒曲是打成砖块状，而南方的酒曲则是做成饼团状。制作酒曲，加进辣蓼粉末以便于通风透气，用稻米或麦子作为基本原料，还必须加入已制成酒曲的酒糟作为媒介。不清楚这种酒糟是从哪个年代开始流传下来的，就像烧矾必须使用旧矾滓来掩盖炉口一样。

神曲

原 文

　　凡造神曲所以入药，乃医家别于酒母者。法起唐时，其曲不通酿用也。造者专用白面，每百斤入青蒿自然汁、马蓼、苍耳自然汁，相和作饼，麻叶或楮叶包罨，如造酱黄法。待生黄衣，即晒收之。其用他药配合，则听好医者增入，苦无定方①也。

注　释

①苦无定方：只可叹没有固定的配方。

译　文

制作神曲是专供医药上用的，之所以把它称为神曲，是因为医家为了与酒曲相区别。神曲的制作方法开始于唐代，这种曲不能用来酿酒。制作时只用白面，每百斤加入青蒿、马蓼和苍耳三种东西的原汁，拌匀制成饼状，再用麻叶或楮叶包藏覆盖着，与制作豆酱黄曲的方法一样，等到曲面颜色变黄，就晒干收藏起来。至于要用其他什么药配合，则要按医生的不同经验而加以酌定，很难列举出固定的处方。

丹曲

原　文

凡丹曲①一种，法出近代。其义臭腐神奇，其法气精变化。世间鱼肉最朽腐物，而此物薄施涂抹，能固其质于炎暑之中，经历旬日，蛆蝇不敢近，色味不离初，盖奇药也。

凡造法，用籼稻米，不拘早晚。舂杵极其精细，水浸一七日，其气臭恶不可闻，则取入长流河水漂净（必用山河流水，大江者不可用）。漂后恶臭犹不可解，入甑蒸饭则转成香气，其香芬甚。凡蒸此米成饭，初一蒸半生即止，不及其熟，也离釜中，以冷水一沃，气冷再蒸，则令极熟矣。熟后，数石共积一堆，拌信②。

凡曲信，必用绝佳红酒糟为料。每糟一斗，入马蓼自然汁三升，明矾水和化。每曲饭一石，入信二斤，乘饭热时，数人捷手拌匀，初热拌至冷。候视曲信入饭，久复微温，则信至矣。凡饭拌信后，倾入箩内，过矾水一次，然后分散入篾盘，登架乘风。后此风力为政，水火无功③。

凡曲饭入盘，每盘约载五升。其屋室宜高大，防瓦上暑气侵逼。室面宜向南，防西晒。一个时中翻拌约三次。候视者七日之中，即坐卧盘架之下，眠不敢安，中宵数起。其初时雪白色，经一二日成至黑色。黑转褐，褐转赭，赭转红，红极复转微黄。目击风中变幻，名曰生黄曲，则其价与入物之力④皆倍于凡曲也。凡黑色转褐，褐转红，皆过水一度，

红则不复入水。

凡造此物，曲工盥手与洗净盘簟，皆令极洁。一毫滓秽，则败乃事也。

注 释

①丹曲：即今之红曲，用大米培养的红曲霉。②拌信：拌入曲种。③风力为政，水火无功：以风干为主，不再用水火加工了。④入物之力：在生产中投入的力量。

译 文

有一种红曲，它的制作方法是近代才开始研究出来的，它的效果就在于能"化腐朽为神奇"，它的巧妙之处是利用空气和白米的变化。在自然界中，鱼和肉是最容易腐烂的东西，但是只要用红曲薄薄地涂上一层，即便是在炎热的暑天，也能保持它原来的样子，放上十来天，蛆蝇都不敢接近，色泽味道都还能保持原样。这真是一种神奇的药啊！

制造红曲用的是籼稻米，早晚稻米都可以用。米要舂得十分精细，用水浸泡七天，那时的气味真是臭不可闻，到这时就把它放到流动的河水中漂洗干净（必须要用山间流动的溪水，大河水不能用）。漂洗之后，臭味还不能完全消除，把米放入饭甑里面蒸成饭，就会变得香气四溢了。蒸饭时，先将稻米蒸到半生半熟的状态，然后就从锅中取出，用冷水淋浇一次，等到冷却以后，再次将稻米蒸到熟透。这样蒸熟了好几石米饭以后，再堆放在一起拌进曲种。

曲种一定要用最好的红酒糟为原料，每一斗酒糟加入马蓼汁三升，再加明矾水拌和调匀。每石熟饭中加入曲种二斤，趁熟饭热时，几个人一起迅速拌和调匀，从热饭拌到饭冷。然后注意观察曲种与熟饭相互作用的情况。过一段时间之后，饭的温度又会逐渐上升，这就说明曲种发生作用了。饭拌入曲种后，倒进箩筐里面，用明矾水淋过一次后，再分开放进篾盘中，放到架子上通风。这以后就主要是做好通风工作，而水火也就派不上什么用场了。

曲饭放入篾盘中时，每个篾盘大约装载五升。安放这些曲饭的房屋要比较高大宽敞，以防屋顶瓦面上的热气侵入。屋向应该朝南，用以防止太阳西晒。每两小时之中大约要翻拌三次。观察曲饭的人在七天之内都要日夜守护在盘架之下，不能熟睡，即便在深更半夜里，也要起来好几次。曲饭要做到起先一看颜色雪白，经过一两天后就变成黑色了。以后的颜色会继续变化，由黑色转为褐色，又由褐色转为赭色，再由赭色转为红色，到了最红的时候，再转回微黄色。通风过程中所看到的这一系列颜色变化，叫作生黄曲。这样制成的红曲，其价值和功效都比一般的红曲要高好几倍。当黑色变成褐色、褐色又变成红色时，都要淋浇一次水。变红以后就不需要再加水了。

制造这种红曲的时候，造曲的人必须把手和盛物的篾盘、竹席洗得非常干净。只要有一点儿渣滓和肮脏的东西，都会使得制作红曲的工作失败。

中国人饮酒的传统非常久远。参观古代文物的展览时，会看到许多各式各样的酒壶酒杯，这也说明我们的先人很会喝也很爱喝。历史上还有许多人以饮酒出名，如竹林七贤里的刘伶。既然酒对中国人来说这样重要，那么关于酿酒的基本知识，我们就应知道。本篇就介绍了酿酒之前一定要先具备的东西——酒曲。

酒的分类

经过数千年的发展，中国酒的品种繁多。酒的名称更是丰富多彩。最为常见的是按酒的产地来命名。如代州黄酒、绍兴酒、金华酒、丹阳酒、九江封缸酒、山东兰陵酒、河南双黄酒等。这种分法在古代较为普遍。还有一种是按某种类型酒的代表作为分类的依据，如加饭酒，往往是半干型黄酒；花雕酒表示半干酒；封缸酒（绍兴地区又称为香雪酒）表示甜型或浓甜型黄酒；善酿酒表示半甜酒。还有的按酒的外观(如颜色、浊度等)进行分类的，如清酒、浊酒、白酒、黄酒、红酒（红曲酿造的酒）；再就是按酒的原料进行分类，如糯米酒、黑米酒、玉米黄酒、粟米酒、青稞酒等；古代还有煮酒和非煮酒的区别，甚至有根据销售对象来分的，如"京装"（清代销往北京的酒）。

第十八　珠玉

精彩导读

　　珠宝有狭义与广义之分，狭义的珠宝单指玉石制品；广义的珠宝应包括金、银以及天然材料（矿物、岩石、生物等）制成的，具有一定价值的首饰、工艺品或其他珍藏，故古代有"金银珠宝"的说法，把金银和珠宝区分开来。如果宝石不美，就不能成为宝石，这种美或表现为绚丽的颜色，或表现为透明而洁净，或具特殊的光学效应（如猫眼、变彩、夜光等现象），或具特殊的图案（如菊花石、玛瑙、梅花玉等）。

原文

　　宋子曰：玉韫山辉，珠涵水媚①。此理诚然乎哉，抑意逆之说②也？大凡天地生物，光明者昏浊之反，滋润者枯涩之仇，贵在此则贱在彼矣。合浦、于阗③行程相去二万里，珠雄于此，玉峙于彼，无胫而来，以宠爱人寰之中，而辉煌廊庙之上④，使中华无端宝藏折节而推上坐焉⑤。岂中国辉山媚水者，萃在人身，而天地菁华止有此数哉？

注释

　　①玉韫山辉，珠涵水媚：山韫玉而生辉，水涵珠而生媚。②意逆之说：以意逆之，即主观推测。③合浦、于阗（tián）：合浦在今广西，古以产珠出名。于阗，今新疆和田，产羊脂美玉。④辉煌廊庙之上：廊庙，指朝廷。古时大臣佩玉带。⑤使中华无端宝藏折节而推上坐焉：使得中华所产的各种宝物都屈居下位，而推珠玉为上座。

译文

　　宋先生说：藏蕴玉石的山总是光辉四溢，涵养珍珠的水也是明媚秀丽，这其中的道理究竟是本来如此呢，还是人们的主观推测？凡是由天地自然化生的事物之中，总是光明与混浊相反，滋润与枯涩对立，在这里是稀罕的东西，往往在另一个地方就很平常。广西合浦与新疆和田，相距约两万里，在这边有珍珠称雄，在那里有玉石傲立，但都很快就聚集过来，在人世间受到宠爱，在朝廷上焕发出辉煌的光彩。这就使得全国各地无尽的宝藏都降低了身价而把珠玉推上宝物的首位。难道这是中原地区的山光水媚全都聚集在人身上了，而难道天地之间大自然的精华就只有珠玉这两种吗？

珠

原　文

　　凡珍珠必产蚌腹，映月成胎，经年最久，乃为至宝。其云蛇腹、龙颔、鲛皮有珠者[①]，妄也。凡中国珠必产雷、廉二池[②]。三代以前，淮扬亦南国地，得珠稍近《禹贡》"淮夷蠙珠"[③]，或后互市之便，非必责其土产也。金采蒲里路，元采扬村直沽口[④]，皆传记相承之妄，何尝得珠？至云忽吕古江[⑤]出珠，则夷地，非中国也。

　　凡蚌孕珠，乃无质而生质。他物形小而居水族者，吞噬弘多，寿以不永。蚌则环包坚甲，无隙可投，即吞腹，囫囵不能消化，故独得百年千年，成就无价之宝。凡蚌孕珠，即千仞水底，一逢圆月中天，即开甲仰照，取月精以成其魄。中秋月明，则老蚌犹喜甚。若彻晓无云，则随月东升西没，转侧其身而映照之。他海滨无珠者，潮汐震撼，蚌无安身静存之地也。

凡廉州池，自乌泥、独揽沙至于青莺，可百八十里。雷州池，自对乐岛斜望石城界，可百五十里。疍户⑥采珠，每岁必以三月，时牲杀⑦祭海神，极其虔敬。蜑户生啖海腥，入水能视水色，知蛟龙所在，则不敢侵犯。

凡采珠舶，其制视他舟横阔而圆，多载草荐于上。经过水漩，则掷荐投之，舟乃无恙。舟中以长绳系没人⑧腰，携篮投水。凡没人以锡造弯环空管，其本缺处，对掩没人口鼻，令舒透呼吸于中，别以熟皮包络耳项之际。极深者至四五百尺，拾蚌篮中。气逼则撼绳，其上急提引上。无命者或葬鱼腹。凡没人出水，煮热毳急覆之，缓则寒慄死。

宋朝李招讨设法以铁为耙，最后木柱扳口，两角坠石，用麻绳作兜如囊状。绳系舶两旁，乘风扬帆而兜取之，然亦有漂、溺之患。今疍户两法并用之。

凡珠在蚌，如玉在璞，初不识其贵贱，剖取而识之。自五分至一寸五分径者为大品。小平似覆釜，一边光采微似镀金者，此名珰珠，其值一颗千金矣。古来"明月""夜光"，即此便是。白昼晴明，檐下看有光一线闪烁不定，"夜光"乃其美号，非真有昏夜放光之珠也。次则走珠，置平底盘中，圆转无定歇，价亦与珰珠相仿（化者⑨之身受含一粒，则不复朽坏，故帝王之家重价购此）。次则滑珠，色光而形不甚圆。次则螺蚵珠，次官雨珠，次税珠，次葱符珠。幼珠如梁粟，常珠如豌豆。琕而碎者曰玑。自夜光至于碎玑，譬均一人身，而王公至于氓隶也。

凡珠生止有此数，采取太频，则其生不继。经数十年不采，则蚌乃安其身，繁其子孙而广孕宝质。所谓"珠徙珠还"，此煞定死谱，非真有清官感召也⑩（我朝，弘治中，一采得二万八千两；万历中，一采止得三千两，不偿所费）。

注释

①其云蛇腹、龙颔、鲛皮有珠者：宋人陆佃《埤雅》："龙珠在颔，蛇珠在口，鱼珠在眼，鲛珠在皮。"至明人谢肇淛《五杂俎》又云"鳖珠在足"，并云蜘蛛、蜈蚣之大者皆有珠，雷击之，即龙取珠也。凡此皆古人臆度之说，并无根据。②雷、廉二池：雷州府，治所在今广东雷州半岛之海康。廉州府，治所在今广西合浦。③《禹贡》"淮夷蠙珠"：淮、夷为二水名，蠙即蚌。④扬村直沽口：即今天津大沽口。⑤忽吕古江：在今东北境内。⑥疍（dàn）户：当时广东、广西、福建以船为家的居民。⑦牲杀：即杀牲。⑧没人：潜水探珠者。⑨化者：死去者。⑩"所谓'珠徙珠还'"句：《后汉书·循吏列传》：孟尝迁合浦太守。郡不产谷实，而海出珠宝。先时宰守并多贪秽，诡人采求，不知纪极，珠遂徙于交阯郡界。孟尝到官，革易前敝，求民病利。曾未逾岁，去珠复还，百姓皆反其业，商货流通，称为神明。

译 文

　　珍珠一定是出产自蚌腹内，映照着月光而逐渐孕育成形，其中年限最为长久的就成为最贵重的宝物。至于蛇的腹内、龙的下颌及鲨鱼的皮中有珍珠，这些说法都是虚妄而不可信的。中原的珍珠必定出产在广东海康（雷州）和广西合浦（廉州）这两个"珠池"里。在夏、商、周三代以前，淮安、扬州一带也属于南方诸侯国的地域，得到的珠子比较接近《尚书·禹贡》中所记载的珠，或许只是从互市上交易得来的，却不一定是当地所出产。金人采自东北黑龙江克东县乌裕尔河一带，元代采自河北武清（杨村）到天津大沽口一带的种种说法都只是误传，这些地方什么时候采得过珍珠呢？至于说忽吕古江产珠，那则是少数民族地区，而不是中原地区了。

　　从蚌中孕育出珍珠，这是从无到有。其他形体小的水生动物多因天敌太多而被吞噬掉了，所以寿命都不长。蚌却因为有其坚硬的外壳包裹着，天敌没有空子可以钻，即便蚌被吞咽到肚子里，也是囫囵吞枣而不容易被消化掉，所以蚌的寿命很长，能够生成无价之宝。蚌孕育珍珠是在很深的水底下，每逢圆月当空时，就张开贝壳接受月光的照耀，吸取月光的精华，从而化为珍珠的形魄。尤其中秋月明之夜，老蚌就会格外高兴。如果通宵无云，它就随着月亮的东升西沉而不断转动身体以获取月光的照耀。也有些海滨不产珍珠，这是因为当地潮汐涨落波涌得过于厉害，蚌没有藏身和静养之地的缘故。

　　广西合浦（廉州）的珠池从乌泥池、独揽沙池到青莺池，大约有一百八十里。广东海康的珠池从乐岛到石城界（合浦与廉江边界），约有一百五十里。这些地方的水上居民采集珍珠，每年必定是在三月间，到时候还宰杀牲畜来祭祀海神，显得非常虔诚恭敬。他们能生吃海腥，在水中也能看透水色，知道蛟龙藏身的地方，于是不敢前去侵犯。

　　采珠船比其他船要宽和圆一些，船上装载有许多草垫子。每当经过有旋涡的海面时，就把草垫子抛下去，这样船就能安全地驶过。采珠人在船上先用一条长绳绑住腰部，然后带着篮子潜入水里。在潜水前，他们还要用一种锡做的弯环空管将口鼻罩住，并将罩子的软皮带包缠在耳项之间，以便于呼吸。有的最深能潜到水下四五百尺，将蚌捡回到篮子里。呼吸困难时就摇绳子，船上的人便赶快把他拉上来，命薄的人也有的会葬身鱼腹。潜水的人在出水之后，要立即用煮热了的毛皮织物盖上，太迟了的话，人就会被冻死。

　　宋朝有一位姓李的招讨官还发明了一种采珠网兜，他想办法做了一种齿耙形状的铁器，底部横放木棍用以封住网口，两角坠上石头（作为沉子）沉底，四周围上如同布袋子的麻绳网兜，将牵绳绑缚在船的两侧，借着风力张开风帆，继而兜取珠贝。这种采珠的办法还有漂失和沉没的危险。现在，水上采珠的居民同时采用上述两种方法。

　　珍珠生长在蚌的腹内就如同玉生在璞中一样。开始的时候还分不出贵贱，等到剖取之后才能分开。周长从五分到一寸五分的就算是大珠。其中有一种大珠，不是很圆，像个

倒放的锅一样，一边光彩略微像镀了金似的，名叫珰珠，每一颗都价值千金。这便是过去人们所传说的明月珠和夜光珠。白天天气晴朗的时候，在屋檐下能看见它有一线光芒闪烁不定，"夜光"不过是它的美号罢了，并不是真有能在夜间发光的珍珠。其次便是走珠，放在平底的盘子里，它会滚动不停，价值与珰珠差不多（死人口中含上一颗，尸体就不会腐烂，于是帝王之家不惜出重金购买）。再次的就是滑珠，色泽光亮，但形状不是很圆。再次的是螺蚵珠、官雨珠、税珠、葱符珠等。粒小的珠像小米粒儿，普通的珠像豌豆儿。低劣而破碎的珠叫作玑。从夜光珠到碎玑就好比同样的人却分成从王公到奴隶几个不同的等级一样。

珍珠的自然产量是有限度的，采得太频繁，珠的产量就会跟不上。如果几十年不采，那么蚌可以安身繁殖后代，孕珠也就多了。所谓"珠去而复还"，其实这取决于珍珠固有的消长规律，并不是真有什么"清官"感召之类的神迹（明代弘治年间，有一年采得两万八千两；万历年间，有一年仅仅只采得三千两，还抵不上采珠的花费）。

宝

原文

凡宝石皆出井中。西番诸域最盛，中国惟出云南金齿卫与丽江两处。凡宝石自大至小，皆有石床包其外，如玉之有璞。金银必积土其上，韫结乃成，而宝则不然，从井底直透上空，取日精月华之气而就，故生质有光明。如玉产峻湍，珠孕水底。其义一也。

凡产宝之井，即极深无水，此乾坤派设机关。但其中宝气如雾，氤氲①井中，人久食其气多致死。故采宝之人，或结十数为群，入井者得其半，而井上众人共得其半也。下井人以长绳系腰，腰带叉口袋两条，及泉近宝石，随手疾拾入袋（宝井内不容蛇虫）。腰带一巨铃，宝气逼不得过，则急摇其铃，井上人引缅提上，其人即无恙，然已昏瞢。止与白滚汤入口解散，三日之内不得进食粮，然后调理平复。其袋内石，大者如碗，中者如拳，小者如豆，总不晓其中何等色。付与琢工镞错解开，然后知其为何等色也。

属红、黄种类者，为猫精、鞑羯芽、星汉砂、琥珀、木难、酒黄、喇子。猫精黄而微带红。琥珀最贵者名曰瑿（音依，值黄金五倍价），红而微带黑，然昼见则黑，灯光下则红甚也。木难纯黄色，喇子纯红。前代何妄人，于松树注②茯苓，又注琥珀，可笑也。

属青绿种类者，为瑟瑟珠、珇玛绿、鸦鹘石、空青之类（空青既取内质，其膜升打为曾青）。至玫瑰一种，如黄豆、绿豆大者，则红、碧、青、黄数色皆具。宝石有玫瑰，如珠之有玑也。星汉砂以上，犹有煮海金丹。此等皆西番产，其间气出。滇中井所无。

时人伪造者，惟琥珀易假。高者煮化硫黄，低者以殷红汁料煮入牛羊明角，映照红赤隐然，今亦最易辨认（琥珀磨之有浆）。至引灯草，原惑人之说，凡物借人气能引拾轻芥③也。自来《本草》陋妄，删去毋使灾木。

注 释

①氤氲（yīn yūn）：雾气缭绕。②注：注释。③引拾轻芥：吸附轻微的东西。

译 文

宝石都产自矿井中，其产地以我国西部地区新疆一带为最多。中原地区就只有云南金齿卫（澜沧江到保山一带）和丽江两个地方出产宝石。宝石不论大小，外面都有石床包裹，就像玉被璞石包住一样。金银都是在土层底下经过恒久的变化而形成的。但宝石却不是这样，它是从井底直接面对天空，吸取日月的精华而形成的，因此能够闪烁光彩。这跟玉产自湍流之中、珠孕育在深渊水底的道理是相同的。

出产宝石的矿井，即便很深，其中也是没有水的，这是大自然的刻意安排。但井中有宝气就像雾一样地弥漫着，人呼吸这种宝气的时间久了多数会致命。因此，采集宝石的人通常是十多个人一起合伙，下井的人分得一半宝石，井上的人分得另一半宝石。下井的人用长绳绑住腰，腰间系两个叉口袋，到井底有宝石的地方，随手将宝石赶快装入袋内（宝石井里一般不藏有蛇虫）。腰间系一个大铃铛，一旦宝气逼得人承受不住，就急忙摇晃铃铛，这时井上的人就立即拉粗绳把他提上来。上来后，即便人没有生命危险，但也已经昏迷不醒了，只能往他嘴里灌一些白开水用来解救，三天内都不能吃东西，然后慢慢加以调理康复。口袋里的宝石，有的大得像碗，中等的像拳头，小的像豆子，但从表面上看不出里面是什么样子。将其交给琢工锉开后，才知道是什么宝石。

属于红色和黄色的宝石有：猫精、靼羯芽、星汉砂、琥珀、木难、酒黄、喇子等。猫精石是黄色而稍带些红色。最贵的琥珀叫瑿（yī，价值是黄金的五倍），红中而微带黑色。但在白天看起来却是黑色的，在灯光下看起来却很红。木难纯属黄色，喇子纯属红色。从前不知哪个随口妄言的人在"松树"条目下加注茯苓，又注释为琥珀，真是浅薄可笑！

属于蓝色和绿色的宝石有瑟瑟珠、珇母绿、鸦鹘石、空青（空青在内层，曾青在外层）等。至于玫瑰宝石，则像黄豆或绿豆大小，红色、绿色、蓝色、黄色，各色俱全。宝石中有玫瑰，就像珠中有玑一样。比星汉砂高一级的，还有一种名为煮海金丹的。这些宝石都出产自我国的西部地区，偶然也有随着宝气而出现的，云南中部的矿井中并不出产这类宝石。

现在的人们伪造宝石，只有琥珀最容易造假。高明的造假者用硫黄熬煮，手段低劣的用黑红色的染料煮熬牛角、羊角胶，映照之下，隐约可见红光，但现在看来也最容易辨认（琥珀研磨后有浆）。至于说琥珀能够吸引灯草，那是骗人的说法，物体只有借助人的气息才能吸引轻微的东西。《神农本草经》有不少荒诞错漏之处，这些都应当删去，省得浪费雕版刻印书的木料。

玉

凡玉入中国贵重用者尽出于阗①（汉时西国名，后代或名别失八里②，或统服赤斤蒙古③，定名未详）、葱岭④。所谓蓝田，即葱岭出玉别地名，而后世误以为西安之蓝田⑤也。其岭水发源名阿耨山，至葱岭分界两河：一曰白玉河，一曰绿玉河。后晋人高居诲作《于阗行程记》⑥，载有乌玉河⑦，此节则妄也。

玉璞不藏深土，源泉峻急激映而生。然取者不于所生处，以急湍无着手。俟其夏月水涨，璞随湍流徙，或百里，或二三百里，取之河中。凡玉映月精光而生，故国人沿河取玉者，多于秋间明月夜，望河候视。玉璞堆积处，其月色倍明亮。凡璞随水流，仍错杂乱石浅流之中，提出辨认而后知也。

白玉河流向东南，绿玉河流向西北⑧。亦力把里⑨地，其地有名望野者，河水多聚玉。其俗以女人赤身没水而取者，云阴气相召，则玉留不逝，易于捞取。此或夷人之愚也⑩（夷中不贵此物，更流数百里，途远莫货，则弃而不用）。

凡玉，唯白与绿两色。绿者，中国名菜玉。其赤玉、黄玉之说，皆奇石琅玕之类。价即不下于玉，然非玉也⑪。凡玉璞根系山石流水。未推出位时，璞中玉软如绵絮⑫，推出位时则已硬，入尘见风则愈硬。谓世间琢磨有软玉，则又非也。凡璞藏玉，其外者曰玉皮，取为砚托之类，其价无几。璞中之玉，有纵横尺余无瑕玷者，古者帝王取以为玺。所谓连城之璧⑬，亦不易得。其纵横五六寸无瑕者，治以为杯斝，此已当世重宝也。

此外，唯西洋琐里⑭有异玉，平时白色，晴日下看映出红色，阴雨时又为青色，此可谓之玉妖⑮，尚方有之。朝鲜西北太尉山，有千年璞，中藏羊脂玉⑯，与葱岭美者无殊异。其他虽有载志，闻见则未经也。凡玉，由彼地缠头回（其俗人首一岁裹布一层，老则臃肿之甚，故名缠头回子。其国王亦谨不见发。问其故，则云发见则岁凶荒，可笑之甚）或溯河舟，或驾橐驼，经庄浪入嘉峪，而至于甘州与肃州⑰。中国贩玉者，至此互市得之，东入中华，卸萃燕京。玉工辨璞高下，定价，而后琢之（良玉虽集京师，工巧则推苏郡）。

凡玉初剖时，冶铁为圆盘，以盆水盛砂，足踏圆盘使转，添砂⑱剖玉，逐忽划断。中国解玉砂出顺天玉田与真定邢台两邑。其砂非出河中，有泉流出精粹如面，借以攻玉，永无耗折。既解之后，别施精巧工夫。得镔铁⑲刀者，则为利器也。镔铁亦出西番哈密卫砺石中，剖之乃得。

凡玉器琢余碎，取笔钿花⑳用。又碎不堪者，碾筛和泥涂琴瑟。琴有玉声，以此故也。凡镂刻绝细处，难施锥刃者，以蟾蜍㉑添画而后锲之。物理制服，殆不可晓。凡假玉以砆碔㉒充者，如锡之于银，昭然易辨。近则捣舂上料白瓷器，细过微尘，以白蔹㉓诸汁调成为器，干燥，玉色烨然，此伪最巧云。

凡珠玉、金银，胎性相反。金银受日精，必沉埋深土结成。珠玉、宝石受月华，不受寸土掩盖。宝石在井，上透碧空，珠在重渊，玉在峻滩，但受空明、水色盖上。珠有螺城，螺母居中，龙神守护，人不敢犯。数应入世用者，螺母推出人取。玉初孕处，亦不可得。玉神推徙入河，然后恣取。与珠宫同神异云㉔。

注　释

①于阗：今新疆西南部的和田，汉、唐至宋、明称于阗，元代称斡端（Khotan），自古产玉。②别失八里：今新疆东北部乌鲁木齐市附近，元代于此地置宣慰司、都元帅府。按别失（besh）为"五"，八里（balik）为"城"，故别失八里意为"五城"，这里并非于阗。确切地说，于阗所在的新疆，明代称亦力把里。③赤斤蒙古：明代于今甘肃玉门一带设赤斤蒙古卫，亦非于阗所属。确如作者所自称，他没有弄清地名及地点。④葱岭：今新疆昆仑山东部产玉地区，于阗便在这一地区。⑤蓝田：西安附近的蓝田一带古曾产玉，新疆境内并无蓝田之地名。⑥《于阗行程记》：原文为"晋人张匡邺作《西域行程记》"，误。查《新五代史·于阗传》，载五代时后晋供奉官张匡邺、判官高居诲于天福三年（938）使于阗。高居诲作《于阗国行程记》言三河产玉事。此书非张匡邺作，且作者亦非晋人。《本草纲目》卷八《玉》条误为"晋鸿胪卿张匡邺使于阗，作《行程记》"。《天工开物》引《纲目》，亦误信，为免再以讹传讹，此处做了校改。⑦乌玉河：10世纪时在新疆旅行的高居诲在《于阗国行程记》中载产玉之河有白玉河（今玉龙喀什河）、乌玉河（今喀拉喀什河）及绿玉河，属正确记载。这些河均为塔里木河支流，发源于昆仑山。《明史》卷三三二称于阗东有白玉河，西有绿玉河，再西有乌玉河，均产玉。⑧"白玉河"句：实际上乌玉河流向东北，白玉河流向西北，过于阗后向北汇合于于阗河，再流入塔里木河。⑨亦力把里：原文作"亦力把力"，今改为"亦力把里"。亦力把里，《元史》作"亦剌八里"（ilibalik），《明史》作"亦力把里"，包括今新疆大部分地区。⑩此或夷人之愚也：这些说法得自错误传闻，不足信。⑪"价即"句：所谓玉，是指湿润而有光泽的美石，虽然多呈白、绿

二色，但也不能否定其余呈红、黄、黑、紫等色的美石为玉。⑫玉软如绵絮：天然产的玉有硬玉（Jadeite）、软玉（Nephrite）之分，所谓软玉硬度也在5.0以上，没有软如絮者。⑬连城之璧：《史记·廉颇蔺相如列传》载公元前3世纪赵国赵惠王得一块宝玉叫和氏璧，秦昭王闻之，愿以十五座城换取此璧，故称连城之璧，后用价值连城形容贵重物品。璧，古代玉器，扁平、圆形，中间有孔。⑭西洋琐里：《明史·外国传》有西洋琐里（Sola）之名，在今印度科罗曼德尔（Coromandel）海沿岸。⑮玉妖：一种异玉，可能指金刚石（Diamond），成分为碳C，等轴晶系，呈八面体晶形，纯者无色透明、折光率强，能呈现不同色泽。⑯羊脂玉：新疆产上等白玉，半透明，色如羊脂。⑰"问其故句"：从新疆向内地的路线应为：新疆→嘉峪关→肃州（今酒泉）→甘州（今张掖）→庄浪（今陇东庄浪、华亭一带）→陕西。⑱添沙：研磨、琢磨玉的硬沙，一种是石榴石（Carnet），常用的为铁铝榴石Almandite，红色透明，硬度为7，产于河北邢台。另一种为刚玉（Corundum），天然结晶氧化铝，有蓝、红、灰白等色，硬度为9，产于河北平山。⑲镔铁：坚硬的精炼钢铁。⑳钿（diàn）花：用金银、玉贝等材料制成花案，再镶嵌在漆器、木器上作装饰品。㉑蟾蜍（chán chú）：俗名癞蛤蟆，蟾蜍科（Bufo bufo gargarizans）动物，这里指其耳腺、皮腺的白色分泌物。㉒砆碔（fū wǔ）：似玉的石。㉓白蔹（liǎn）：葡萄科多年生蔓草植物（Ampelopsis japonica），根部有黏液。原文作"白敛"，今改为白蔹。㉔"玉神"句：同李时珍《本草纲目》中关于松脂变琥珀及琥珀拾芥的精彩论述相比，这里一大段神怪之谈倒是应当删去的。

译文

　　贩运到中原内地的玉，贵重的都出在于阗（汉代时西域的一个地名，后代叫别失八里，或属于赤斤蒙古，具体名称未详）、葱岭。所谓蓝田，是出玉的葱岭的另一地名，而后世误以为是西安附近的蓝田。葱岭的河水发源于阿耨山，流到葱岭后分为两条河，一曰白玉河，一曰绿玉河。后晋人高居诲作《于阗行程记》载有乌玉河，这段记载是错误的。

　　含玉的石不藏于深土，而是在靠近山间河源处的急流河水中激映而生。但采玉的人并不去原产地采，因为河水流急而无从下手。待夏天涨水时，含玉之石随湍流冲至一百里或二三百里处，这时再在河中采玉。因为玉是感受月之精光而生，所以当地人沿河取石多是在秋天明月之夜，守在河处观察。含玉之石堆聚的地方就显得那里的月光倍加明亮。含玉的璞石随河水而流，免不了要夹杂些浅滩上的乱石，只有采出来经过辨认而后才知何者为玉、何者为石。

　　白玉河流向东南，绿玉河流向西北。亦力把里地区有个地方叫望野，附近河水多聚玉。当地的风俗是由妇女赤身下水取玉，据说是由于受妇女的阴气相召，玉就会停而不流，易于捞取。或许这可说明当地人不明事理，当地并不贵重此物，如果沿河再过数百里，路途远，卖不出去，便弃而不用。

玉只有白、绿两种颜色，绿玉在中原地区叫菜玉。所谓赤玉、黄玉之说，都指奇石、琅玕（似玉的美石）之类，虽然价钱不下于玉，但终究不是玉。含玉之石产于山石流水之中，未剖出时，璞中之玉软如绵絮，剖露出来后就已变硬，遇到风尘则变得更硬。世间有所谓琢磨软玉的，这又错了。玉藏于璞中，其外层叫玉皮，取来做砚和托座，值不了多少钱。璞中之玉有纵横一尺多而无瑕疵的，古时帝王用以作印玺。所谓价值连城之璧，亦不易得。纵横五六寸而无瑕的玉，用来加工成酒器，这在当时已经是贵重宝贝了。

此外，只有西洋琐里产有异玉平时白色，晴天在阳光下显出红色，阴雨时又成青色，这可谓之玉妖，只有宫廷内才有这种玉。朝鲜西北的太尉山有一种千年璞，中间藏有羊脂玉，与葱岭所出的美玉没有什么不同。虽书中有记载其余各种玉，但笔者未曾见闻。玉由葱岭的缠头的回族人（其风俗是男人经年在头部裹一层布，故名缠头回人。其上层统治者也是不将头发露在外面，问其原因，则据说一露头发就会年成不好，这种习俗很好笑）或者是沿河乘船，或者是骑骆驼，经庄浪卫运入嘉峪关，而到甘肃甘州（今张掖）、肃州（今酒泉）。内地贩玉的人来到这里从互市而得到玉后，再向东运，一直会集到北京卸货。玉工辨别玉石等级而定价后开始琢磨。良玉虽集中于北京，但琢玉的工巧则首推苏州。

开始剖玉时，用铁做个圆形转盘，将水与沙放入盆内，用脚踏动圆盘旋转，再添沙剖玉，一点点把玉划断。剖玉所用的沙在内地出自顺天府玉田（今河北玉田）和真定府邢台（今河北邢台）两地，此沙不是产于河中，而是从泉中流出的细如面粉的细沙，用以磨玉永不耗损。玉石剖开后，再用一种利器镔铁刀施以精巧工艺制成玉器。镔铁也出于新疆哈密类似磨刀石的岩石中，剖开就能炼取。

琢磨玉器时剩下的碎玉可取来做钿花。碎不堪用的则碾成粉，过筛后与灰混合来涂琴瑟，由此使琴有玉器的音色。雕刻玉器时，在细微的地方难以下锥刀，就以蟾蜍汁填画在玉上，再以刀刻。这种一物克一物的道理很难弄清。用砆碔冒充假玉，犹如以锡充银，很容易辨别。最近有将上料白瓷器捣得极碎，再用白蔹等汁液粘调成器物，干燥后有发光的玉色，这种作伪方法最为巧妙。

珠玉与金银的生成方式相反。金银受日精，必定埋在深土内形成；而珠玉、宝石则受月华，不要一点泥土掩盖。宝石在井中直透青空，珠在深水里，而玉在险峻湍急的河滩，但都受着明亮的天空或河水覆盖。珠有螺城，螺母在里面，由龙神守护，人不敢冒犯。那些注定应用于世间的珠，由螺母推出供人取用。在原来孕玉的地方也无法令人接近。只有由玉神将其推迁到河里，才能任人采取，与珠宫同属神异。

附：玛瑙　水晶　琉璃

凡玛瑙，非石非玉。中国产处颇多，种类以十余计。得者多为簪簧、釦（音扣）结①之类，或为棋子，最大者为屏风及桌面。上品者产宁夏外徼羌地砂碛中，然中国即广有，商贩者亦不远涉也。今京师货者，多是大同、蔚州九空山、宣府四角山②所产，有夹胎玛瑙、截子玛瑙、锦红玛瑙，是不一类。而神木、府谷③出浆水玛瑙、锦缠玛瑙，随方货鬻，此其大端云。试法，以硪木④不热者为真。伪者虽易为，然真者值原不甚贵，故不乐售其技也。

凡中国产水晶，视玛瑙少杀⑤。今南方用者多福建漳浦产（山名铜山），北方用者多宣府黄尖山产，中土用者多河南信阳州（黑色者最美）与湖广兴国州（潘家山）产，黑色者产北不产南。其他山穴本有之而采识未到，与已经采识而官司历严禁封闭（如广信惧中官开采⑥之类）者尚多也。凡水晶出深山穴内瀑流石罅之中。其水经晶流出，昼夜不断，流出洞门半里许，其面尚如油珠滚沸。凡水晶未离穴时如棉软，见风方坚硬。琢工得宜者，就山穴成粗坯，然后持归加功，省力十倍云。

凡琉璃石，与中国水精、占城火齐⑦，其类相同，同一精光明透之义，然不产中国，产于西域。其石五色皆具，中华人艳之，遂竭人巧以肖之。于是烧瓴甋⑧转釉成黄绿色者曰琉璃瓦。煎化羊角为盛油与笼烛者为琉璃碗。合化硝、铅泻珠铜线穿合者为琉璃灯。捏片为琉璃瓶、袋（硝用煎炼，上结马牙者）。各色颜料汁，任从点染。凡为灯、珠，皆淮北齐地人，以其地产硝之故。

凡硝见火还空，其质本无，而黑铅为重质之物。两物假火为媒，硝欲引铅还空，铅欲留硝住世，和同一釜之中，透出光明形象。此乾坤造化，隐现于容易地面。《天工》卷末，著而出之。

译 文

　　玛瑙既不是石头，也不算是玉器，中原出产玛瑙的地方很多，有十几个种类。人们多用玛瑙来制作簪子和衣扣等，或者用来制作棋子，最大的玛瑙还可以用来制作屏风和桌面。质量好的出产在宁夏边境羌族地区的沙漠之中，但因为内地有很多，所以商贩也就用不着跑那么远去买卖了。现在北京所买卖的玛瑙大多是山西大同、河北蔚县九空山及宣化四角山出产的，其中有夹胎玛瑙、截子玛瑙、锦红玛瑙等几个品质。而陕西神木和府谷所出产的是浆水玛瑙、锦缠玛瑙，仅仅作为土产就地买卖，关于玛瑙的情形大致就是这样。辨别玛瑙的方法是将它放在木头上摩擦，如果不发热，便是真货。虽然假的玛瑙很容易做，但因为真正的玛瑙价钱本来就不算贵，所以人们也就不愿意去多费手脚了。

　　中原出产的水晶相对玛瑙而言则少些。现在南方使用的大多数是福建漳浦的铜山（山名）出产的，北方使用的大多数是河北宣化黄尖山出产的，中部地区使用的大多是河南信阳（其中尤其以黑色的为最美）、湖广兴国州（潘家山）出产的。黑色的水晶只出产于北方而不产于南方。其他地方的山洞中本来也有水晶，但是可能未被发现，或者已经被发现后又被官方封禁（如江西省广信府害怕宦官开采之类）的都有很多。水晶产于深山洞穴内有瀑布的石缝之中，瀑布昼夜不停地流过水晶，流出洞门半里多，水面还像煮滚的油珠一样。水晶在没有离开洞穴之前，像棉花一样软，见到风后才变得坚硬。有些琢工为了贪图方便省事，就顺便在山洞里先制成粗坯子，然后带回去进行加工，据说可以省力十倍。

　　琉璃石与中原水晶、越南火齐类别相同，同样都是透明清澈的，但是它不产于我国中原地区，而是产在我国西部少数民族地区。这类石头五种颜色都很齐全，汉族人民很喜爱它，便竭尽人的技巧来进行仿造。于是有的将砖瓦加上釉料来烧成黄绿色，叫作琉璃瓦；也有的把羊角煎化，做成油罐和烛罩，叫作琉璃碗；还有的把硝与铅化合做成珠子，并用铜线穿起来做成琉璃灯；有的用上述原料烧炼之后将其捏成薄片，制成琉璃瓶和琉璃袋（所用的硝石取自粗硝煎炼时结在上面的马牙硝）。这种种颜色都可以用颜料汁任意涂染。琉璃灯与琉璃珠都是淮河以北的山东人制作的，这是因为当地出产硝石。

　　硝遇到火就化气升腾到空中而消失了，而黑铅则是较重的物体。两物以火为媒介，硝要引铅到空中，铅要拉硝留在地面，这两种东西放在一个容器中会化合，这时就能透出光明的形象。这是天地自然规律在地面上的体现。已到《天工开物》全书的结尾，因此我在这里把它写出来。

精彩点拨

在《天工开物》中，珠玉被放在最后一篇，这是作者的有意安排。因为珠玉宝物这些东西对一般民生无关紧要，远不如吃饱穿暖重要，所以被放在最后。

本篇主要讲珍珠、宝石、玉的开采，还顺便讲了水晶、玛瑙、琉璃等。虽然在解释珠玉宝石形成的原因时有不切实际的说法，但是介绍水底、深井的操作技术却是清楚有用的记录。

阅读积累

猫眼

猫眼石即猫儿眼、猫睛、猫精。又称东方猫眼，是珠宝中稀有而名贵的品种。由于猫眼石表现出的光现象与猫的眼睛一样，灵活明亮，能够随着光线的强弱而变化，因此而得名。这种光学效应，称为猫眼效应。

猫眼是指具有猫眼效应的金绿宝石，在所有宝石中，具有猫眼效应的宝石品种很多。但在国家标准中，只有具有猫眼效应的金绿宝石才能真正称呼为猫眼，其他具有猫眼效应的宝石都不能直接称为猫眼。一般所说的猫眼石指的是金绿猫眼宝石，而其他具有猫眼效应的宝石必须在"猫眼"二字之前加上宝石的名称，如海蓝宝石猫眼、电气石猫眼等。

附　录

精彩导读

　　宋应星在《天工开物》中详细叙述了从动物体制成各种产品的技术。根据他的哲学观点，虽然动物界比植物界属于更高级的发展阶段，但究其物质本原仍不外是从元气、亦形亦气、形及草木这些物质层次而逐步生成、演变的，只是他没有告诉我们要花费多长时间才能完成这些过渡。他在论述动物、植物及矿物界在构成上的物质统一性时，还谈到物质世界多样性的原因。

一、宋应星生平

　　宋应星（1587—1661），字长庚，奉新县北乡雅溪牌坊村（今宋埠镇牌楼村人）。其曾祖父宋景，明正德、嘉靖年间，累官吏、工二部尚书，改兵部，参赞机务，入为左都御史。祖父宋承庆，字道征，县学廪膳生员。父宋国霖，字汝润，号巨川，庠生。弟兄四人，胞兄宋应升，同父异母兄宋应鼎、弟宋应晶。

　　宋应星幼年时期，与应升同在叔祖宋和庆家塾中读书八年，其勤奋好学，资质特异。一次因故起床很迟，应升已将限文七篇熟读背完，他则躺在床上边听边记，等馆师考问时，他琅琅成诵，一字不差，使馆师大为惊叹。年纪稍大，肆力钻研十三经传，至于关、闽、濂、洛各理学学派也都能掌握其精髓脉络之所在。学古文则自周、秦、汉、唐及《史记》《左传》《战国策》乃至诸子百家，无不贯通。

　　万历四十三年（1615），与宋应升同举江西乡试，两人同榜考中举人，他名列第三。当时全省有1万余人应试，在考中的109人中，奉新只有宋应星兄弟二人，故有"二宋"之称。同年冬，他俩赴京师参加次年春天的全国会试，结果没有考中。事后得知有人舞弊，状元的考卷竟是别人代作。天启元年（1621），宋应星兄弟二人又一次上京赶考，但仍未考中。嗣后，他对功名逐渐冷淡下来，而开始将主要精力用于游历考察，总结各地农业和手工业的生产技术和经验，为编纂一部科技巨著积累资料。

　　崇祯七年（1634），任袁州府分宜县学教谕。崇祯九年（1636），撰《野议》，著《画音归正》。崇祯十年（1637）四月，写成《天工开物》，刊出；六月，著述《论气第八种》；七月，写作《谈天第九种》。崇祯十一年（1638），改为福建汀州府推官。崇祯十四年（1641），调升亳州知州崇祯十五年（1642），改任滁和兵巡道与南瑞兵巡道，创

作《思怜诗》。崇祯十七年（1644）夏，甲申之变，明朝覆灭，清兵入关，他即弃官归里，以文字著述自娱，遂不复出。

宋应星著述颇富，其代表作《天工开物》的最早版本为明崇祯十年（1637）刻印，是一部总结我国明末以前农业和手工业技术成就的百科全书，分为上、中、下三部，原有20卷，只刊刻18卷，分别叙述了有关我国古代乃粒、乃服、彰施、粹精、作咸、甘嗜、陶埏、冶铸、舟车、锤锻、燔石、膏液、杀青、五金、佳兵、丹青、曲蘖、珠玉等物品的原料出产和制造过程，从生活资料到生产资料，从民用机械到国防武器，当时有关国计民生的部门应有尽有，内容广博，文字简洁，插图生动，别具一格，堪称我国古代不朽的科技宏著。已以中、日、法、英、德等国文字传遍全世界，在世界上占有重要的历史地位，产生了广泛的国际影响。英译本称其为"17世纪的中国工艺学"，日译本则称其为"中国技术的百科全书"，可见其声誉之高。

宋应星的著作除《天工开物》和《野议》《论气》《谈天》《思怜诗》外，还有《画音归正》《厄言十种》《杂色文原耗》《美利笺》《春秋戎狄解》以及未刊的《观象》《乐律》等，但已失传。

（一）宋应星生活的时代

公元16—17世纪，随着人们生产水平的提高，以及社会分工的扩大和国内外市场的开拓，商品经济有了很大的发展。

在农业上，首先，提高了农作物的产量，高产地区由过去的"苏杭熟，天下足"扩大到"湖广熟，天下足"。其次，普遍推广了经济作物的种植。棉花的种植从南方推广到北方，河北、山西、山东、河南、陕西各省都已成为产棉区，特别是江南的松江地区"官民军皂垦田凡二百万亩，大半植棉，当不止百万亩"。开始种植番薯和玉蜀黍等高产作物，如江浙、福建等地盛植番薯。公元16世纪，烟草传入中国，一路由日本经朝鲜传入东北，一路由吕宋传入福建、广东。明末已是普遍种植和吸食了。这时，花生也由巴西传入我国，并且开始种植。太湖地区的蚕桑业，以及闽广地区的甘蔗、蓼蓝、漆和各种油料作物，产量都得到了提高。农业经济作物的种植和推广一方面为家庭副业和手工业提供了原料市场；另一方面缩小了粮食的种植面积，扩大了商品化范围。譬如湖州地区农民种桑是为了出卖桑叶喂蚕，蚕结茧缫丝可供纺织绸缎，所以，苏州地区的丝织业依赖湖州的蚕丝，湖广地区的稻米要送往江浙一带，来自山东、河南地区的棉花供给松江的棉织业。这些被出卖的蚕丝、棉花、粮食都已变成了商品。

伴随着棉织和丝织业的大发展，生产工具也在逐步改进。棉纺织业中出现了脚踏纺车和轧棉的搅车，产量是元朝的几倍。民谣说："买不尽松江布，收不尽魏塘（在今浙江嘉善）纱。"每年供应宫廷、官吏、军队等的1500万~2000万匹棉布，由实物税改为折征银两，政府再到市场上去购买，反映了棉布的商品化。松江地区的棉布已是"衣被天下"。棉纺织业已成了农家的主业，甚至城内也兴起纺织业。江南有些地区的丝织业已经与原料生产分化，丝织品和原料都已成为商品。在湖州城内出现了专以机织为主的手工业者——机户，农民把蚕丝卖给机户，机户把蚕丝织成丝织品卖给商人，商人再到四方行销。至此，家庭手工业已经是商品化了。

手工业工匠由服徭役改为征银，促进了民间独立手工业的发展。在采矿业中，民矿迅速发展，门头沟的煤窑绝大部分是民营。在制瓷业中，民窑逐渐代替了官窑，景德镇的瓷窑中，民窑有900座，占总窑数的93.95%。民营手工业的发展标志着商品经济的发展。

许多以某种行业著称的城市开始出现，江西景德镇以制瓷著称，铅山以造纸著称，广东佛山以冶铁著称，湖北汉口以商业著称。苏州的盛泽镇、震泽镇，嘉兴的濮院镇、王江泾镇，湖州的双林镇、菱湖镇都以丝织业著称。特别是盛泽镇，从五六十户人家发展到拥有5万人口的大镇，冯梦龙的短篇小说集《醒世恒言》第18回《施闰泽滩阙遇友》描写盛泽镇："镇上居民稠广，土俗淳朴，俱以蚕桑为业。男女勤谨，络纬机杼之声，通宵彻夜。那市上两岸绸丝牙行，约有千百余家，远近村坊织成绸疋，俱到此上市。四方商贾来收买的，蜂攒蚁集，挨挤不开，路途无伫脚之隙，乃出产锦绣之乡，积聚绫罗之地。江南养蚕所在甚多，惟此镇处最盛。"松江的枫泾镇、朱泾镇、朱家角镇则以棉织业著称。

商业城市集中于运河和长江两岸，北方少，南方多，南北并不平衡。工商业的发展促使商人数量增加，商人在各地设立会馆（或同乡会馆），组成各种商帮，从事转运贩卖各种农产品和手工业产品。少数商人是拥有几十万至一百万银两资本的大商人，分为南、北两大系统，北系的代表是西商，即山西商人，南系是徽商，即安徽商人。在工商业发达的地区，有的商人收购大宗棉花、棉布、粮食、甘蔗、茶叶等进行加工，直接投资于手工业。譬如有的商人在湖州买丝，至芜湖染色，然后带到福州织造，这种商业资本标志着商品经济的进一步发展。由于工商业的发展，白银代替了钱钞，成为市场流通的主要货币。江南地区，特别是苏、松、嘉、湖、杭地区商品经济的明显发展创造了资本主义萌芽条件。于是在苏松地区出现了资本主义生产关系的萌芽。苏州出现了拥有二十余张或四十余张织机的机户，雇用数十个工人从事生产，这样的机户就是最初的产业资本家。

《醒世恒言》里的《施润泽滩阙遇友》一回中的施复夫妇家中就有三四十张织机，还雇了许多工人，他已经是一个资本家了。在苏州城内有数千个机工（织工）和数千名染工，他们都是不靠土地生活，自己没有织机，受雇于人，"得业则生，失业则死"，"一日不就人织则腹枵"，完全与生产资料脱离，一无所有，只有靠出卖自己的劳动力为生。他们与机户的关系是"机户出资，机工出力"，所得报酬是"计日受值"。这些机工摆脱

了封建依附关系，成为受资本家剥削的"自由"的雇用工人。

资本主义萌芽只局限于苏州的丝织业等江南地区的少数城市和少数行业，非常微弱，而且带有浓厚的封建主义气息。但是，资本主义萌芽的出现是在中国的地平线上升起了未来社会的新的曙光。因此，公元16—17世纪是"天崩地解"的时代，这个时代的思想家具有"别开生面"的特色。这个时代不仅兴起了启蒙社会思潮，还兴起了启蒙科学思潮。李时珍、徐光启、宋应星等杰出科学家写出了一些著名的科学著作，在医药、农业、手工业及地理研究等方面做出了重要贡献。

李时珍（1518—1593），湖北蕲州人，毕生以行医为业，采访四方，阅书800余种，写成《本草纲目》52卷。该书190余万字，记载药物1892种，比以前新增374种，并附有动植物插图1100余幅，内容十分丰富。这部书全面地总结了在他以前的我国药物学的巨大成就，把我国药物学的研究提高到一个新的阶段，在世界的药物学史上占有重要地位。

徐光启（1562—1633），上海人，明代卓越的科学家，在数学、天文、历法和农学方面都做出了很多贡献。在农学方面，留下了一部巨大著作——《农政全书》。该书60卷，70余万字，内容比以前的所有农书都要全面，对农业生产的各个方面都有详尽的记录，特别是对于番薯和棉花的种植技术做了重点介绍，对屯垦、水利工程及备荒三项做了系统的叙述。书中大量保存了《王祯农书》中的农器图谱，并且有所增补。这部书不仅整理总结了古代农书，而且反映了当时农业生产的实际经验，富有实践的科学精神，是一部实用性很强的科学著作。

王夫之（1619—1692），又称王船山，湖南衡阳人，明代唯物主义思想家。他明确肯定物质世界是独立存在的，说"天下唯器而已"，"器"是指客观存在着的事物；"无其器则无其道"，"道"是指事物规律。又说"理在气中"，"理"是指事物的规律，"气"是指客观事物。这样就在"道""器"或"理""气"的问题上批判了宋、明理学的客观唯心主义。在认识论方面，他认为人的认识是由外界事物引起的，外界事物的存在不以人的认识与否为转移。他以浙江的山为例指出，不管人们是否看见山，山都是存在的。此外，王夫之在《噩梦》中还提出"耕者有其田"的主张，认为土地不是帝王的私产，人民生长在土地上耕种土地，土地分明是耕者所有。这是很进步的见解。

（二）宋应星的早年经历

宋应星的祖先在元代（1260—1368）以前本姓熊。元、明之际（13世纪60—70年代），熊德甫就任南昌府丰城驿宰，娶当地宋氏为妻，因避兵乱，就改姓他妻子的宋姓，迁居在奉新县东雅溪（今潦水）沿岸。明代以后，宋德甫和他的后人便世代定居在奉新北乡的雅溪南岸务农。宋德甫一家到雅溪定居后，乘明初政府鼓励垦荒之际，开发了附近的土地，种植桑麻、水稻，兼营养蚕，逐渐成为经营地主。

宋德甫以下五辈传至宋迪嘉，都是靠经营土地、养蚕发迹的。宋迪嘉之子，宋应星的曾祖宋景（1476—1547），字以贤，号南塘，公元1505年中进士，历任山东参政、山西左布政使、南京工部尚书转兵部尚书、进京师都察院左都御史（正二品），卒赠太子少保，吏部尚书，谥庄靖，是明代中期重要阁臣。他为官清廉，曾推行"一条鞭法"的改革政策。他的家族被封荫，从此，宋家成为官僚地主家庭。

宋景有五个儿子，第三子宋承庆（1522—1547）是宋应星的祖父。宋承庆，字道徵，号思南，自幼在本县为庠生（秀才），博学能文，娶龙潭黄氏，继娶泥湾顾氏，顾氏生宋国霖（1547—1629），也就是宋应星的父亲。宋承庆在27岁时早逝，只留下孤子宋国霖。宋国霖，字汝润，号巨川，不到1周岁时就已丧父，由母亲顾氏抚养，后在叔叔宋和庆（1524—1611）的照养下成人，少补诸生，在庠四十年，一生都是秀才，没有做官。从宋景到宋承庆一代人时，宋家还是繁华府第，佣人前呼后应，具有阁臣府第气派，但是，到了宋国霖时，家境逐渐萧条下来。

宋国霖有四个儿子，长子宋应升（1578—1646），字元礼；次子宋应鼎（1582—1629），字次九，号铉玉，是甘氏所生，在本县为庠生，没有做官；三子宋应星，与应升是魏氏（1555—1632）所生；幼子宋应晶，字幼含，为王氏所生，副贡生，后来决意科举，迁居到县城。宋应星小时候和大哥宋应升一起在叔祖宋和庆开办的家塾中读书。宋和庆于公元1569年中进士，授浙江安吉州同知，进广西柳州府通判，不久就辞官归里，在本乡兴办教育事业。接着，兄弟二人又投师于族叔宋国祚，和他们的族侄宋士遴、宋士达等人一起就学。

宋应星幼时先学诗文，又学经史子书，接受封建正统教育。宋应星喜欢游历，和哥哥宋应升等人结伙游历的地方有县城北的狮山，以及再往西北50里的越王山。越王山南的会埠有宋家的大片地产。县城西120里的百丈山是全县最高的山，山上有百丈寺等名胜古迹，以及唐宋以来文人士大夫们的诗文碑刻。北乡以东是新建的，那里有宋家的亲友。再东行80里是省城南昌。宋应星自幼聪明伶俐，几岁就能作诗，有过目不忘之才，很得老师和长辈们的喜爱。

后来宋应星又和宋应开、堂叔宋国璋（宋和庚子）、族侄宋士中及本县的廖邦英等人就学于新建举人邓良知（1558—1638）。后来，宋应星考入本县县学为庠生，熟读十三经和历代史书、诸子百家。宋应星在哲学方面最推崇的是张载（1020—1077）的关学。

张载是北宋凤翔郿县横渠镇（今属陕西眉县）人，字子厚，公元1057年中进士，熙宁（1068—1077）初为崇文院校书。不久，退居南山下，教授诸生，学者称横渠先生。因为是关中人，所以称他的学派为关学。过去曾以周（敦颐）、程（颢，颐）、张（载）、朱

（熹）并称，但是张载反对周、程，朱以"理"为万物的本源，而且提出虚空即气，主张气为充塞宇宙的实体。由于气的聚散变化，形成各种事物现象。承认物质先于精神而存在具有朴素的唯物主义因素。宋应星即从张载的关学中接受了唯物主义自然观。宋应星对天文学、声学、农学和工艺制造之学都有很大兴趣。

公元1603年，江西巡抚夏良心在南昌府刊刻了李时珍的《本草纲目》，宋应星熟读此书，这对他后来写作《天工开物》很有启发。宋应星还喜欢音乐、作诗。宋应星青年时代的主要时间和精力基本上花在了科举的应试上。

公元1615年，宋应星和宋应升到省城南昌参加乡试。参加这一年乡试的江西考生有1万多人，但中举的却只有109人，宋应星名列第三，宋应升名列第六，奉新县考生中只有宋应星兄弟二人及第，又名列前茅，所以当时的人称他们为"奉新二宋"。

宋应星弟兄受到了乡试成功的鼓舞，当年秋天，他们就前往京师（今北京）应第二年的会试，但是，二人都名落孙山。宋应星弟兄决定下次再去参加会试，为了做好应试准备，他们就前往江西九江府古老的白鹿洞书院进修，当时任洞主的是著名学者舒曰敬（1558—1636）。

舒曰敬，字元直，号碣石，南昌人，公元1592年中进士，是个有成就的教育家。后来，他的学生涂绍煃、万时华、徐世博、廖邦英等人都成为著名的江西学者。

公元1619年，宋应星弟兄和舅父甘吉阴进京会试，但二兄弟仍未及第，他们以为第三次可以成功。

公元1623年，宋应星弟兄第三次进京会试失败。

公元1627年，宋应星弟兄第四次进京会试失败。

公元1631年，宋应星弟兄第五次进京会试失败。

这时，宋应星已45岁，宋应升已54岁，他们宝贵的青壮年时间就这样消磨在了科举上面，从此，他们绝了科举之念。虽然宋应星五次进京会试且均告失败，但这五次水陆兼程的万里跋涉并不是一点意义没有。在这些长途旅行中，他打开了自己的眼界，扩充了社会见闻。沿途他们经过了江西、湖北、安徽、江苏、山东、河北等省的许多城市和乡村，使他有机会在田间、作坊从劳动群众那里调查到不少农业和手工业生产技术知识，为后来写作《天工开物》等书做了准备。没有这些经历，他就难于写出这些著作。

宋应星也在几次进京会试途中耳闻目睹了明末社会的现实情况，这些情况不容易在书本中了解到，只有到基层做细致的社会调查，才能真正观察和体验到明末许多腐朽的社会现象，掌握到更多的实际资料。这时候，社会矛盾激化，尤其农民与地主阶级的矛盾激化，土地兼并越演越烈，赋税繁重，农民的反抗斗争不断发生。城市居民和封建统治者的矛盾也越发激化，这在中国历史上还是首次出现。明朝统治集团内部也是矛盾重重，像宋应星这样具有真才实学的人才却得不到录取，说明科举考试本身充满了腐败。在他很多政治性的文章当中，所有这些都在一定程度上得到了反映。

宋应星在他多次应试失败的惨痛教训中体会到终生埋头书本而缺乏实际知识是真正的不足为道。于是他终于下决心放弃科举，转向实学，钻研与国计民生有切实关系的科学技术，开始了他一生中的重要转折。宋应星在实践中悟出这些道理后，就利用原有的文化知识虚心向工农群众请教，并及时记录下有关工农业生产技术的知识，终于写出了《天工开物》这部宏伟不朽的科学巨著。

（三）担任县学教谕

公元1604年，宋应星弟兄已各自成家分居了，宋家的地产从此化整为零。几次万里征程也花费了许多钱财，娶妻生子，家庭支出日渐增多，经济状况已经不如过去，整天在家闲居不是长久之计。于是宋应星决定在社会上谋求一项公职，再借此施展他研究实学的志愿。

宋应星的哥哥宋应升在公元1632年谋求到浙江桐乡县令的职务。但是不久，他们的母亲魏氏亡故，宋应升、应星把母亲安葬在本乡的塘尾，就按照封建社会的习俗，在家"守制"。公元1634年，宋应星担任了本省袁州府分宜县县学教谕的职务。应升则调任广东肇庆府恩平县令，因为有政绩，所以被诰封为文林郎。分宜县在奉新的西南，中间经过上高，不算太远。县学有20名学生，教谕则是个未入流的文职衙门中的下级官员。宋应星在这个职务上一直工作到公元1638年。

宋应星在分宜担任教谕的时候，类似我们现在不坐班学校的教员，授课后的余闲时间较多，同时能接触到一些图书资料，为他从事写作提供了条件。宋应星充分利用了这段时间，根据以前的调查所得，再查找必要的参考文献，从事着极其紧张的著述工作。

公元1636年3月，宋应星在分宜县令曹国祺的支持下，完成了万言的政论集《野议》，并出版。

《野议》集中反映了宋应星的政治思想和经济思想，是宋应星在一夜之间写成的。由于宋应星没有在朝做官，所以称为《野议》。

宋应星写《野议》的目的是挽救明末社会所面临的政治和经济危机，提出了一系列改革措施，期望社会由乱而治，使国家转危为安，体现了宋应星关心国家前途和民族命运的爱国思想，可以将其看成宋应星希望崇祯皇帝实行变法的万言奏议。

宋应星主张减免对人民的横征暴敛，呼吁罢除军界、政界中的贪官污吏，代之以廉洁奉公、一心为国的清官，使工农能获温饱，商人能有利可图，贫士有获得科举入仕的机会，各阶层的人都能各安其业。然后，全面发展农业、工业和商业，养兵练武，则国运也许会有救。书中有许多精辟思想：譬如认为社会财富是劳动创造的，增加社会财富就要大

力发展农业和工业，以此来提供丰富的劳动产品。宋应星这种财富观为经济学原理做出了贡献。由于《野议》在一夜之间写成，所以在文字上略逊一筹。

宋应星同时整理发表了他的自选诗集《思怜诗》。《思怜诗》共52首，分成《思美诗》和《怜愚诗》两部分，宋应星取两卷的首字"思"和"怜"将其命名为《思怜诗》。《思美诗》10首，都是七律，《怜愚诗》42首，都是七绝。

《思怜诗》主要反映了宋应星的人生观，用文学形式表达了他对人生价值和意义等问题的看法。宋应星在诗中塑造了两大类典型人物，分别给予褒美和讥讽。他继承了唐代大诗人白居易（772—846）倡导的新乐府运动的诗论传统，主张写诗应当揭露时政弊端，反映社会现实，并且给人以启迪和教化。

宋应星还著有《画音归正》《原耗》二书，可惜均已失传。《画音归正》是讨论音韵、乐理的作品，与《乐律》的内容相近。《原耗》万言，除与《野议》有类似内容外，还谈到桑麻、绵葛等"小"事。

公元1637年，宋应星发表了他一生中最重要的作品《天工开物》。宋应星在《天工开物》卷首写了一篇序，序中说：年来著书一种，名曰《天工开物》。伤哉贫也！欲购奇（购买奇书，奇器）考证，而乏洛下之资，欲招致同人，商略赝真，而缺陈思之馆，随其孤陋见闻，藏诸方寸而写之，岂有当哉？吾友涂伯聚先生，诚意动天，心灵格物，凡古今一言之嘉，寸长可取，必勤勤恳恳而契合焉。昨岁《画音归正》，由先生而授梓。兹有后命，复取此卷而继起为之，其亦夙缘之所召哉！卷分前后，乃"贵五谷而贱金玉"之义。《观象》《乐律》二卷，其道太精，自揣非吾事，故临梓删去。丐大业文人，弃掷案头！此书于功名进取毫不相关也。时在崇祯丁丑孟夏月，奉新宋应星书于"家食之问堂"。

（四）《天工开物》

《天工开物》共3卷，18章。

上卷为《乃粒》《乃服》《彰施》《粹精》《作咸》《甘嗜》6章，多数是和农业有关的，将其放在卷首，表明了宋应星重视发展农业生产的思想。

《乃粒》：主要论述稻、麦、黍、稷、粱、粟、麻、菽（豆类）等粮食作物的种植、栽培技术，以及包括各种水利灌溉机械在内的有关生产工具，介绍特别详细的是以江西为代表的南方水稻栽培技术。

宋应星在谈到用浸种法育秧时提到，水稻育秧后30日即拨起分栽，否则容易引起减产。一亩秧田可移栽25亩，即秧田与本田之比为1：25，在江西到近代还是这样。又说早稻食水三斗，晚稻食水五斗，失水即枯。这些重要的技术数据对农业生产具有指导作用，是育秧、插秧、灌溉的理论基础，在以前的农书中没有记载过。这种用技术数据给予定量的解说，同时提出一系列理论概念，记述工农业生产中许多先进科技成果的方法，使《天工开物》成为一部科学技术的完整著作。

宋应星还论述了作物与环境的关系，以及外界环境变迁对作物物种变异的影响。例如，他说有些水稻因干旱而逐步变成抗旱性的旱稻，通过人工选择可以培育出这种旱稻，农民们还创造出一种高山可插的旱稻。宋应星还说，对于那些排水不良、土温较低的酸性土，用石灰撒在苗根，便于中和土壤酸性，促成土壤团粒结构形成。对于酸性不高的向阳暖土，则不宜用石灰。还提到了骨灰蘸秧根是施用磷肥的有效措施。

宋应星还介绍了以砒霜为农药拌种。砒霜，又叫砒石或信石，是含砷化合物，主要成分是三氧化二砷，有剧毒，一般用来烧制白铜，配火药，治疟疾和顽癣，毒家鼠等。从宋应星开始，才有用于农业上拌种拌秧，以防病虫鼠害的记载。

《乃服》：包括养蚕、缫丝、丝织、棉纺、麻纺和毛纺等生产技术，还有有关生产工具、设备、操作要点，重点介绍了浙江嘉兴、湖州地区养蚕的先进技术和丝纺、棉纺，还有大提花机的结构图。

宋应星在讲到蚕种时介绍的新蚕种的培育反映了我国古代生物学上的一项重要成就——人工杂交育种。将一化性蚕的雄蛾和二化性蚕的雌蛾杂交，便引起蚕种变异，从而育出合乎需要的新蚕种。同样，将黄茧蚕蛾和白茧蚕蛾杂交后，育出的下一代是褐茧蚕。这是我国古代不自觉地应用定向变异原理的优秀实例。宋应星介绍的这种变异现象与19世纪英国学者达尔文（1809—1882）所述几乎相同。

宋应星还在本章的《病症》条中记载了根据蚕体变态、行为反常和食欲不振来判断病蚕。及时将有传染病的病蚕从蚕群中除去可以使健康的蚕发育成长，这些都是符合科学原理的方法。

《彰施》：介绍各种植物染料和染色技术，对于蓼蓝的种植和蓝靛的提取，从红花提取染料的过程叙述得比较详细，还涉及各种染料的搭配和媒染方法。

《粹精》：叙述稻、麦等的收割、脱粒和磨粉等农作物加工技术和工具，侧重于介绍加工稻谷用的风车、水碓、石碾、土砻、木砻和制面粉的磨、罗等工具。

宋应星叙述的江西水碓以水力为能源，通过立式主轴带动各机件，同时具有灌田、脱粒和磨面三种功能，是17世纪世界上先进的农用机械。

《作咸》：论述海盐、池盐、井盐等盐产地和制盐技术，其中对海盐和井盐论述得比较详细。

宋应星在谈到井盐时，特别介绍了四川井盐，在谈到了冲击式的顿钻后，叙述了一种吸卤器，是个喉下安"消息"的竹筒。宋应星所说的安有"消息"的竹筒实际上就是唧筒装置。"消息"相当于阀门，皮制，当竹筒沉到井下时，下端阀门受卤水压力而张开，卤水进入筒中。提筒时，阀门又受筒内卤水重力下压而封闭。在四川自流井土法制盐

生产时，至今仍可见到使用这种吸卤器提取卤水——它是用物理学原理而设计出来的吸水器。

《甘嗜》：主要叙述甘蔗种植、制糖技术和工具，还论及蜂蜜和饴饧（麦芽糖）。

宋应星还重点介绍了将水稻育秧法移植到甘蔗种植中，实行甘蔗移栽这种新技术。

《天工开物》每一章所叙述的内容并不是平铺并列的，而是有主有次，把重点产品作为研究重点，突出先进地区的生产技术，全书各章各节都主次分明。

中卷共7章，主要是工业技术。

《陶埏》：叙述建筑房屋用的砖瓦和日常生活中用的陶器、瓷器（白瓷、青瓷）的制造技术和工具。重点介绍景德镇生产民用白瓷的技术，从原料配制、造坯、过釉到入窑烧结都有说明。

《冶铸》：是中国传统铸造技术论述最详细的记录，重点叙述铜钟、铁锅、铜钱的铸造技术和设备，包括失蜡、实模和无模铸造三种基本方法。

《舟车》：首先用数据标明了船舶和车辆的结构构件和使用材料，同时说明各种船、车的驾驶方法，详细介绍了大运河上航行的运粮船漕船。

《锤锻》：系统叙述了铁器和铜器的锻造工艺，讨论范围从万斤大铁锚到纤细的绣花针，还有斧、凿、锄、锯等各种生产工具的制造、焊接、金属热处理等加工工艺。

宋应星记载了一项先进的金属加工工艺——生铁淋口。方法是在熟铁制的农具等坯件上淋以一层薄的生铁水，再经加工及热处理，使制品完成。所用的生铁水量必须恰到好处。由于表面生铁熔覆层与渗碳层的共同作用，使工件既耐磨，又坚韧，这是金工史上的一项独特创造。几百年来，这种技术已遍及我国各地，至近代还用这方法制造小农具。

《燔石》：论述烧制石灰、采煤，烧制矾石、硫黄和砒石的技术，还论述了煤的分类、采掘和井下安全作业。宋应星详细叙述了砒石种类、制法、性状和在工农业上的用途。文中还介绍了明代湖南衡阳工厂中一处就年产砒石达万斤的事。用砒石作为农药，这是中国农业技术史中的一大发明，正是《天工开物》首先把这项发明正式记录了下来。

宋应星为我们提供了采煤技术的可贵资料。他按煤的块度和火焰等物理性状及用途，将煤分为明煤、碎煤、末煤等类，在当时是较为先进的分类。在谈到挖煤后，宋应星还谈到了"煤气"。

宋应星所说的"煤气"就是现在煤矿中俗称的瓦斯，它是在煤炭生成过程中伴生的气体混合物，主要成分有甲烷、一氧化碳、二氧化碳和硫化氢等，虽然没有颜色，但是容易燃烧，对人体具有毒害作用。宋应星在谈到南方采煤时，介绍用中空的巨竹管插入井下，将地下瓦斯借竹管引出地面，是一个简便有效而且经济的安全措施。

宋应星介绍的另一个安全措施是在井下设"支护"（即巷道支板），从他的记载中，我们可以知道明代采煤技术已经基本解决了井下掘煤两项最首要的作业问题。与此形成鲜明对照的是，欧洲在18世纪时还没有妥善解决瓦斯通风的问题。

《膏液》：介绍了16种油料植物子实的产油率、油的性状、用途，还有用压榨法、水代法提取油脂的技术和工具，还谈到柏皮油的制法和利用柏皮油制作蜡烛的技术。

《杀青》：论述纸的种类、原料和用途，详细地论述了造竹纸和皮纸的全套工艺技术和设备。

《天工开物》下卷包括5章，也属于工业技术。

《五金》：论述金、银、铜、铁、锡、铅、锌等金属矿开采、洗选、冶炼和分离技术，还有灌钢，各种铜合金的冶炼和珍贵的生产设备图。这一章记载了不少中国人民的创造发明，如以煤炼铁、用活塞风箱鼓风、直接将生铁炒成熟铁、以生铁与熟铁合炼成钢，等等。宋应星记载说，在生铁炼成之后，如果想再把生铁变成熟铁，就在冶铁炉旁挖一个方塘，趁热使铁流入塘内，加入泥粉做为溶剂，并由几个人用柳棍快速猛搅，从而加速生铁中碳等成分的氧化作用，以炒成熟铁。这种把冶铁炉和冶铁设备串联使用的连续作业方法可以减少炒铁时的再熔化过程，降低了炒铁时间和生产成本。

宋应星在记载炼钢时说，先把打成薄片的熟铁捆起来放入炉中，上面上放生铁，再用涂泥草鞋盖顶，当炉温升高后，生铁水能自上而下地均匀渗到熟铁中去，然后取出来锻打。再炼再锻就会成为好钢。这种方法比南北朝时期出现的"灌钢"技术更先进，能够均匀地渗碳和更充分地脱去杂质。与宋代的炼钢技术相比，也有独到之处：不用泥封，而是用涂泥草鞋盖上，使生铁在还原气氛下逐渐熔化，使大部分火焰反射入炉内，提高炉温。这种方法不是把生铁块嵌在盘绕的熟铁条中，而是放在捆紧的熟铁薄片上，用生铁含碳高、熔点低的特点使生铁液均匀灌在熟铁片夹缝中，增加生熟铁的接触面，便于均匀渗碳，这是我国灌钢法的一大改进，这种改进使用的生铁及熟铁合炼成钢的设备原理成为近代马丁炉的始祖。宋应星最早、最详细地记载了锌的提炼技术。他还提供了一幅最早的提炼金属锌的生产过程图。

宋应星所叙述的锌的提炼方法是：制锌所用的原料是炉甘石（不纯的碳酸锌），把炉甘石放在泥罐中封泥加固，再逐层用煤炭饼垫罐底，下面铺薪引火。在罐外炭火烧灼的较高温度下，炉甘石发生化学分解反应，分解后产生的二氧化碳气从泥罐缝中逸出，而固体氧化锌又受到从缝中进入的或者是封罐时加入的碳的作用发生还原反应而得到金属锌。

因为《天工开物》炼纯锌的文字记载比欧洲要早，所以，宋应星对金属锌（"倭锌"）冶炼工艺的论述是世界上最早的文字记载。宋应星还指出了锌和铜按不同比例制成铜锌合金（黄铜）的方法，也是冶金史上的可贵记载，具有世界性的生产指导意义。宋应星还记载了利用金、银、铜、锡、铅、锌、汞等金属的物理性质和化学活泼性的不同来分离或检验金属的各种有效办法。譬如他记载把白银从含银的黄金里分离出来的办法是

利用硼砂熔点较低的特性，在分离时起助熔作用。当把金银合金熔化后，由于金（熔点1063℃）、银（熔点961℃）熔点不同而进行分离，银首先"吸入土内，让金流出，以成足色"。再入铅少许，又把银钩出，这是近代冶金学中所说的熔融提取法。宋应星在论述金、银、铜的单位体积内重量时，已经有了物理学中的比重概念。

《佳兵》：记载弓箭、弩、干等冷兵器和火药、火器的制造技术，包括火炮、地雷、水雷、鸟铳和万人敌（旋转型火箭弹）等武器。

《丹青》：主要叙述以松烟及油烟制墨及供作颜料用的银朱（硫化汞）的制造技术，产品均为文房用具。

《曲蘖》：记述酒母、药用神曲及丹曲（红曲）所用原料、配比、制造技术及产品用途，其中红曲具有特殊性能，是宋朝以后才开始出现的新品种。宋应星记载的红曲可以用于食物保存，和近代用抑制微生物生长的抗生素保存食物出于同一原理。他在叙述红曲制造时，特别强调选用绝佳的红酒糟作为"曲信（菌种）"，并加入明矾水来保持红曲菌种培养料的微酸性，以抑制其他有害杂菌的生长。这些都是发酵工艺中长年积累下来的经验总结，具有很深刻的学理性。

《珠玉》：宋应星本着轻视金银珠宝等奢侈品的指导思想，把它放于卷末。主要叙述在南海采珠，在新疆和田地区采玉，在井下采取宝石的方法和加工技术，还谈到了玛瑙、水晶和琉璃等。

《天工开物》除文字叙述外，还有123幅插图，展示工农业各有关生产过程。除个别章节引用前人著述以外，绝大部分内容是宋应星在南北各地科学调查的资料。在叙述生产过程具体技术的同时，宋应星还用"穷究试验"的研究方法对所述技术给予理论上的解释。这同一般的技术调查报告是不一样的。

《天工开物》这本书的书名表现的是一种具有普遍意义的科学思想。天工开物强调的是自然力（天工）和人工的配合，以及自然界的行为和人类活动的协调，通过技术从自然资源中开发产物，以显示出人的主观能动性。这种科学思想的核心意义是以"天工"补"人工"开万物，或者借助自然力和人力的协调，通过技术从自然界中开发万物。

宋应星的《天工开物》在中国历史上第一个从专门科学技术角度把农业和手工业18个生产领域中的技术知识放在一起进行研究。他对我国明代以前的农业和手工业方面积累起来的技术经验做了比较全面和完整的概括，并使它系统化，构成了一个科学技术体系，这是一项空前未有的创举。宋应星在《天工开物》中用《冶铸》《锤锻》《五金》三卷专门叙述铁、铜、铅、锡、银、金、锌等金属和它们的合金的冶炼、铸造、锤锻技术，填补了我国古代一项重要的文献空白。

宋应星是从我国东西南北各地的全局出发，以比较的方法来融会贯通地综合研究农业和手工业技术的。宋应星注重"实践"和"穷究试验"，以及时间、空间和比例的数量概念，对迷信和唯心谬论持怀疑批判态度，一洗封建时代研究学术的歪风陋习，把近代科学启蒙者所具有的那种实证精神带到了科学界中来。

在世界科学技术史上，宋应星的《天工开物》完全可以和西方文艺复兴时期德国矿冶学家阿格里柯拉（1490—1555）撰写的《矿冶全书》相媲美。

宋应星的《天工开物》被介绍到欧洲后，欧洲人把宋应星尊称为"中国的狄德罗（1713—1784，18世纪法国启蒙学者，以编撰《百科全书》知名）"。宋应星在中国历史上是和李时珍、徐光启、方以智等十六七世纪的卓越人物相并列的，都是明代我国科学技术领域中启蒙思潮的先驱者和代表人物。

宋应星的《天工开物》曾从李时珍的《本草纲目》中受到启发，又在不少地方对这本书进行了发挥。宋应星还弥补了徐光启《农政全书》中在手工业方面的遗漏。

公元1643年，方以智在写作《物理小识》时就参考了《天工开物》，在卷七金石部中引用了《天工开物·五金》铜条中的资料。

（五）宋应星的晚年

1637年6月，宋应星完成了他的《卮言十种》中的第八种《论气》一书。《论气》是宋应星的一部自然哲学著作，分为《形气》《气声》《水火》《水尘》《水风归藏》和《寒热》等篇章。宋应星在《论气》一书中继承了先秦的荀子（公元前330—前227）、汉代的王充（27—107）、宋代的张载（1020—1077），特别是宋代哲学家张载的元气论并予以发展，形成了他的唯物主义一元论自然观哲学体系。宋应星认为宇宙万物最原始的物质本原是气，由气而化形，形又返回到气。在形和气之间还有个物质层次是水火二气。

宋应星把元气论和新五行说（金、木、水、火、土）结合起来，用"二气五行之说"来解释万物构成的机制。由元气形成水火二气，再由水火形成土，水火通过土形成金木有形之物，然后逐步演变成万物。宋应星的二气五行之说理论比王充、张载的元气论更为深化和绵密，也比当时西方用亚里士多德（公元前384—前322）的土火水气四元素说解释万物生成更加具体。因为他在气和万物之间引入了水火土金木这些过渡的物质层次，而不是由气直接构成万物。

宋应星还进一步讨论土石五金的"生代之理"，从中引出了物质在变化前后"未尝增"与"未尝减"的物质守恒思想。宋应星还指出动物体内所含的物质成分和植物所含的是同类，而植物是摄取土中无生命养料和水而生长的，从而论证了有机界和无机界之间在物质构成上的统一性。

宋应星的唯物主义自然观是建立在他所掌握的丰富的科学技术知识基础上的。宋应星在《论气》的《气声》篇中还专门讨论了自然科学中的声学问题，其中包括影响声调的各种条件、声速、声音的传播媒介和决定声音强度的因素等问题。

宋应星在谈到声音发生原理时，指出声音是气的运动，由于气与形之间的冲击而发出声音，以形破气而成为声音。声音的大小、强弱取决于形、气间冲击的强度，急冲急破。

宋应星还指出传播声音的介质是空气，他以炮声为例，指出单位时间内炮声所达到的距离为炮弹所达到的距离的10倍。他认为，声音在空气中的传播很像以石击水所成的水波扩散那样，以波的形式在空气中传播。可见他已经有了关于声波的初步理论概念。他的这些思想为以后声学理论的发展指出了正确方向。当时，欧洲还在争论关于声音的传播媒介到底是空气，还是以太微粒或物质微粒。直到17世纪德国学者盖里克用抽气机做传声实验后，才证明声的传播介质是空气，声波的概念是这以后很久才建立起来的。宋应星在研究声学理论方面提出了较先进的思维模式。

1637年9月，宋应星又完成了《卮言十种》中的第九种《谈天》一书。《谈天》主要是谈日，当宋应星登山东泰山观日时酝酿了一种思想，认为今日之日非昨日之日，如果认为是昨日之日，是"刻舟求剑之义"。认为太阳不但沿着它的轨道周行不已，而且它自身也在不断变化之中，这样就修正了张载提出的"日月之形，万古不变"之说，批判了董仲舒"天不变，道亦不变"的形而上学观点。后来，王夫之发挥了宋应星这种"日日新"的

思想。

宋应星还批评了宋儒朱熹（1130—1200）注《诗经·小雅·十月之交》"日有食之"时的天人感应说观点，以古代日食观测资料与古史做了对比，证明天人感应说是毫无根据的。

1638年，宋应星在分宜任期已满，考列优等，随后升任福建汀州府推官。

1640年，宋应星任期还没有满，就辞官归里了。

1642—1643年，宋应星在奉新家居住时，当地爆发了由李肃十、肃七领导的红巾军起义。宋应星曾经与兵备道陈起龙、司李胡时享用计谋和武力镇压了这次起义。

1643年，宋应星又出任南直隶凤阳府亳州知州，这是宋应星一生担任的最高官职。宋应星担任亳州知州时，已经是明亡的前夕。宋应星赴任后，州内因战乱破坏，官署都被毁，于是他捐资努力重建，又把出走的官员招集回来，还捐资在城南买下了薛家阁，准备建立书院。

1644年初，由于形势的急剧变化，宋应星的心愿未遂，辞官返回了奉新。3月19日，明崇祯帝朱由检自缢于万岁山树上。是日，农民军破内城各门，李自成乘马进城，入承天门，登皇极殿。城内人民都设案焚香迎接，于门首大书"顺民"和"大顺永昌皇帝万岁万万岁"等字样。明朝的腐朽统治至此崩溃了。

4月22日，清兵进入山海关，包围了北京城。虽然宋应星早已挂冠，回到了奉新家中，但仍关心国家大事，他按捺不住自己的激动心情，痛恨那些汉族大官僚地主依靠满族贵族统治集团对广大人民施行民族压迫的可耻行径，就挥笔草成了《春秋戎狄解》一书，借古喻今，在南方制造抗清舆论。

1644年，清建都北京，宋应星成为亡国之民。

5月15日，南明福王朱由崧称帝于南京，以明年为弘光元年，这个政权完全是明末腐朽政权的继续。

南明时，宋应星被荐授滁和兵巡道和南湍兵巡道，但宋应星均辞而不就，他在晚年决心做一个隐士。明亡前，宋应升已升任广州知府，明亡后也无意恋官，辞去官职，回到家乡。宋应星弟兄寄希望于南明政权，但这个政权由马士英、阮大铖擅权，内用宦官，外结诸将，政以贿成，官以钱得，有"中书随地走，都督满街走，监纪多如羊，职方贱如狗"之谣。这个政权从成立之日起，其内部就陷于四分五裂的状态。阮大铖勾结马士英，日以党争为事，罗织罪名，排挤打击东林党人。

1645年5月，清军渡江，福王逃至芜湖黄得功军中。不久，清追兵至，黄得功战死，福王被俘，后在北京被杀。宋应星和宋应升回到家乡后，阔别多年得以重逢，虽然是兄弟相见格外高兴，但国事的不可为又给他们增添了无穷无尽的烦恼。尤其清兵攻破南明政权后，又南下去取江西，更使他们感到绝望。

1646年，宋应升题了两首绝笔诗，服毒殉国。宋应星在埋葬了与他相伴多年的大哥之后，一直过着隐居生活，拒绝到清政府去做官。

1655年，宋应星应友人陈弘绪之请，为陈弘绪撰的《南昌郡乘》草成了《宋应升传》。

（六）宋应星和他的师友们

1666年，宋应星去世了，享年80岁，葬于本村戴家园祖墓侧。宋应星有两个儿子，长子宋士慧，字静生，次子宋士意，字诚生，两个人都是敏悟好学，长于诗文，人称"双玉"。宋应星生前教导子孙，一不要科举，二不要做官。子孙都能奉行宋应星的遗训，淡泊功名，在家乡安心耕读。到清嘉庆年间（1796—1820），他的后代都成为贫苦农民。

宋应星生前的社会关系：第一是他的老师邓良知，公元1613年中进士，历任南直宜城（今安徽宜城）令和福建兴泉兵备道。邓良知还是宋应星的舅氏。

廖邦英（1558—1642）是宋应星二十年的好同学、好朋友，还是宋应升的契友兼亲家。

舒曰敬是宋应星的另一位老师。舒曰敬，字元直，号碣石，南昌人。公元1592年中进士，授泰兴知县，因为杖毙张耀触怒了太守吴某而归里。不久，降为徽州府儒学教谕，于是就退隐到紫阳山、白鹿洞等书院授课。很多名公巨卿都是他的学生。崇祯时由尚书沈演推荐，向皇帝上书《七策十论》被采纳。山居近五十年，著《只立轩前集》等书。

涂绍煃就是资助宋应星刊刻《画音归正》和《天工开物》的涂伯聚。涂绍煃和宋应星同师于舒曰敬门下，并同榜中举。涂绍煃排名在宋应星之后，为第四名。涂绍煃是宋应星"肺腑获通"的好友，又是宋应升的儿女亲家，宋应升的第三个儿子宋士额娶的是涂绍煃的女儿。涂绍煃母亲去世时，宋应星弟兄曾亲自前往吊唁，当时涂绍煃任河南信阳兵备道，积极主张开发矿藏，兴办工业，用来资助抵抗清兵的粮饷，并且首次在江西设厂冶铁铸器。如果宋应星的《天工开物》没有涂绍煃帮助刊刻，也不能一直流传到现在。崇祯末年，涂绍煃任广西左布政使。1645年6月，清兵南下进入江西，涂绍煃率家人出走，不幸到君山湖（湖南岳阳西南的洞庭湖）时，突然刮起大风，将船覆没，涂绍煃一家全遭厄运。

宋应星任分宜县学教谕时，与分宜县令曹国祺交往甚密。1636年3月，宋应星和曹国祺到当地的名胜钤山游览。这时突然送来一份邸报（报纸），见到有人给皇帝上书发表谬论以求授官的荒唐现象，宋应星便和曹国祺谈论起这件事。曹国祺建议他写个东西，宋应星在曹国祺的鼓励下，写出了《野议》。1645年，清兵南下抵江西境内，曹国祺走避上高，联络举人曹志明等人奉南明隆武年号举兵抗清。年底，曹国祺率领的抗清武装攻入新昌，杀降清县令。新昌在籍御史陈泰来响应，出屯棠蒲，命曹国祺等统上高兵屯界埠，约定共趋府城南昌。由于相互间没有配合好，受清兵三路夹攻，曹志明阵亡。曹国祺率兵退走湖广。曹国祺是这样一位反对民族压迫的文武兼备的志士。他经常和宋应星议论时事，有共同政见，这才鼓励宋应星写出《野议》一书。

刘同升（1587—1645）是宋应星另一位在明末举兵抗清的友人。刘同升，字孝则，又字晋卿，江西吉水人，1621年中举人，1637年中状元，授翰林院修撰，为人正直清廉。当时杨嗣昌夺情（父母死了不守制，仍在做官）进入内阁，刘同升和翰林杨廷麟等联疏弹劾杨嗣昌，被降职为福建按察使知事，因生病回家。1644年后，写了《哀志诗》一百首表明志向。后携家眷进入福建，和他的学生杨廷麟等人举兵抗清。南明唐王立后，加刘同升为祭酒，和杨廷麟一起从福建进入江西赣州，起兵攻取吉安等地，又加刘同升为詹事兼兵部左侍郎，巡抚南赣。1645年南都陷后，刘同升因悲愤呕血而死于赣州。生前著有《明名臣传》等书。宋应星和刘同升有三十年之交。1610年，宋应星和刘同升第一次见面，曾约好三十年再会，三十年后果然相会，并一起怀念了他们的老友李匡山。

宋应星还有一位叫陈弘绪的多年往来的密友。陈弘绪，字士业，江西新建人，1638年出任山西晋州知州，后来因为触犯阁臣刘宇亮而被降职为湖州经历，改知舒城，1644年后，和南明阁臣史可法（1602—1645）、姜日广、刘同升等人联络抗清大事，著《宋逸民录》，赋《江城怀古》诗表达他的志向，入清后，清政府多次征招他去做官他都不去，只答应撰写《南昌郡乘》以怀旧。所著都收入《陈士业先生集》中，1687年刊行。乾隆修《四库全书》时，陈弘绪的全部著作都被列为禁书。陈弘绪《石庄集》中的《屯田议》《盐法议》和《水利议》等与宋应星在《野议》中的一些观点非常相近。

陈弘绪和桐城方以香（1611—1671）、江西姜日广、刘同升等人都是明末的"复社"成员。宋应星和姜日广既是亲戚，又是朋友。姜日广，字居之，号燕及，江西新建人。1615年和宋应星同榜中举，1619年中进士，授翰林院庶吉士，进编修。1626年，和给事中王梦尹一起出使朝鲜，不收受朝鲜的馈赠，回来后还向朝廷汇报海外的情况，有八件事对军国大事有用，大多被采用。魏忠贤因为姜日广是东林党人，所以把他罢官。1628年，朝廷以右中允官职重新起用，官至吏部右侍郎，后降职为南京太常卿，称病回家。1642年又被荐举为詹事，负责南京翰林院。

1644年以后，姜日广和史可法等人在南京商议拥立潞王，建立南明朝廷，但马士英一伙阉党则拥立了昏庸的福王。姜日广被马士英排挤出朝廷，辞官回江西。1648年，降清的南明将领金声桓以姜日广为号召，发兵反清，兵败阵亡。1649年，姜日广投家池而死，生前著有《皇华集》等书。由于宋应升的次女嫁给了姜日广的孙子姜鹿初，因此，姜日广也是宋家的亲戚。宋应星的师友们多半是有才学的地主阶级知识分子，当他们做官以后，都是和明末阉党、邪派官僚相对抗的较为正派的官吏，并经常在官场中遭到排斥，有的还属

于东林、复社。他们都对明末社会的腐败和阉党的横行表示不满，主张改革弊政，以缓和社会矛盾。他们都有民族气节，反对清朝贵族统治集团的民族压迫，有的还直接在清初发动武装抗清斗争。他们是在阶级矛盾和民族矛盾激化的时刻，从地主阶级中分化出来的。他们的活动具有一定进步意义，他们和宋应星有许多共同之处。

宋应星推崇的是这些人反对的是那些世家大族、显贵闻人、阉党、邪派官僚、炼丹求仙者，等等，如《怜愚诗》第6首：

"青苗子母会牙筹，吸骨吞肤未肯休。

直待饥寒群盗起，先从尔室报冤仇。"

再如第9首，他讽刺南宋时的祸国权臣贾似道在杭州葛岭下修"半闲堂"，纵情于声色，贻误军国大事，实际上发泄的是对明末祸国奸臣的不满：

"乘胜元兵已破襄，葛坡贾相半闲堂。

且偷睫下红妆艳，为虏明年岂足伤。"

再如第13首讽刺阉党魏忠贤、崔呈秀：

"宦竖么么移浊躬，投缳旅店疾如风。

官高经略师徒丧，俯首求生贯索中。"

魏忠贤、崔呈秀从1621年以来把持朝政，弄得国破民穷，激起公愤。1627年8月，明熹宗朱由校死后，其弟朱由检即位。朱由检平日就知道魏忠贤的罪恶，即位后，魏党自危。11月，朱由检安置魏忠贤在凤阳。这时，奏劾魏党罪恶的官员越来越多，魏忠贤知道后，在阜城旅店中投缳自缢，同月，崔呈秀也自缢。所以说"投缳旅店疾如风"。"官高经略师徒丧"句是指1619年辽沈之战中丧师失地而被下狱处死的辽东经略杨镐。杨镐败后，朝官们推举熊廷弼为经略，但熊廷弼督师时多次遭到阉党王化贞的破坏，广宁之役又告败北，朝廷遂屈杀了熊廷弼。

第20首嘲笑桐乡近宦：

"桐乡近宦一何愚，欲积镪金百万余。

数未盈时冤已集，一夫作难委沟渠。"

第27首讽刺炼丹求仙者：

"天垂列象圣遵模，为问还丹事有无。

万斛明珠难换颗，痴人妄想点金须。"

第39首：

"人到无能始贷金，子钱生发向何寻。

厉词追索弥年后，生计萧条起绿林。"

总之，作为封建社会晚期的知识分子，宋应星不可能摆脱阶级和时代的局限性，但是由于他在当时的历史条件下，坚持进步的思想观点，在科学和其他一些领域都做出了杰出成就，因此我们应该给予其充分的肯定和高度的赞扬。

二、野议

野议序

春将暮矣，游憩钤山。令长曹先生挈清酒，负诗囊，为寻松影鹏声，以永今日，不愿他闻来混耳目也。乃枧沥数行，而送邸报者至，则见有立谈而得美官者，此千秋遇合奇事也。取其奏议一再读之，命词立意，亦自磊落可人。惜其所闻未尊，游地不广，无限针肓灸膝，拯溺救焚，急着浑然未彰，空负圣明虚心采择之意，识者有遗恨焉。

令长啸谈间，愿闻寡识。散归冷署，炊灯具草，继以诘朝，胡成万言，名之曰《野议》。夫朝议已无欲讷之人，而野复有议，如世道何？虽然，从野而议者无恶，于朝议何伤也。人生胆力颜面，赋定洪钧。尝思欲伏阙前，上痛哭之书，而无其胆；欲参当道，陈忧天之说，而无其颜。则斯议也，亦以灯窗始之，闾巷终之而已。

东汉仲崔两君子所为《昌言》《政论》，亦野议也，然诵读之余，法脉宛见毫端。今时事孔棘，岂暇计文章工拙之候哉，故有议而无文，罪我者其原之！时崇祯丙子暮春下弦日，分宜教谕宋应星书于学署。

世运议

语曰：治极思乱，乱极思治。此天地乘除之数也。自有书契以来，车书一统，治平垂三百载而无间者，商家而后，于斯为盛。议者有暑中寒至之惧焉，不知今已乱极思治之时也。西北寇患，延燎中原，其仅存城郭，而乡村镇市尽付炬烬者，不知其几。生民今日死于寇，明日死于兵，或已耕而田荒于避难，或已种而苗槁于愆阳，家室流离，沟壑相枕者，又不知其几。城郭已陷而复存，经焚而复构者，又不知其几。幸生东南半壁天下者，即苟延岁月，而官愁眉于上，民蹙额于下，盗贼旁午，水旱交伤，岂复有隆、万余意哉！

此政乱极思治之时，天下事犹可为，毋以乘除之数自沮惑也。

进身议

从古取士进身之法，势重则反，时久必更。两汉方正贤良，魏、晋九品中正，唐、宋博学弘词、明经、诗赋诸科，最久者百年而止矣。垂三百年，归重科举一途而不变者，则惟我朝。非其法之至善，何以及此！圣王见州邑之间，攻城城破，掠民民残，钱粮则终日开复报完，而司农仰屋如故；盗贼则终日报功叙赏，而羽书驰地更猲。凡属制科中人，循资择望而建节者，偾坏封疆，纷纷见于前事。保举一法，欲复里选之旧，以济时艰，岂

得已哉！然荐人之人，与人所荐之人，声应气求，仍在八股文章之内，岂出他途？且残破地方，待守令之至，如拯溺救焚。而荐举中人，必待部咨促之，抚按劝驾，而后就道；铨部核试，而后授官，动淹岁月，事岂有济？以寇乱之时，而州县之缺不补者，三百有余。此铨政之坏，于人才何与也？

人情谁不愿富贵，然先忧后乐，滋味乃长。隆、万重熙而后，读书应举者，竟不知作官为何本领。第以位跻槐棘，阶荣祖父，荫及儿孙，身后祀名宦、入乡贤，墓志文章夸扬于后世。至奴虏蠢动，水蔺狂凶，方始知建节之荣，原具杀身之祸。即今四海之内，破伤如是，而小康之方，父望其子、师勉其弟者，只有纂集时文，逢迎棘院，思一得当之为快。至于得科联第之后，官职遇寇逢艰，作何策应，何尝梦想及之！且得第之人，业已两受隆恩，不奋志请缨，迁延观望，有怀时平而仕之想，思以残危之地，付之荐举中人，与乡贡之衰弱者，国家亦何借有制科为！司铨法者，一破情面，大公至正，掣签而授之，即暂受愤怨，而制科增光，实自此始矣。至兼通骑射法，在所必不行。驰捷挽强，自是行伍中事，文士百十中，即选得一能者，亦何济于事。先年辽、广两经略，一以善射名，一以善骑名，非已然之验哉？颜真卿在唐，虞允文在宋，彼知骑射为何物？方张强虏，直樽俎谈笑而摧之。由今况昔，何胜慨叹哉！

民财议

普天之下，民穷财尽四字，蹙额转相告语。夫财者，天生地宜，而人功运旋而出者也。天下未尝生，乃言乏。其谓九边为中国之壑，而奴虏又为九边之壑，此指白金一物而言耳。

财之为言，乃通指百货，非专言阿堵也。今天下何尝少白金哉！所少者，田之五谷、山林之木、墙下之桑、洿池之鱼耳。有饶数物者于此，白镪黄金可以疾呼而至，腰缠箧盛而来贸者，必相踵也。今天下生齿所聚者，惟三吴、八闽，则人浮于土，土无旷荒。其他经行日中，弥望二三十里，而无寸木之阴可以休息者，举目皆是。生人有不困，流寇有不炽者？

所以至此者，蚩蚩之民何罪焉！凡愚民之所视效者，官有严令而遵之。世家大族、显贵闻人，有至教唱率而听从之。百年以来，守令视其口口为传舍，全副精神尽在馈送邀誉，调繁内转。迩来军兴急迫之秋，又分其精神，大半拮据，催征参罚，以便考成。知畎亩山林之间，穷檐蓬屋之下，为何如景象者！富贵闻人，全副精神只在延师教子，联绵科第，美宫室，饰厨传；家人子弟，出其称贷母钱，剥削耕耘蚕织之辈，新谷新丝，簿帐先期而入橐，遑恤其他。用是，蚩蚩之民，目见勤苦耕桑，而饥寒不免，以为此无益之事也。择业无可为生，始见寇而思归之。从此天下财源，遂至于萧索之尽；而天下寇盗，遂至于繁衍之极矣。

说者曰：富家借贷不行，隐民无取食焉。夫天赋生人手足，心计糊口，千方有余，称贷无路，则功劳奋激而出。因有称贷助成慵懒，甚至左手贷来，右手沽酒市肉，而饘糜且无望焉。即令田亩有收，绩蚕有绪，既有称贷重息，转昐输入富家；铚镰筐箔未藏，室中业已悬罄。积压两载势必子母皆不能偿，富者始闭其称贷而绝交焉。其时计无复之，有不从乱如归也？夫子母称贷，朘削酿乱如此，而当世建言之人，无片语及之者何也？盖凡力可建言之人，其家未必免此举也。材木不加于山，鱼盐蜃蛤不加于水，五谷不加于田畴，而终日割削右舍左邻以肥己，兵火之至，今而得反之，尚何言哉！

士气议

国家扶危定倾，皆借士气。其气盛与衰弱，或运会之所为耶？气之盛也，刀锯鼎镬不畏者，有人焉；其衰也，闻廷杖而股栗矣。气之盛也，万死投荒，怡然就道者，有人焉；其衰也，三径就闲，黯然色沮矣。气之盛也，朝进阶为公卿，暮削籍为田舍，而幽忧不形于色者，有人焉；其衰也，台省京堂，外转方面，无端愠恨矣。气之盛也，松菊在念，即郎衔数载，慨然挂冠者，有人焉；其衰也，即崇阶已及，耄期已届，军兴烦苦，指摘交加，尚且麾之不去，而直待贬章之下矣。气之盛也，班行考选，雍容让德，有人焉；其衰也，相讲相囔，贿赂成风，甚至下石倾陷同人而夺之矣。气之盛也，庭参投刺，抗志而争者，有人焉；其衰也，屈己尊呼，非统非属，而长跪请事，无所不至矣。气之盛也，布衣适体，脱粟饭宾，而清操自砥者，有人焉；其衰也，服裳不洁，厨传不丰，即醴颜发赭而以为耻矣。气之盛也，一令之疏，一师之败，一节之怠慢欺误，上章自首者，有人焉；其衰也，掩败为功，侥幸存为大捷，而徼幸朦胧之不暇矣。气之盛也，领郡之邑，艰危不避者，有人焉；其衰也，择缺而几，祝神央分，遍挈重债，贿赂滋彰，既欲其靖，又欲其膻，然后快于心矣。气之盛也，蕃兵虏骑攻城掠野，宰官激洒忠义，冒矢撄锋而成功者，有人焉；其衰也，疲弱亡命，斩木揭竿，谍报邻寇入疆，而当食不知口处，妻子为虏而不能保者，不一而足矣。

夫气之衰者，上以功令作之，下以学问充之，兄勉其弟，妻勉其夫，朋友交相勖，可返而至于盛。不然，长此安穷也？

屯田议

时事兵苦无饷，议屯田者何其纷纷也！夫屯田何为乎？求其生谷以省飞輓之劳耳。以至粗之事而求之精，以至易之事而求之难，以至简之事而求之猥琐，世可谓无人也。

天工开物

253

今天下剥肤之患，寇在中而虏在外，议屯田以制虏则似矣。至有议平流寇而并策屯田者，可姗笑也。流寇朔在千里之东，望在千里之西，飘忽无定，即有许下之粟，焉能赢粮而从之？

若夫制虏之策，最先屯田。今之议者，先议清屯。夫北方自云中抵山海，东方自成山抵蓬莱，荒闲生谷之地，广者百里，促者十里，瀰望而是。近年又增以兵过之地，室庐墟而田亩芜者，间亦有之。即亿万牛耜，垦之不尽，必区区求百年以前经历数主影占形改之田，而始议耕，何其愚也。

次议牛种。夫给种则似矣，议牛何为者？凡责成一卒之身，上食九人，中食八人，则牛诚不可少。若一卒之身，只望其醉饱一人，充饲一马，则一锄足矣。昔年枢辅在关外给牛数万，兵士日夕椎以酾酒，而日以病死报，岂知冶铁为锄为不病不死之牛乎？天下事上作而下从，贵行而贱效，是必为督镇者，躬行三公九推之法；为偏裨者，不耻从官负薪之劳。一卒之身，一画地五亩而界之。一区五十亩，则十人共垦其中；一区五百亩，则百人共垦其中。宛然井田相友相助之意。先访习知土宜与谷性者授衔百户，分队立为田畯之长。五亩皆稻耶，得米必十石；五亩皆麦耶，得面必千勋；五亩皆黍稷耶，得小米亦如米之数；五亩皆菽耶，得豆粒亦敌面之值。其室庐之侧，陇堠之上，遍繁瓜蔬，寸隙荒闲，并治不毛之罪。此法一行，岂忧枵腹？

盖计五亩功力：使锄开荒，以二十日；播种以二日；粪溉以十日；耨草以十日；收获燥乾以十日。一年之内只费五十二日以足食，其余三百一十余日，尚可超距投石，命中并枪。每逢播种之初，成熟之日，督镇亲巡而验之，其获多而苗秀者，犒以牛酒，其草茂而实劣者，罚以蒲鞭。行见半载之间，不惟囷瓮之盈，而且神气亦壮，士有不饱而马有不腾者？此至易之事，而舌干唇敝二十年于此，世可谓无人也。

催科议

自军兴议饷，搜括与加派两者，并时而兴。司农之策，止于此矣；节钺之计，亦止于此矣。已经寇乱之方，乱不可弭；未经寇乱之方，日促之乱。

夫使倍赋而得法，民犹可堪。今赋增而法愈乱，纳广而欠转多。上有告示下行，山民未见影形，而已藏于高阁；下有解批投上，岳牧甫经目睫，而即擢抵旧逋。夫小民即贫甚。但使头绪不分，昔日编银一两者，今编一两五六钱；昔日派米一石者，今派一石二三斗，并入一册之中，追完共解，藩司分款而支应之。倘雨旸不愆，竭脂勉力，犹可应也。乃今日功令不然，逐件分款而造。牙役承行，最利其分款而追，则点卯、润笔常规，可逐项而掠取也。于是一里长之身，甲日条鞭，乙日辽饷，丙日蓟饷，丁日流饷，戊日陵工，己日王田，庚日兑米，辛日海米，壬日南米，癸日相连甲乙日，去年、前年、先前年旧欠，追呼又纷起。一年之中，强半在城；一家之中，强半受楚津口城门，往来如织。光景及此，有不从乱如归者哉？

凡身充里长，必非膏腴坐享之人，皆食力耕作之人也。杖疮呼痛，狱厉沾身，即暂息室庐，亦呻吟卧起。麦佳禾秀，何处得来？一里长之身有应管不多，如辽饷、流饷之类，有其数止于十两，而每限捱监点卯，遂用去一两，历点十卯，已用十两，而其数仍全欠十两者；所收散户，今日几分，明日几钱，因称贷无门，皆扯为用费；又或缺少前甲里长纳数，及此消摆。此郑侠图中描画不尽者。不惟小民扯为浪费，而已自朝廷，狱及方伯。上司火票频流，承舍捧来，势同缇骑。区区馈送百金，不满溪壑之望。令长任从该管书吏敛贿求宽，甚且掩耳助其不足。此金不自书吏家产，锱铢取之百姓钱粮之中。一度百金，十度千金，泥沙何处诘问？又不惟书吏扯为浪费而已。为令长者，清人则囊内必肘捉而祫见，墨人则身责必侈用而广偿。军兴，派来动辄大邑三百，小邑二百，而税契间架摧提，中官王府骚扰又日新而月盛。茧丝无术，鸡肋难揆，既惧鼎器之轻投，又恐迟吝之贾罪，挪借现在钱粮，以解燃睫之火，何日何项，以作补还。且压欠之多，总由天启初年，有司急欲行取，尽挪次年，今年之数，以足前年，先前年之额，相承十六七年。累官累民，病痛尽由于此。

因挪移考满而升召者，大者棘槐，小者口面。其人已多，故此语秘不告之至尊。不知治乱大关系，皆因此事之蒙蔽。缙绅忌伤同类，自同寒蝉，宜也；乃席藁舆榇而疏入九阍者，竟无一言及此，可胜叹惜哉！使此言达于天听，势必云霄洒涕，嗟我小民，将旧欠追呼，一概停止。惟从今日伊始，金华辽饷、流饷分文不完者，治以重罪。究竟所得之数，视终日筆楚旧欠，而所得无几何者反过之，何也？膏血止有此数，而舍旧追新，人情有乐输之愿也。

至北方种麦，以五月为麦上，六月开徵，犹曰麦已登场圃。南方皆稻国，立秋收获者十之四，而霜降、立冬收获者十之六。今方春二月，新谷尚未播种，而严徵已起者纷纷矣。天运人事，一至此极耶！

军饷议

军兴措饷，其策有五：因敌取粮，为上上策；酌发内帑，节省无益上供，修明盐、铁、茶、矾，为中上策；暂行加派，事平即止，搜括州邑无碍钱粮，增益税关货钞，为中策；搜括之外，又行搜括，裁官裁役，而后再四议裁，为中下策；加派一不足而二，二不足而三，算及间架、舟车，强报买官纳粟，为下下策。

夫因敌为粮，以议于制奴虏，则诚难失；若流寇乌台之众，其勇几何？我有良将劲兵，能杀一人，则一人之金，我金也；能克一营，则一营之粟，我粟也。即云兵荒而后，

粟不甚多，然其中堆积金钱，取来奚不可易粟者？太祖云："养兵十万，不费民间一粒米。"盖谓此也。若云我兵必不能战，即多方措置，只赍盗以粮，又安用议饷为哉？

内帑之发，诚未易议矣。然十年议节省，谁敢议及上供者，微论仪真酒缸十万口，楚衡岳、浙台严诸郡，黄丝绢解充大内门帘者，动以百万计，诸如此类，不可纪极；解至京师，何常切用？即就江西一省言之，袁郡解粗麻布，内府用蘸油充火把，节省一年，万金出矣。信郡解楛纱纸，大内以糊窗格，节省一年，十万金出矣。光禄酒缸，岂一年止供一年之用，而明年遂不可用？黄绢门帘，窗棂糊纸，岂一年即为敝弃，而明年必易新者？圣主辛未张灯，元宵仍用旧灯悬挂，遂省六十余万，此胡不可省之？有川中金扇之类，又可例推矣。

凡物所出，不如所聚。京师聚物之区也，倘以官价千金，市纸糊窗，经年用之不尽，岁费一二十万何为？茶之佳者，价值一斤数钱而止；而外省州邑，解茶一斤入御，所费岂止十两？崇安先春、探春，闽省额费不赀。黄柑、冬笋之类，以此推之。当此之时，无论京师必有之货，不必驿马奔驰，即必无如鲥鱼之类，亦当暂却贡献之秋矣。此司农或不敢言，而有言责者，亦未必将普天贡赋全书一细心研究也。内使靴价，节慎一发，动辄一百三十万。夫京靴之价，每双七钱而止耳，将焉用之？

昔者辽饷增十之二，百姓悬望事平而止。奈天运如此，民亦何辞？无碍钱粮，凡可节者，辛未兜查赋役书，已搜尽矣。宰官从此无润，亦安苦而为之，税关不增，落地商犹未甚困，故数者附之中策。若乃搜无可搜，括无可括，而功令日以下焉，全省青衿优免，破面刮来，止敌楛纱纸张数匣。一员教官俸禄，尽情裁去，不敷一军匹马刍粮。民快革半，而令长之仪卫已单；驿马抽三，而邮卒之疲癃更甚。免颁历于缙绅，克冬花于乞丐，其与皆能几何而未已也！前者追呼未完，而后者踵至矣。夫邻国兵火之祸如此，即倍赋义当乐输，然此语可为贤者道，难为俗人言。愚民闻诏赦之有捐免也，欢声哄然；及闻所免在崇祯四五年间事也，蹙额而返。民情如此，国计奈何！

从古国家穷困，无如宋室靖康以后。然张浚一视师，宗泽一招抚，动以十万、二十万。年年括马，处处用兵。史册所载，未尝见士马伤饥，而措饷窘乏。今天下虽困，然视南宋富强犹数倍焉，奈何窭态酸情，不可使闻于寇虏。不知建炎诸将措饷之法，有可考证而仿求者否？学古有获，肉食者勉之。

练兵议

人类之中，聪明颖悟，生而为士者则有之，未有生而为兵者也。愚顽稚鲁，生而为农者亦有之，亦未有生而为兵与生而为寇者也。兵与寇，其名盖以时起也。一将立，而众卒从之，是名为兵；一魁竖，而众胁从之，是名为寇。遇宗泽、岳飞，则昨日之寇，今日即兵。逢朱泚、姚令言，则辰刻之兵，巳刻即寇。是故用武之道，与衡文绝不相同。文章一途，实有风气集于此方，而彼方风气未开，则即延昌黎为师、眉山作侣，而人才寥落之乡，不能速化为大雅。兵异于是。所需者，抛石射矢之人，轮戈舞槊之人，引火爇炮之人，驰马侦探之人，护持辎重、炊米挫刍、击斗巡撤之人，堪用者举目而是。从来成功名将，何尝招兵越国？矧扰乱之秋，敢建调遣客兵之议乎？凡兵勇怯无定形，强弱无定势，经一阵获数级，则弱者立化而强矣；将军无死绥之心，士卒萌溃逃之想，营已立而令纷，阵未交而先乱，则强者尽成死弱矣。经阵获级，而后朝有重赏，而幕府不吝不克，私获寇盗甲仗金钱，而主将不诘不追，则逗遛逃走之情，尽化而为争先迈往之志矣。

时事至此，总之未尝求将，而扼腕兵不可用。呜呼，浙兵调矣，川兵调矣，狼兵调矣，御营遣矣，秦、晋诸省主兵又不待言，然则必借西戎、北狄之兵而后可用耶？为将之道无他，志在为国，则不惟功成，而身亦富贵，志在贪财好色，则不惟师徒丧，而首领亦岂能全？求将之道无他，精诚在家国与封疆，则奇才异能之人崛起而应之，结习在馈送邀名与报功升爵，则外强中干与性贪才拙之人丛集而应之。连敖坐法，而仰视滕公；秉义将刑，而缘逢忠简。皆精诚之所召致，今古岂相远哉？

今日大将副将，悉从本兵差遣。试问职位何以至此？盖自袭荫初官以至今日，其间卑污手本到部与科者，动称"门下走狗"，自固者方称"门下小的"。终年终日，打点苞苴，以金代银，以珠玉代方物。守把以下写帖，兵部书办送礼，细字"沐恩晚生"。劣陋相承，百有馀岁。偷息闲功，则歌童舞女、海错山珍，以自娱乐。此等人岂能见敌捐躯，舍死而成功业者？吾人驭兵制虏，全在气概，设有韩、岳诸人，即故园贫困老死，忍以"走狗"自呼哉！夫既以阃外付之经略、督抚，则求将者经略、督抚之事也。且人亦何难知哉！文官庭参讲话之时，有立见其才能警敏与蒙昧，而预料其他日或堪行取或罢降调者。面试将才，即此可以例推也。凡人情小利不贪者，大敌必不怯；身图不便者，趋媚必不工。此何莫非知人之法哉？从来大将多从行伍中出，犹从来师相多从络笔砚穿、草扉青衿应举中出也。至于惟圣知圣，惟贤知贤，即云天之所授，而苟能勿欺勿私，则知人种性自然，天牖之而渐造开明。古人有一旅之败，而即上章自劾者，至今犹有生气，此即勿欺良能而立功之本也。今破残遍天下，而日日掩败为功。夺获达马一匹，斩获首级二颗，箭竿三枝，公然上报而不知羞涩汗下。甚则城下牢闭，幸敌不攻，以他邑之破陷相比况，而思叙功。人情及此，欺日甚而私日炽，脸颊日厚而方寸日昏，岂有拨乱之期哉！

庚午寇炎，初起神木之间，星星之火，此时扑灭，一百夫长之事耳。燎原之日，乃庭推才望，得一人而总督五省，谓将指顾而勘定之。所推总督，不惟兵法不知也，即世法亦一毫不知。陇右惨杀通天，而巧借蜀藩之奏，欲以汉南无恙之功而赎其罪，败形尽见，乃丧师辱国之大傻也。而且投揭长安，辨明商人诬枉，放饭流啜，而问无齿决。昏愚至此，可胜叹息哉！

嗟夫，用兵何常之有？守城之兵，妇人孺子可与焉，他无论矣。出战之兵，一村之内，必有勇过百人者；一邑之中，必有智过千人者。遇合招揽，总在一将之身。昔者张宪、牛皋不逢武穆，一庸人之有膂力者耳；扈再兴、孟宗政不遇赵方，一土豪之能自立者耳。倘今经略、督抚，日廛栋焚剥肤于怀，不杂功名富贵之想，血诚达于上帝，格言誓于军前，而草泽英雄不起而应之者，岂气声感召之理哉！

若客兵之议，使其统领无节制，则未出境而已化为贼矣。登州去吴桥行程几何？此已然之覆辙也。平奴议足十八万，而激成重庆之乱；勤王西兵赴阙，而酿成今日遍地之残，从此犹不知戒。即令安行而至，无济无及，矧未至而蠢然思变者不一而足哉！痛哭长言，话从何处起止。有心国计人，刍荛之言，圣人择焉，则幸矣！

学政议

国家建官，大至于秉轴统均，平章军国，小至于宰邑百里，司铎黉宫，皆从一途出，学政顾不重哉！

国初大乱之后，人民稀少，州邑青衿，数目多者不过百人，设立教官，得熟识而勤课之。今则郡邑大者已溢二千人矣。大郡大邑，教官识面者不及十之一，小者不及三四分之一，勤惰、贤不肖何由稽焉？即能稽，而教官之权业已轻甚。欲议一不肖，而县可沮格，府可平翻，其他无论已。所恃学使者，至优劣间一行，虽然行亦何所惩创哉？劣而闾冗者，举一二以塞责；劣而强梁者，不惟门役惴焉有报复之惧，即眇尔广文亦远祸而姑置之矣；劣而素封者，举一二以塞责；劣而父兄缙绅、亲戚要路者，不惟教职惴然幸一衔之留，即郡邑之长，亦权衡时势而姑置之矣。

自有军兴以来，乡人惧报富丁马户，又惧缙绅兼并，为子弟计，不惜倾倒赀囊，典卖田产，营分买入庠中。而十余年来，人情大变，乡绅居官居家，以荐人入学为致富足用真正径路。金饱者取来心欢，铜臭者绝无汗下。势要乡绅子弟，龆齿未毁，而斓衫业已荣身。呜呼，古道古风势已矣！群习读书之乡，有文章极其佳熟，而再三应考不得一府县名字为进身之阶，流落求馆。计无复之，则窜入流寇之中，为王为佐；呈身夷狄之主，为谋为官，不其实繁有徒哉？

试就今日青衿而概数之，百人之中，贯通经书旨趣成文可观者，十人而止，未成而可造者，又十人而止；而书旨、文字一隙不通者，百人之中，不下三十人。倘沙汰数苟，则繁言必起，一番黜数，不过百分之一，生人何所惩戒而不倾赀买入耶？岁考文书一至，有渴望丁忧而不得者，有假捏丁忧而避考者。夫丁忧服官，谓不便衣锦临民耳，丁忧作文字，何相妨碍？此法一交，则足以消人不孝之私，而增上以去赝之政，何难行也？至学使者通情容隐之弊，亦风会所为，上禁愈严，下营日甚。槐棘衙门，不惜降为置书邮，矧其下哉！我生之初，山乡朴实，居民有子弟业已成章应考，而冠同庶人，直待入泮而后易者。城邑之内，世宦之家，有童冠自异于秀冠，而不峨然角竖者。曾几何时，而总角突弁，儒童高官，概无分别也。欲返天下醇风，则在铁面学使者何法以谢请托。百姓见不慧子弟，空费重赀，而莫冀进身，即暂幸进身，而转眄岁考，辱荣立判，乃始返思务本。从此百室盈，而王道之始成矣。

至有力童生，传文营分而横占府名，黄堂可严复试，宪署可罪父兄。行法美而严，一行而百效，齐唱而鲁随，则不通子弟请客与曳白者，不敢躁进，而贫士方无沦落之嗟。今天下缙绅举子，不能勤生俭用以自竖立，而以荐进名字为无伤之事。不知逼能文之贫士而为渠魁寇盗，腹无识之富室而为负债窭人，皆由于此。此治乱大关系，而人特不觉耳。

盐政议

食盐，生人所必需，国家大利存焉。政败于弊生，商贫于政乱。夫人情之趋利也，走死地如鹜。使行盐有利，谁不竭蹶而趋？夫何同一为商也，昔年积玉堆金，今日倾囊负债，盖至商贫而盐政不可为矣。

国家盐课，淮居其半，而长芦、解池、两浙、川井、广池、福海共居其半。长芦以下虽增课，犹可支吾，而淮则窘坏实甚。淮课初额九十万，而今增至一百五十万。使以成、弘之政，隆、万之商，值此增课之日，应之优然有余也。商之有本者，大抵属秦、晋与徽郡三方之人。万历盛时，资本在广陵者不啻三千万两，每年子息可生九百万两。只以百万输饷，而以三百万充无端妄费，公私具足，波及僧、道、丐、佣、桥梁、梵宇，尚余五百万。各商肥家润身，使之不尽，而用之不竭，至今可想见其盛也。

商之衰也，则自天启初年。国则玱祸日炽，家则败子日生，地则慕羶之棍徒日集，官则法守日隳，胥役则奸弊日出。为商者困机方动，而增课之令又日下，盗贼之侵又日炽，课不应手，则拘禁家属而比之。至于今日，半成窭人债户。括会资本，不尚五百万，何由生羡而充国计为？尝见条陈私盐者，一防官船，再防漕舫。夫漕舫自二十年来，回空无计，则折板货卖，典衣换米。旗军有谁腰锱余一贯者，迤逦临清道上，买盐一二百斤，资本罄矣。官船家人夹带，一引入仓，万目共见，冠绅一惩而百戒焉，岂复有裂闲射利之人，不绳其仆者哉？

所谓私盐者，乃当官掣过按，淮使者瓜期已满，而尚未之详也。祖制每引重八百斤，多一斤则注割没银一分，多十斤则注一钱，多至四十斤，则割没而外，另拟罪罚。今每引轻者千二百斤，重者千四五百斤。食盐之人，止有此数，而称过关桥，盐数则倍之。关桥一验，仪真再验，皆虚应故事，而牢不可革，积壅不行，弊由于此矣。万历以前，充役运司者，皆有家之人。夫稍有家私，犹怀保身保妻子之虑，后因课不足，则访拿之法日

峻日严，一入运司，则追赃破产，卖妻鬻子以完者，不一而足。自是稍有生活者，视此为死路，而投入其中者，皆赤贫猾手，拼命攫金，诛之不可胜，而究之不可详。弊坏及此，尚可言哉！

盐政变革之秋，有一最简最易法，国帑立充而生民甚便者，长芦以下不具论，第论淮盐。夫计口食盐，一人终岁必盐五十斤，价值贵时五钱而溢，贱时四钱而饶，而场中煎炼资本四分而止，则一口在世，每岁代煮海，生发子息四钱有馀。食淮盐者亿万口，则每岁出本四千万两，以酬煮海之费，此非彰明易见者哉？

朝廷将前此烦苛琐碎法，尽情革去，惟于扬州立院分司，逐场官价煎炼，贮于关桥，现存厂内。各省买盐商人，多者千金万金，少者十两二十两，径驾各方舟楫，直扣厂前，甲日兑银，乙日发引，一出瓜、仪闸口，任从所之。一带长江，百道小港，再无讥呵逼扰。各省盐法道、巡盐兵，尽情撤去，大小行商贩盐之便，全贩五谷。此法一行，则四方之人奔趋如鹜。不半载，而丘山之积成矣。区区百五十万，何俟今日议直指，明日摘度支，前月罚巡兵，后月访胥吏，比较商人，拘禁家属，而日有不足之忧哉？使以刘晏得扬州，必镇日见钱流地面。从来成法，未有久而不变者。盐行已千里，入于山僻小县，而销票缴册又有私盐之罚，何为者哉？浙中责令盐兵每年每月限捉获私盐若干，此非教民为盗耶？其题目犹可姗笑。此直截简便通商惠民一捷径大道，世有善理财者，愿与相商略焉。

风俗议

风俗，人心之所为也。人心一趋，可以造成风俗；然风俗既变，亦可以移易人心。是人心风俗，交相环转者也。

大凡承平之世，人心宁处其俭，不愿穷奢；宁安于卑，不求夸大；宁守现积金钱，不博未来显贵；宁以余金收藏于窖内，不求子母广生于世间。今何如哉？有钱者奢侈日甚，而负债穷人，亦思华服盛筵而效之，至称贷无门，轻则思攘，而重则思标矣。为士者，日思官居清要，而畎亩庶人，日督其稚顽子弟儒冠儒服，梦想科第，改换门楣，至历试不售，稍裕则钻营入泮，极窘则终身以儒冠飘荡，而结局不可言矣。

吾人半是为贫而仕，使其止足在念，即卑官润泽，原可俭用娱老；而昼夜计度，括其所得，多方馈送，营求荐章。不代直指思人满之数，不为国家想功令之严，馈送而外，尽其所有，央托贵绅。使其得也，再任未必有偿还之日；其不得也，则数年心力膏血，付之东流，而归林萧索，不可言矣。缙绅素封之在太平之世也，稍有羡金，必牢藏，为终身与子孙之计。其在今日有钱闲住者，惟恐子息不生，耽耽访问故宦之家，子孙产存而金尽者，与行商坐贾有能而可信者，终朝俵放，以冀子钱。转盼及期，破颜催并，究竟原本，不知何处出办，何况子钱？在我为本伤心，在彼求人无路，郁怀思乱，谁执其咎？

我生之初，亲见童生未入学者，冠同庶人；妇人之夫不为士者，即饶有万金，不戴梁冠于首；缙绅媵妾，冠亦同于庶人之妇，以别于嫡。三十年来光景曾几何哉！今则自成童，以至九流艺术，游手山人，角巾无不同；妇人除宦家门内执役者，若另居避主而不见，亦戴梁冠。庶人之家，又何论矣！

京官名帖大字，事体原无妨碍。然嘉靖中业已大极，而隆、万复降而小，未必非熙明安盛之兆。长安好事之家有存留历年名帖者，以相比对，直至天启壬戌方大极，而无以复加。自省垣庶常而上，凑顶止空一字，则壬戌之倷也。外官坚守旧规，基式仍故。然制科为推知者与中行科道一间耳目，见行倷方寸亦不宁静，未必非大字为之祟。且学问未大，功业未大，而只以名姓自大，亦人心不古之一端也。

纳粟得官，效劳尺寸，归家而有司以礼优待，此固然也。山城远乡，专出白丁、猾手，一副肝肠只为夸吓乡人宗族。入京空走一度，或买虚谍长单，或行顶名飞过海，或贿托前门卖《便览》者刊名于上，使刊京卫、外卫、经历、鸿胪、光禄、序班署丞，归来张盖乘舆，拜谒有司，结交衙役，劝令送程回拜。彼乡人宗族之见至，纱帽罗衣，抗礼县庭，以为荣耀之极。无主见者，视田园为无用低下之物，日夜心痒，思聚金而走国门。此又人心不古，而引人穷困归乱之一端也。嗟夫，人心定而职分安，职分安而风俗变，风俗变而乱萌息。是操何道以胜之？尺幅之间，焉能绘其什一哉！

乱萌议

治乱，天运所为，然必从人事召致。萌有所自起，势有所由成，谁能数若列眉者？

夫寇盗即半天下，其真正杀人不厌，名盗不羞，斩绝性善之根者，百人之中三五人而止。起初犹怀不忍之心，习久染成同恶之俗，业为不善，终不可反者，又二十余人而止。其余胁从莫可如何，中悔无因革面者，尚居十分之七也。

寇起巩、延之间，逃兵倡之，饥民和之，此生秦末入晋之寇也。逃兵饥民，群聚无主，渠魁舞智而君之，从者日众，分立酒色财气四寨，恣饱淫乐。当事敛兵议抚，群盗肆志笑呵。三秦子女玉帛，群盗桑梓之产，有不忍掠尽之意，乃始渡河而东，此入晋之寇也。

晋抚无能，只怨秦盗之祸邻，不思晋兵自堪战。河东州邑，贵如公卿世宦，富如盐粟巨商，锦绣繁华，垂涎远迩。受辖受窘，百姓经年恨怒，乘寇至而思反之，或自起一队，或投入彼中。今日百而明日千，盗日增而民日减。名埋姓没，火与兵连，此晋地初繁之寇也。

秦抚南征川戎，北戍西安，崛起寇盗，促入栈中。朝中会推才望，得一人而督五省。乃五省总督之兵法，有抚无征，意谓坐待功成。不期汉中掠尽，突栈而出，五省之寇，气合声连，此秦、晋再繁之寇也。

普天缙绅势焰，人情日无足钦。封君公子主之，家人子弟和之，亲戚傍依，门客假

借，乡人受脧逢骗，咫尺朦胧。显宦官舍，家居一门，远于万里，而中州风俗为尤甚。凡素封存中人之产者，群宦仆从一削，彻骨立寒，欲求残喘苟延，唯有望门投献。贫士初得一举，林立已遍阶前，一正主仆之名，便可畜使虏使，甚则徵其妻子，饿其体肤，甚于世仆。其人懊悔无及，愤怨不堪，又望寇至而勾连归附，此豫省再繁之寇也。众已合于五省，患未息于六年。东结西连，分魁立帅，而全楚沿带长江，遂无一块乾净土。

催徵之法，日责里长。凡国家役法轮流，一里管催十排。假如十排之中，内有一排为显宦，一排为青衿之贵重者，此其家粮数必多。此八排之中，值充里长，各项加派额征。有司严刑追并，膏疮负痛，来到绅贵青衿之家，五尺应门，不与报通揪采。计无复之，相劝投入寇中。夫里长本良名，一旦为寇盗而不恤，挺而走险，急何能择也！十载饥寒并至，强盗鼠窃，遍地纷纭。捕官捕兵，能觉察而获真盗者，百中不过一二。其余惧官司责比，急取影响之人，苦刑逼认真贼。一人扳连，必有数十。一人受扳，一家不靖。望大寇之至，而思从之，苟以纾死，遑恤其他也！至于贫士，失馆业而计日无粮，游手鲜生涯而经旬绝粒者，不可枚举。不然，人皆有是四端，既名寇盗，则恻隐羞恶两皆澌灭。此方五万，彼方十万，果从何等色目变化？

大凡使民不为盗，道存守令之心，而降盗化为民，权在元戎之令。守令轻视功名，则势要不能逼细民。从此畎亩有生存之乐，而寇盗何自生？元戎不惜身命，则士卒不敢避锋镝，指日旌麾，有招降之捷，而寇盗何由广，乱萌之起也，则守令畏显绅如厉鬼，而宁以草菅视子民；乱势之成也，则将军畏狂寇如天神，而宁以逗遛宽卒伍。

野议及此，涕泣继之，不知所云矣！

三、论气

论气序

（上缺）……性既不可径情告人，而登坛说法，引喻多方，又不能畅其所欲言。遂受儒家之攻，若寇仇然。然诸家攻之者，只言其端异，而朱晦翁始以四十二章，其言却亦平实。概之，此言一出，乃知读内典者何尝于文字之间一细心研究也。

大圆之内为方，五万里中凡重译之可至者，其人出世而苦行精进，与入世而勘乱治民、佐使君臣，才德皆相仿佛。至于语言文字之妙，必推中华居上座焉，是岂人之所为哉！夫语言即有神，然从来尊信，不于目睫之下，盖夷视其人，则并其文字而忽之，此人情之固然也。虽然乾坤易简之理，其兆端已无馀蕴矣。崇祯丁丑季夏月，奉新宋应星书于分宜学署。

形气一

天地间非形即气，非气即形，杂于形与气之间者，水火是也。由气而化形，形复返于气，百姓日习而不知也。气聚而不复化形者，日月是也。形成而不复化气者，土石是也。气从数万里而坠，经历埃盖奇候，融结而为形者，星陨为石是也。气从数百仞而坠，化为形而不能固者，雨雹是也。初由气化形人见之，卒由形化气人不见者，草木与生人、禽兽、虫鱼之类是也。

气从地下催腾一粒，种性小者为蓬，大者为蔽牛干霄之木，此一粒原本几何，其余则皆气所化也。当其翁然于深山，蔚然于田野，人得而见之。即至斧斤伐之，制为宫室器用，与充饮食炊爨，人得而见之。及其得火而燃，积为灰烬，衡以向者之轻重，七十无一焉；量以多寡，五十无一焉。即枯枝、榴茎、落叶、凋芒殒坠溃腐而为涂泥者，失其生茂之形，不啻什之九，人犹见以为草木之形。至灰烬与涂泥而止矣，不复化矣。而不知灰烬枯败之归土与随流而入壑也，会母气于黄泉，朝元精于洹穴，经年之后，潜化为气，而未尝为土与泥，此人所不见也。若灰烬涂泥究竟积为土，生人岂复有卑处之域，沧海不尽为桑田乎？

人身食草木之实与禽兽之肉，不居然形耶？强饭之人，有日啖豚肩与斗粟，而腑脏燥结，甚至三日而通，量其所入，而度所出，百无一焉。形之化气，只在昼夜之间，虽由人身火候，足以攒族五行，而原其始初，则缘所食之物皆气所化，故复返于气耳。或曰：皆气所化，胡为不俱化而犹存一分滓秽耶？此非形耶？曰：粪田而后，滓秽安在？其旨与灰烬之潜化又何以异乎？人身从空来，亦从空化。佛经以皮毛骨肉归土，精血涕汗归水，其亦见肤之义。开数百年古墓而视之，石椁而外有剩土馀骸否？覆载之间，草木之朽烬，与血肉毛骨之委遗，积月而得寸，积岁而得尺，积世而得寻，积运会而不知纪极，非其还返于虚无也，颛顼之丘陵，入土千仞矣。是故草木之由萌而修畅，人与禽兽虫鱼之自稚而壮强，其长也，无呼吸之候不长。此即离朱之善察，巧历之穷推，不能名状其分数，而况于凡民乎！故其消化而还虚，亦若是而已矣。

形气二

形而不坚，气而不隐者，水火之体也。坎水为男，布置道途，耕耘畎亩，贵临贱役，在人耳目之前；离火为女，正位宫中，隐藏奥室，见人而回避，此水火之情也。二者介乎形气之间，以为气矣而有形，以为形矣而实气。其与气相于化也，刹那子母，瞬息有无。是故形气相化，迟而微，而水火与气化，捷而著。气火相化，观其窍于流烁电光，而不于传薪之候。水气相化，观其妙于密云不雨，而不于沸釜之间。气火化疏，而水气化

数，此又大阴大阳旋天迟速之义也。

人身五官百骸，天地全形具焉。鱼无息而不食水，人无息而不食气。夫固有日饮数石，而小遗不过一升者，水入脏而化气也；有勺饮未进，而晚溲频溢者，气入脏而化水也。有患痢之人，两旬绝食而日粪盈溷者，终日食清淑之气，集于谷室，温者不能化火，凉者不能化水，则窒滞如沤浆。见暖逢火，先化水而旋化气，气水相化，而实非形也。此仓公之所不能辨，而盲医误以为肾肠之凤物也。夫近取诸身，而形气水火之道，思过半矣。

形气三

有形之物，有化速与化迟者，何也？曰：化，视其生也。化之速者，其生必速；生之迟者，其化亦迟也。

匏瓜之为物也，自清明之初至于秋分之末，其藤藁、其叶蓬、其实栩然大；及其殒落而化也，亦以百八十日而返于无。杉桧之质，有经百年者，其化之至于净尽，亦须百年；经五百年者，化之至于净尽，亦五百年也。墓门之内，使彭殇合葬，圹中殇骨必先化，而彭骨必久延。犹之雏鸡与母同入汤镬中，雏已熟烂，而母鸡皮肉方坚韧也。至于同一地穴，而陈人之身，有三年而朽者，有数十年而朽者，此由地脉蒸气盛衰不同之故。

譬之釜内烹鸡，有炽薪者，数刻而熟；薪力微缓者，时久亦数倍也。然则蒸气盛者，即百岁之人，葬入其中，三年尽矣，何以符所生久载乎？曰：蒸气盛而速朽者，非虚无之化，乃熔化之化。骨肉土泥混杂，必待百年而后虚无净尽也。至人力不欲速朽者，灌以水银，敛以珠玉，土中蒸气原避此数物而不相侵逼，不然，盖藏之下，水火蒸气无尺寸不充到也。曰：殇子之枢，百年不葬，有化日乎？曰：不入土泥之中，合会混元蒸气，何由得化？焦尾之琴，其质非草木乎，即至今存可也。

曰：杉桧之木百年矣。为人梁栋，又百年，其逢火与入土也，毋乃速化乎？曰：为梁栋之时，未尝生，何论化？准化必以生，此栋与梁逢火入土，即百年少一日不能至于尽也。

形气四

或问有形必化气，黄泉蒸化者，不借火燃，燃火成灰者，必待入泉而后化否？曰：其质有灰者，非地气蒸混，必无由化。草木有灰也，人兽骨肉借草木而生，即虎狼生而不食草木者，所食禽兽又皆食草木而生长者，其精液相传，故骨肉与草木同其气类也。即水中鱼虾所食滓沫，究竟源流，亦草木所为也。

若夫见火还虚，而了无灰质存者，则砆砂、雄雌石、硫黄、煤炭、魁、朴硝之类。

此数物者，精意欲成金而形骸尚类石，天地真火融结而成，而人间凡火迎合而化，不待顷刻而立见虚无本色也。彼水银流自嫩砂，明珠胎于老蚌，此其无质与灰又不待言也。是故火生于木，其化物之功，有一星而敌地气之万钧，一刻而敌百年者。造化之妙，不可思议也。

形气五

或曰：草木生化之理，既闻命矣，飞潜、动植而外，土石五金，居然形也，其终不化乎？亦有化有不化乎？

曰：土以载物，使其与物同化，则乾坤或几乎息矣。劫尽之时，再作理会可也。沙与石，由土而生，有生亦有化，化仍归土，以俟劫尽。深山之中，无石而有石，小石而大石，土为母，石为子，子身分量由亏母而生。当其供人居室、城池、道路之用，石工斫削，万斛委馀，尽弃于地，经百年而复返于土。故古今家国废基，掘井及泉，见土而已，不见石馀也。其经火而裂爆者，化土又更速焉。若陶家合土以供日用，万室之国，日取万钧而埏埴之，积千年万年，而器未见盈，土未见歉者，其故胡不思也？盖陶器以水火调剂而成，以见火失水而败，败仍归土。人世祝融之为灾也，小者亳社，大者咸阳。经年陶穴所为，顷刻还其故质。即罂缶效煎煮之用，当其内者水枯，外者火盛，则此器去刚而还本色，机已动于介然之顷矣。是故由土而生者，化仍归土，以积推而得之也。

至五金生化，又请缕析而辨之，其生希者，其化疏；其生广者，其化数。土为母，金为子，子身分量，由亏母而生。大地铁冶之生，十倍于铅锡，铅锡之生，两倍于铜；铜冶所生，百倍于银；银矿所生，十倍于黄金。凡铁之化土也，初入生熟炉时，铁华铁落已丧三分之一。自是锤锻有损焉，冶铸有损焉，磨砺有损焉，攻木与石有损焉，闲住不用而衣锈更损焉，所损者皆化为土，以俟劫尽。故终岁铁冶所出亿万，而人间之铁，未尝增也。铜锡经火而损，其义亦犹是已。若夫白银黄金，则火力不能销损者，只可以生与耗求而化土还虚，以俟劫尽。凡银为世用，从剪斧口中捐者，积累丝忽，合成丘山。贱役淘厘锱者，只救三分之一。金之损也，以粘物之箔，而刮削化灰而取者，亦救三分之一，其二则俟淘沙开矿者之补足。此其大端也。夫不详土石五金，而生化之理未备也。

气声一

声音之道微矣哉！物声万变，而人声皆能效之。厉莫厉于燃炮，微莫微于调琴，乐莫乐于对语之莺，悲莫悲于迎刃之豕，而宫商转换，必曲肖焉。非得气之全，胡以然也？凡声，喜声从口，怒声从鼻。鸟声多喜，兽声多怒。以神物言之，龙声有喜而无怒，雷声

有怒而无喜。当其大喜大怒之至也，齿舌诸官皆静息而听命焉。

人物受气而生，气而后有声，声复返于气。是故形之化气也，以积渐而归，而声之化气也，在刹那之顷。人物之声，即出由脏腑，调由唇舌，然必取虚空之气参和而能成。若窒塞口鼻，外者不入而相和，内者即升于龈腭之间，默暗而已矣。人身气海、命门，禀受父精母血，声气大小短长，定于胎元，非由功力。禽兽同之。其啸振山谷，则修士别有义理，非众人之所知也。

气声二

盈天地皆气也。两气相轧而成声者，风是也。人气轧气而成声者，笙簧是也。气本浑沦之物，分寸之间，亦具生声之理，然而不能自为生。是故听其静满，群籁息焉。及夫冲之有声焉，飞矢是也；界之有声焉，跃鞭是也；振之有声焉，弹弦是也；辟之有声焉，裂缯是也；合之有声焉，鼓掌是也；持物击物，气随所持之物而逼及于所击之物有声焉，挥椎是也。当其射，声不在矢；当其跃，声不在鞭；当其弹，声不在弦；当其裂，声不在帛；当其合，声不在掌；当其挥，声不在椎。微芒之间一动，气之征也。凡以形破气而为声也，急则成，缓则否；劲则成，懦则否。

盖浑沦之气，其偶逢逼轧，而旋复静满之位，曾不移刻。故急冲急破，归措无方，而其声方起。若矢以轻掷，鞭以慢划，弦以松系，帛以寸裁，掌以雍容而合，椎以安顿而亲，则所破所冲之隙，一霅优扬还满，究竟寂然而已。

气声三

或问：高山瀑布，悬崖百仞，而激溅深涧之中，闻者惊魂丧魄，而敝瓮欹侧，覆水沟渠，不见有声。其水同，其注同，而声施异者，何也？曰：此所谓气势也。气得势而声生焉。不得其势，气则绥甚。岂惟飞泉而已，彼同一攻木也，斤锯之声，或杂军市之喧，或合桑林之舞，至于持椎攻木，灭颖数寸，而移晷寂然，岂非势有不立哉？剖金银而效用，椎斧之下，何其恚然，而竭办剪镊之间，则功已奏，而微响未闻也，其义亦犹是也。方匠氏之游刃与持断也，势至而气至焉，气至而天地之气应之。通乎斯理，而声音之道思过半矣。

气声四

或问：撞钟伐鼓，而其声独为众乐雄，此声由金与革而生耶？抑由气也？曰：聆音钟鼓，而声音之道更难思议也。气本浑沦之物，莫或间之。当其悬钟与漫鼓也，其中所涵之气，与其外所冒之气，相忆相思，有隔膜之恨焉。适逢撞伐，而急应之，呼大而应之以大，呼小而应之以小，呼疾而应之以疾也。使其声不由气生也，张革地面，实土钟中，何声之有？制乐，圣人犹恐其气之不能达也，为之分寸焉，使金革之质，厚以数倍，即竭力撞伐而内外虚神不相应和，即有声也，不足听闻矣。

曰：悬磬而击之，其中未有涵，而其声清越，则又何也？曰：此浑沦之气，为悬磬而界隔两方，故从南击而磬北之气应之，从东击而磬西之气应之，犹之钟鼓之义也。使声由石生，而不由气应也，植磬依墙而击之，其声何似耶？

气声五

气透金革，而乐声成焉。凡气之于物也，万有皆从中而透外乎？抑有不透之时乎？

曰：气有透，有不透也。凡气者，水火元神之所缊结，而特不可以形求也。张革为鼓，其木质原有窍焉。此不具论。即范金而成器也，洪炉之中，金已成水，而复返其真，水火合精，乃就金形。锺镈之为物也，五行之气，融会而成，透气谐声，不为八音之元韵哉？气之不透者，以水火之气会结于肤膜之间，一透而不复再透也。稻黍之粘者，制为环饼，注水燃火而蒸，水火之气，业已及其外郭，而未达中扃，忽然绝薪止火，外熟内生，重入釜甑，扬薪注水而蒸之，即薪尽于樵，水穷于汲，其中无复熟之候。以水火一往之气，坚固其外，而后者无由入也（鸡子亦然，一滚不熟，而提起再煮，即旬月，其黄不结）。和水埏泥而为缶坯，取火意于晴日而干燥之，水火会合，把持坯身，击其外而内不应，未有声也。速入陶穴亲火，向者结碍之情，销化而去，火精托体，土质易形，一击而清声了韵，和合众乐而无愧焉。是故天生五气，以有五行，五行皆有音声。而水火之音，则寄托金土之内，此可以推五音口口已。

气声六

圣人制乐器，其形多圆而无方。其义何居？

曰：此即聚气涵气之说也。中虚之气之应外也，欲其齐至而均集；一有方隅，则此趋彼息，此急彼缓，纷游错乱于中，而其声不足闻矣。锤钲张鼓，金革非有二质也。击之枹之，其中央铿然而为宫商，其四沿硁然而为角羽。盖中则周圆虚应，而偏则三方之气不至。不惟不至也，其下近郭一方，已无气可应，故分响若是其昭昭也。且不惟钲鼓而已，截竹为箫管，使隔其中而方其孔，何和乐之有哉？又不惟箫管而已，门户枢轴，以木轧

木，木藏火性，火合气元，惟其枢圆转而不方隅也，开阖之际，逼轧丝微之气而出焉，声若凤鸣，合于韶舞矣。故凡器不圆者，其声多厉而不和，而人气所轧者为尤甚。北狄西戎吹角与海螺而成声，声则甚矣，然非乐也。

气声七

向者冲气、界气而成声，其说既著明矣。矢及百步声亦止此而已乎？曰：矢及百步，声之过也必倍焉，特所冲地面无几，故其声不扬。衡炮而蓺冲之，火力止于一里，而山谷传声十里焉。总之动气之故也。物之冲气也，如其激水然。气与水，同一易动之物。以石投水，水面迎石之位，一拳而止，而其文浪以次而开，至纵横寻丈而犹未歇。其荡气也亦犹是焉，特微渺而不得闻耳。

曰：炮声从何出也？曰：阴阳二气，结成硝石、硫黄，此二者原有质而无质，所谓神物也，见火会合，急欲还虚而去。当其出也，弩机发矢不足喻其劲，与疾虚空静气冲逼而开，至无容身地，故其响至此极也。凡逼气而成声也，差等有亿万焉。大至于西洋红夷诸炮，细至于指揪茅戟，静则气静而皆无声，动则气动而皆有声也。摇篲之声，非其细之至者？当其闻性不乱，耳根哄然，此可推于指揪之理矣。

气声八

或问：声响之异，可以指数否？

曰：形声一也，形万变而不穷，声亦犹之。集万人面于此，而使画工图之，其形万；集万杯槃于此，而使乐工击之，其声亦万也。人身闻性识神，其气系于胆，经游于耳窍。声之美恶，良知生而辨之，故圣人制乐以养之。

天地间声有疏者、厉者，则必有婉者、和者；有庞者、哗者、俗者，则必有清者、理者、雅者；有惊惧怖畏者，则必有悦乐亲昵者；有叱喝而不堪者，则必有噢咻而乐受者。吼鸣虎啸，而怖畏生焉；睍睆嘤鸣，而悦乐动也。皆一身闻性具，而天地之声因之，天地声响具，而官骸之神亦感之也。

惊声或至于杀人者，何也？曰：气从耳根一线宛曲出而司听焉，此气出入业其口鼻分官，窒则聋，梦则病，散绝则死。惊声之甚者，必如炸炮飞火，其时虚空静气受冲而开，逢窍则入，逼及耳根之气骤入于内，覆胆瓥肝，故绝命不少待也。若夫琴瑟箫管，优焉游焉，调焉诱焉，闻性悦乐而血气之和平由之。乐以治心，岂细故哉！

气声九

万籁于何而起，于何而归乎？

曰：受声者，虚空是也；出声者，噎气之风，人与禽兽昆虫之窍是也。藏声于内，以待人巧轧之、击之而后成者，众器是也。禀乎地籁而鸣，一移其身而声即无者，蚯蚓之鸣春，促织、寒螿之鸣秋是也。肖形天地，而成腹肠与气海、喉舌，坐亦可鸣，飞走亦可鸣，寐而魂游则无声者，人与禽兽是也。形神俱妙，与道合真，有无聚散，或气或形，天泽相交，密云不雨，飞身其上，怒声一振而云者为雨，云消雨散而神光寂然者，雷是也。气声之道，过此以往，未必无知焉，而言尽于斯矣。

水非胜火说一

五行之内，生克之论生，水非胜火，见形察肤者然之。

夫由虚而有气，气传而为形，形分水火，供民日用。水与火，不能相见也，借乎人力然后见。当其不见也，二者相忆，实如妃之思夫，母之望子；一见而真乐融焉，至爱抱焉、饮焉、敷焉，顷刻之间，复还于气，气还于虚，以俟再传而已矣。是故杯水与束薪之火，轻重相若，车薪之火，与巨瓮之水，铢两相同。倾水以灭火，束薪之火亡，则杯水已为乌有，车薪之火息，则巨瓮岂复有余波哉？水上而火下，金土间之，鼎釜是也，釜上之水枯渴十升，则釜下之火减费一豆。火上而水下，熨斗是也，斗上之火费折一两，则其下衣襦之水干燥十钱。水左而火右，罂缶是也，罂内之水消十分，则炉中之火减一寸，炉中之火不尽丧，则罂内之水不全消。此三者，两神相会，两形不相亲，然而均平分寸，合还虚无，与倾水以灭火者同，则形神一致也。水藏泥壁之上，火爇于中庭，相去寻尺，非若鼎釜之有金为媒，又非若倾水灭火之骤以形交也，两形相望于微茫之间，火方谢薪而来，水即辞泥而往。壁泥之水差重，则存其余湿而滋，庭中之火较多，则后于燥壁乃烬，此其铢两神合，非圣人不能定也。从釜之上，熨斗之下，罂缶之口，见郁攸焉，此相合还虚之兆也，少待则离朱不能见矣。从釜罂之介，侧耳而听之，如泣如慕，如歌如诉，此相合还虚之先声也。浆无继注，而炊者撤薪，则师旷不能闻矣。是故由大虚而二气名，由二气而水火形。水火参而民用繁，水火合而大虚现。水与火非胜也，德友而已矣。

水火二

尘埃空旷之间，二气之所充也。火燃于外，空中自有水意会焉。火空，而木亦尽。

若定土闭火于内，火无从出，空会合水意，则火质仍归母骨，而其形为炭，此火之变体也。

水沾物于尘中，或平流于沼面，空中自有火意会焉。物之沾者，引之燥，池沼之或平或流者，使之不凝。若地面沉阴飕刮，鬲火气于寻丈之上，则水态不能自活，而其形为冰，此水之穷灾也。蒸炭炉中，四达之水气就焉，而炭烬矣。射日燃火于河滨，而冰形乃释矣。

水火三

或问：水火二气均平布空，宜亦均平附物也，乃金中似饶水意，而木内独具火精，此非彰明较著者乎？其布空也，得毋似其托物乎？

曰：惟其附物之均平，而吾乃悟通于布气也。太清之上，二气均而后万物生；重泉之下，二气均而后百汇出。凡世间有形之物，土与金木而已。今夫以土倚土不得水，而以金倚土则水生，是金中有水也。以石磨石不得火，而以金击石则火出，是金中有火也。

至于木生于地下，长于空中，当其斧斤未伐，霜雪未残之时，所谓木之本来面目也。二气附丽其中，铢两分毫，无偏重也。取青叶而绞之，水重如许，取枯叶而燃之，火重亦如许也。及其斩根诛梗之后，悬于火上而不得燃者，其身火情水性正相衔抱而未离，不暇从朋于外至也。炽于日之中，火之侧，风之冲，渐引水神还虚而去，而木方克燃。或火力未甚多，日光尚少射，风声不频号，水性去九而尚存其一，犹且郁结而为烟。焚木之有烟也，水火争出之气也。若风日功深，水气还虚至于净尽，则斯木独藏火质，而烈光之内，微烟悉化矣。夫二气五行之说，至此而义类见矣。

水火四

或曰：火待水而还虚，其义已著明矣。然火之灼也，其功出于风，而水无与焉，则何也？

曰：功非由风，由风所轧之气也。虚空中气、水、火，元神均平参和，其气受逼轧而向往一方也，火疾而水徐，水凝而火散，疾者、散者先往，凝者、徐者后从。当大块之自噫与夫人力鼓鞴，摇箑与吹管也，涓滴水神，送入薪炭，际会勾引，火神奋飞而出，一鼓、一扇、一吹，勿懈勿断，而熯天之势成矣。夫气中之有水也，观吹嘘于鬈木腻石之面，如露如珠，何其显现耶！

水尘一

鱼生于水，人生于尘。人俯视知为水，鱼不知也；鱼仰视知为尘，人不知也。立于百仞之上、清虚之间而观之，尘水一也。

大凡尘埃之中，皆气所冲也。人一息不食气则不生，鱼一息不食水则死。人入水，鱼抗尘，死不移时，违其所生之故也。其水族入陆、陆族入水而不死者，有龟鳖与乌鬼之类，则别具一种性也。

人当不语之时，食气从鼻入，而亦从鼻出；鱼当倦游之候，食水从腮入，而亦从腮出。及其食物也，口即为政，而鼻腮呼吸未尝间断也。鱼育于水，必借透尘中之气而后生。水一息不通尘，谓之水死，而鱼随之。试凼水一匦，四隙弥之，经数刻之久，而起视其鱼，鱼死矣。人育于气，必旁通运旋之气而后不死。气一息不四通，谓之气死，而大命尽焉。试兀坐十笏阁中，周匝封糊，历三饭之久，而视其人，人死矣。是故三日绝粗粝之粮，淹然延命；十刻违正浩之养，溘尔捐躯。然则生人生长于气，犹鱼之于水也。通乎此，而子房辟谷之思，未甚怪诞矣。

水尘二

或问：水质空明，鱼龙居重渊之下，瞩见列星如数。上有尘埃，宜其障观，而不障者，何也？

曰：尘亦空明之物也。凡元气自有之尘，与吹扬灰尘之尘，本相悬异。自有之尘，把之无质，即之有象，遍满阎浮界中。第以日射明窗，而使人得一见之，此天机之所显示也。其为物也，虚空静息，凝然不动，遍体透明，映彻千里。风至扇动，或如流水之西东，播扬灰土而杂其中。始举目而不见丘山也，犹之山水静涵之候，其清可掬。洪流激湍，冲突污泥而混之，鱼虾对面亦无所见也。世人从明窗见尘，而误以为即灰土所为，日用而不知，岂惟此哉？

水尘三

黄河水浊，说者曰：其源长而流急，刷土扬泥之所为也。夫使其源长则浊，则未至朵甘思而已浊矣。使流急而浊，则蜀川三峡岂复有清水哉？此亦气之所为，而泥土因之。水生于气，气从其朔。凡华夷之水，本广而末狭者，惟黄河与滇池耳。河源初出，涌从地中，历乱七八十泓而后成巨泽，其气混洪激烈，不与他川同，至入海而此气方散。凡其所

经泥沙举不得静焉。霄中有银汉，亦一条颢气所为，正与黄河上下清浊为仪匹者。银汉有去而不见之时，黄河亦有清而见底之日，其义同也。

凡水与尘，清中复有异境。杭郡龙井玉泉，与临安道上诸池，鱼在数寻之下，视其鳍鳞若鉴。大理郡赵州数区，夜月之下，可书蝇头细字，其义亦同也。水与尘，本无色，武都仇池或现紫，剑羌温泉或现碧，东洋或现黑，尘中或现岚光，或现霾青，而究竟皆归于无色，其义亦同也。曰：同一视性也，鱼见水面，而人不见水底，何也？曰：明从三光而生，而人物视性因之，彻上而不彻下，其固然也。

水风归藏

二气下聚而为水，上聚而为风。下有归水之墟，小容如觞，中容如盂，大容如瓮，浅者可以度测，深者可以意推，百仞而止。上有归风之郛，或为峭峰，或为圆盖，亦百仞而止。此明者不能察见，巧者不可度量，惟神会于形气之间而已。

水有不微波之时，风亦有不动草之候。水在下有漩穴，风在上有焚轮。人拂薰风之中，鱼游逝水之面，其乐同也。狂风发屋伐树，而人踬不坚，洪水怀山襄陵，而鱼行欲乱，其惊惧亦同也。水在百川，与海当其量平，不能久静于下。其气湿，湿上升，迎合重云浓雾，化而为水，归于其墟斯已矣。风在清虚之郛，当其藏满，不能终凝于上。其气隐，隐下降，聚会游氛微蔼，化而为风，或北或南，驱驰旋转而后仍归于其郛，归郛而风息矣。

或曰：上有风郛，保无蔽三光否？曰：二者皆空明之体也。鱼龙在重渊之下，其上盖水百仞，瞩见列星如数。凡人之仰观也。亦若是而已矣。

寒热

水火神气，均停参和，长育人物于尘埃之中。是气氤氲布濩百仞而止，其上则清虚之境矣。时令寒热，实由地气。而前此臆说，以日轮远近，为燕、越二景之分，此其知识宥于为方万里之中，而不知大漠以北仍有炎方，占城以南尚多冰室也。

或曰：寒热无与于日轮，胡为日之方中，夏则酷暑，临冬则严寒？解此，非方中与我亲而出没与人疏，故一日之中而首尾殊异耶？呜呼！日，阳精也，君德也。尘埃百仞而下，参和二气，冬至则水气居七而火居三，夏至则水气居三而火居七，二分而均平。日丽中天，则水气为妃之从夫，脱离火气，直腾而上，以相瞻望。斯时也，郁烘凡火，暂辞滋润，低压而下燃。盖大君当阳，其臣俯伏之象也。是故夏则炽肌肤，冬则温毛发。时当巳午，人身在亢阳之中；而黄昏日没，则水气霏微而下复还初配。是则寒热与日相关，不在照轮之远近已昭昭矣。

且夫盛夏日中之候，蕴隆独蒸于地面，而百仞之上，有凄清彻骨之寒，此人所不见也。六月之望，身在衡岳之巅，去日差近于梦泽，而挟纩不能御襟颤。高此逾倍，形骸有不立销者哉？松潘华夷之界，名为雪山。盛夏积雪而不消者，岂惟峨眉而已？午日有灵，何不铄之？即谓赤县之内，大势北寒而南暑，然云南、交趾何尝不南耶？四季若二分然，葛裳且无所用之。总之，地气参差，至哉坤元，不知其以然尔！

或又曰：南岳盛夏而寒，庶几渐迩清虚之义，华阴相埒也，其气候不相同，则何也？夫二气之布濩而上也，或高或圩或平衍，非若大圆之一概也。其此方高腾数十仞，则清虚让界而上，或彼方卑衍数十仞，则清虚蹈沉而下。天上有人焉，俯以察之，一如山河大地之形之不齐也。夫惟超乎形者，乃能乘虚而见气。噫，亦微矣！

四、谈天

谈天序

谓天不可至乎？太史、星官、造历者业已至矣。可至则可谈矣。若夫一天而下，议论纷纭，无当而诞及三十三天者，此其人可恨也。天有显道，成象两仪，唯恐人之不见也。自颠及尾，原始要终，而使人见之审之。显道如是，而三家者犹求光明于地中与四沿，其蒙惑亦甚矣。会合还虚奥妙，既犯泄漏天心之戒，又罹背违儒说之讥，然亦不遑恤也。所愿此简流传后世，敢求知己于目下哉！

纲目纪六朝事有两日相承东行，与两月见西方，日夜出，高三丈。此或民听之滥，南北两朝秉笔者苦无主见耳。若果有之，则俟颖悟神明，他年再有造就而穷之。阅书君子，其毋以从何师授相诘难，则幸矣哉！崇祯丁丑初秋月，奉新宋应星书于分宜学署。

日说一

气从下蒸，光由上灼，千秋未泄之秘，明示朕于泰山，人人得而见之，而释天体者卒不悟也。以今日之日为昨日之日，刻舟求剑之义。以近而见之为昼，远而不见为夜者，其犹面墙也。

西人以地形为圆球，虚悬于中，凡物四面蚁附，且以玛八作之人与中华之人足行相抵。天体受诬，又酷于宣夜与周髀矣。夫阳气从下而升，时至寅卯，薰聚东方，凝而成日。登日观而望之，初岂有日形哉？黑气蒙中，金丝一抹，赤光荡漾，久而后圆，圆乃日矣。时至申酉，阳气渐微，登亚大腊而望之，白渐红，红渐碧，历乱涣散，光耀万谷。其

没也，淹然忽然，如炽炭之熄，岂犹有日形而入于地下，移于远方耶？

或曰：泰山末千仞，东海以东，当泰山之冲者，岂无比肩相并，昂首相过者乎？有之，皆足以蔽初旭，何一登临而显见若是？

呜呼！日出非就地也，天枢下瞰，咸池上有光明之穴焉，当其奋荡成形拂于泰山之表，业已数倍。是故东当泰山之冲，无有能蔽初日之形；西当乌斯藏、亚大腊之冲，无有能障日灭之状也。千载而下，东南西海之间，必有同心焉。

日说二

天形如卵白，上有大圆之郛焉。日月光耀未丽，其郛虚悬半际而行。夏至，太阳盛长，奋翼上腾，其程驭差高，其精光久延而不轻坠谢，以故迟之。迟之而又久者，百刻之中，昼几三分其二也。冬则阳气索藏，不能强睁而上，其程驭差下，其精光低垂而平视，故不能四十刻而为夜，盖捷径倦游之义也。形具右图。千载而下，四海之间，必有同心定论也。

日说三

无息乌乎生，无绝乌乎续，无无乌乎有？日月之贞明也，晡旦朔望之间，从其未始有明而明生，亿万斯年之久，从其明还无明，而明乃无敝于天壤。夫明还无明，则食之谓也。太阳、太阴两精会合，道度同，性情应，而还于虚无，其乐融融，其象默默，其微妙

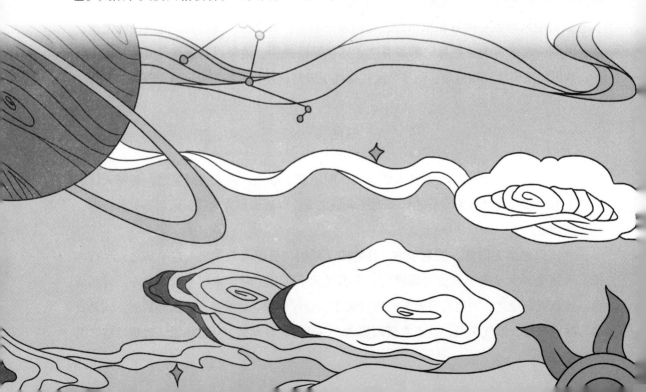

不可得而名言也。日食而至于既，所谓无极也。此二气最难几遇，而乾坤欲之不能自必者也。寂然之内，呕轮吐明，无极而太极也。食不尽如钩，交合功能亏于一篑也。食一而存九，适酬初爵，为时不暇卒事也。食及其半，老夫女妻稚阴以待壮也。月几望而食者，后妃梦至帝寝，户牖识焉，杝悦存焉，而不见其人，黯然魂销而魄丧也。

伐鼓于社，君相之典故也。朱注以王者政修，月常避日，日当食而不食，其视月也太儇。《左传》以鲁君、卫卿之死应日食之交，其视日也太细。《春秋》：日有食之。太旨为明时治历之源。《小雅》：亦孔之丑。诗人之拘泥于天官也。

儒者言事应以日食为天变之大者，臣子微君，无已之爱也。试以事应言之：主弱臣强，日宜食矣。乃汉景帝乙酉至庚子，君德清明，臣庶用命，十六年中，日为之九食。王莽居摄乙丑至新凤乙酉，强臣窃国，莫甚此时，而二十一年之中，日仅两食。事应果何如也？女主乘权，嗣君幽闭，日宜食矣。乃贞观丁亥至庚寅，乾纲独断，坤德顺从，四载之中，日为之五食。永徽庚戌迄乾封己巳，牝鸡之晨，无以加矣，而二十年中，日亦两食。事应又何如也？

今夫山河大地之中，严霜一至，草木凋零，蠢尔庶民，蹙额憔颜，怨咨肃杀，而不知奇花异卉、珍粒嘉实，悉由此而畅荣。通乎绝处逢生、无中藏有之说，则天地之道指诸掌矣。

日说四

日行二至，高下相悬。而月有定程，不分寒暑与朔望，为魄为明，其身总伏日下相会，而日食非必其体亲也，气融神合而已矣。日食于冬，曦驭去月最近，而亦乘月之上。日食于夏，日光高月魄，相去或千里，而上下正逢之际，阳精下迎，阴精上就，合而还虚，犹夫水火之相见也。

日早晚出没有定程，而月无者，大君祖识天德，纠虔天刑，不负寸阴，而后无憾。后妃为或盥或荐之事，宜其著也。月春秋高下有定则，而日无者，后妃待姆而行，见庙而反居。而大君征诛揖让之所为，时至则行，时穷则止。与时污隆，乾坤乃理。此日月之情，天地之道也。

日说五

《参同契》云：晦朔之间，合符行中。朔日诚合晦日，则月体先现一刻。逮日出时，月已高过一步，犹之朔之二日，月后现三刻，日高一步，而月方成象。总之，匝月之中，仍有三十个或魄或明，月体东生西没，如日经天，毫不缺少，但为日光笼盖，则不见

耳。初八上弦月，以午时成象东方，十二时中皆现月之候。以此推之，具了然矣。

或曰：使月有定期，司夜永如望日，一如日之司昼，岂不美哉？曰：乾坤计之熟矣。日长司昼，月长司夜，则太阴、太阳终天隔绝，永无会合之期，何由还返虚无，而吐贞明于万古？惟月以无定而合符日之有定，此之谓先天之体，非穷神知化者其孰能与于斯哉？

日说六

古来以日行度数测天体，然日月出没之位，不知其为大圆之止极焉否也。其云东西二十万里，南北十七万里，东西恃日晷测之诚是，南北以度推未必有当也。

《周礼》：日至之景，尺有五寸。所谓土圭也。郑玄以为：日景于地，千里而差一寸。昔术家立八尺之表于颍川阳城，曰日光邪射阳城，则天径之半，以此为天地之中。今二至晴明之日，立景早晚而积算之，则中景之候，东行短数刻，而西稍长焉。

以中国为天下中，实未然矣。就日之出与没而拆之，中国迤东二万里，而印度当东西之中。此其大略。若夫南北之中，则意想之所穷然。以黄赤二道分日光出没为东西之极，则中国亦稍迤北，犹之东西之稍东也。夫聪明运用不求之大清之上，而必于入极地下寻度数之行，何如其智也。

五、《天工开物》的传播

《天工开物》一书在崇祯十年初版发行后，很快就引起了学术界和刻书界的注意。明末方以智《物理小识》较早地引用了《天工开物》的有关论述。还在明代末年，就有人刻了第二版，准备刊行。

大约17世纪末年，《天工开物》就传到了日本，日本学术界对它的引用一直没有间断过，早在1771年就出版了一个汉籍和刻本，之后又刻印了多种版本。

19世纪30年代，有人把它摘译成了法文之后，不同文版的摘译本便在欧洲流行开来，对欧洲的社会生产和科学研究都产生过许多重要影响。如1837年时，法国汉学家儒莲把《授时通考》的"蚕桑篇"，以及《天工开物·乃服》的蚕桑部分译成了法文，并以《蚕桑辑要》的书名刊载出去，马上就轰动了整个欧洲，当年就译成了意大利文和德文，分别在都灵、斯图加特和杜宾根出版，第二年又转译成了英文和俄文。当时欧洲的蚕桑技术已有了一定发展，但因防治疾病的经验不足等而引起了生丝之大量减产。《天工开物》和《授时通考》则为之提供了一整套关于养蚕、防治蚕病的完整经验，对欧洲蚕业产生了很大影响。著名生物学家达尔文亦阅读了儒莲的译著，并称之为"权威性著作"。他还把中国养蚕技术中的有关内容作为人工选择、生物进化的一个重要例证。

据不完全统计，截至1989年，《天工开物》一书在全世界共发行了16个版本，印刷了38次之多。其中，国内（包括大陆和台湾）发行11版，印刷17次；日本发行4版，印刷20次；欧美发行1版，印刷1次。这些国外的版本包括2个汉籍和刻本、2个日文全译本，以及2个英文本。

而法文、德文、俄文、意大利文等的摘译本尚未统计入内。《天工开物》一书在一些地方长期畅销不滞，这在古代科技著作中并不是经常可以看到的。

《天工开物》出版后，很快便在福建由书商杨素卿于清初刊行第二版。

公元1725年，进士陈梦雷受命组织编撰，蒋廷锡等人续编的官刻大型著作《古今图书集成》在食货、考工等典中有很多地方取自《天工开物》，在引用时，把《天工开物》中的"北虏"等反清字样改为"北边"。

公元1742年，翰林院掌院学士张廷玉（1672—1755）任总裁的大型官修农书《授时通考》，在第20、23、26等卷中都引用了《天工开物》中《乃粒》《粹精》等章。

18世纪后半叶，乾隆设四库馆修《四库全书》时，在江西进献书籍中，由于发现宋应星的哥哥宋应升的《方玉堂全集》、宋应星友人陈弘绪等人的一些著作有反清思想，因此《四库全书》没有收入宋应星的《天工开物》。乾隆以后，也再没有人刊刻此书，因此《天工开物》在清代没有进一步流通。

公元1840年，著名学者吴其濬在《滇南矿厂图略》关于采矿冶金方面的叙述中参考了《天工开物》。公元1848年，吴其濬的《植物名实图考》谷类等部分有很多地方引用了《天工开物》的《乃粒》章。

公元1870年，刘岳云（1849—1919）的《格物中法》中几乎把《天工开物》中的所有主要内容都逐条摘出，还进行了评论和注释，他是中国第一个用近代科学眼光研究《天工开物》的人。

公元1877年，岑毓英（1829—1889）撰修的《云南通志》的食货矿政部分也详细引用了《天工开物·五金》章关于铜、银等金属冶炼技术的叙述。

公元1899年，直隶候补道卫杰写的《蚕桑萃编》有不少部分引用了《天工开物》中的《乃服》《彰施》等章。

公元17世纪末，《天工开物》传入日本。

公元1694年，日本著名本草学家见原益轩（1630—1714）在《花谱》和公元1704年成书的《菜谱》二书的参考书目中列举了《天工开物》，这是日本提到《天工开物》最早的文字记载。

公元1771年，日本书商柏原屋佐兵卫（即菅生堂主人）发行了刻本《天工开物》，这是《天工开物》在日本的第一个翻刻本，也是第一个外国刻本。从此，《天工开物》成为日本江户时代（1608—1868）各界广为重视的读物，刺激了18世纪时日本哲学界和经济界，兴起了"开物之学"。

公元1952年，日本京都大学人文科学研究所中国科技史研究班的学者们将《天工开物》全文译成现代日本语，并加译注、校注及标点，畅销至今。

18世纪，《天工开物》传到朝鲜。

1783年，朝鲜李朝（1392—1910）著名作家和思想家朴趾源（1737—1805）完成的游记《热河日记》中向朝鲜读者推荐了《天工开物》。

1830年，法国著名汉学教授儒莲（1797—1873）首次把《天工开物·丹青》章关于银朱的部分译成法文，题为《论中国的银朱》，发表于《新亚洲报》第5卷中。

1832年，儒莲的法文译本又被转译为英文，刊发于《孟加拉亚洲文会报》卷一中。1847年，儒莲的另一篇法文译文《铜合金·白铜·锣钲》（译自《天工开物·五金》章）在译成英文后又被译成德文刊于德国《应用化学杂志》卷四十一。1837—1840年，儒莲在《桑蚕辑要》一书中引用的《天工开物》论桑蚕部分被摘译为意、德、英、俄等欧洲语。

英国著名生物学家达尔文（1809—1882）在读了儒莲翻译的《天工开物》中论桑蚕部分的译本后，把它称之为"权威著作"。达尔文在他的《动物和植物在家养下的变异》（1868）卷一谈到养蚕时写道："关于中国古代养蚕的情况，见于儒莲的权威著作。"他把中国古代养蚕技术措施作为论证人工选择和人工变异的例证之一。

1869年，儒莲和法国化学家商毕昂把《天工开物》有关工业各章的法文摘译，集中收入在《中华帝国工业之今昔》一书中，并且在巴黎出版。

1964年，德国学者蒂路把《天工开物》前四章《乃粒》《乃服》《彰施》及《粹精》译成德文并加了注释，题目是：《宋应星著前四章》。

1966年，美国宾夕法尼亚大学的任以都博士将《天工开物》全文译成了英文，并加了译注，题为《宋应星著，17世纪中国的技术书》，在伦敦和宾夕法尼亚两地同时出版。这是《天工开物》第一个欧洲文全译本。

目前，宋应星的《天工开物》已经成为世界科学经典著作而在各国流传，并受到人们的高度评价。如法国的儒莲把《天工开物》称为"技术百科全书"，英国的达尔文称之为"权威著作"。21世纪以来，日本学者三枝博音称此书是"中国有代表性的技术书"，英国科学史家李约瑟博士把《天工开物》称为"中国的阿格里科拉"和"中国的狄德罗——宋应星写作的17世纪早期的重要工业技术著作"。

六、宋应星的哲学思想

确切地说，宋应星的哲学思想是自然哲学思想，首先围绕自然界万物起源及其发展变化这个总的问题而展开。这不但是自然哲学，而且是整个哲学的根本问题。自古以为，围绕这个问题就有各种不同的见解，大体来说，中国古代哲学有两大派，每一大派又有两种不同的思想流派。第一大派认为万物起源于最原始的物质本原，按自然界固有的规律发展而变化。这一大派中又有一元论及多元论之别：前者主张万物最初本原只有一个，元气论即持这种观点；后者主张万物最原始本原有五个，即水、火、土、金、木五种元素，此即多元论的早期五行说。由于这派都强调物质的第一性，承认万物起源于物质本原，因而属于唯物主义自然观体系。另一大派认为万物起源于精神性的本原道或理、心。先有道、理、心，然后有万物，而万物发展变化即是道、理、心之表现。这一派虽属一元论，但因其强调精神的第一性，故属于唯心主义自然观体系。这一大派中又有两个流派，一派认为理或心之外无物，是主观唯心主义；另一流派认为天地之间有理有物，而理在物先，即客观唯心主义。为了使阴阳五行说为自己服务，这一派将其巧妙地改变成一元论。

关于宋应星以前各派对万物本原及其变化的不同哲学论点及宋应星如何取诸家之长自成一说的具体经过，在本书第十一章讨论其历史地位时详加说明，此处不再赘述。

宋应星在《论气》一书中提出其有关万物本原及本质的"形气论"。他提出了"盈天地皆气也"（《气声》）的哲学命题。这种气"把之无质，即之有象，遍满阎浮界中（充满宇宙之中）"（《水尘二》），气外无理、无道、无心。这与宋儒陆九渊（1139—1192）所说"塞宇宙一理耳"（《象山全集》卷12）正好是截然相反的提法。宋应星又指出："天地间非形即气，非气即形。由气而化形，形复返于气，百姓日习而不知也。初由气化形，人见之，卒由形化气，人不见者，草木与生人、禽兽、虫鱼之类是也。"这就是说，充满宇宙之间的都是气或元气，这种气本本无形，但脱离其原始状态后便有了形象。由气变化成人可见到的形体，便是草木、虫鱼、禽兽等万物，但最后万物又变化成人不可见的气，一般人对这个道理习以为常，却不知其真正含义。可见宇宙万物包括无生命和生命自然界的一切，究其最初的物质本原，都是由气而变化成的。既然"天地间非形即气，非气即形"，也就排除了主宰气的所谓理或心的存在，换言之，宋应星否定了朱熹所说"无形而有理"的思想。另外，宋应星认为自然界中的一切变化，从哲学的角度来看，无非是"由气而化形、形复返于气"的客观过程，而不是像宋代陆派杨简所说："天地〔乃〕我之天地，变化〔乃〕我之变化，非他物也。"（《慈湖遗书·已易》）所有这些都说明宋应星的形气论是唯物主义的一元论。

而从近代科学的角度来看，一元论比多元论接近真理，是人对物质世界认识的正

确路线。还应指出，当宋应星陈述其气化形、形返气的自然界变化时，有时也用"虚"的概念。"夫由虚而有气，气传（转）而为形，气［复］还于虚。"（《水火》）这里的"虚"或"大虚"与张载所说"太虚"是一个意思，属于物质性范畴，"太虚即气"（《正蒙·太和》），并不是指虚无。

宋应星自己也解释说，他所谓形返气或"返虚"，"非其还返于虚无也"（《形气》）。两人的解释排除了对其思想的唯心主义曲解。

张载认为元气通过阴阳"两端"（二气）造成万物，但并未再解释造成万物的具体历程。宋应星在发展并改进张载的理论时，在气与万物之间引入了"形"这一物质层次，认为气是通过形而变化为万物的，从而把他的理论称为形气论，以有别于元气论。他又把形气论与周敦颐改进的阴阳五行说结合起来，形成他的"二气五行之说"。然后进一步解释万物由气构成的历程。《天工开物·作咸》及《论气·气声五》都说"天有五气，以有五行"，认为水、火、土、金、木五行由相应的气而生，不是万物的最原始本原。他又对五行或五气逐个分析，认为水火二气是较基本的。"杂于形与气之间者水火是也"（《形气一》），"形而不坚、气而不隐者，水火之体也。二者介于形、气之间，以为气矣而有形，以为形矣而实气"（《形气二》）。那么什么是形呢？宋应星指出："凡世间有形之物，土与金、木而已。"（《水火三》）也就是说，万物由气和水火是通过土、金、木构成的"形"这一物质层次发展起来的。把五行的行改称形，并赋予其以新的意义，这是宋应星的一项发展。但他又认为介于气与形之间还有个物质过渡层次即水火。水火是形，但又不固定；是气，但又不稳；是气，却又有形；是形，却又实在是气。把张载与周敦颐体系中的阴阳具体化为水火二气，这是宋应星的另一项发展。张载认为元气由阴阳"两端"所感而运动、变化为万物，这还不够具体。周敦颐认为由阴阳动静而成水火二气，把阴阳与水火看做两个层次，从而把阴阳抽象化。在宋应星看来，阴阳也是二气，而水火是其最集中的表现形式。火为阳气，水为阴气，阴阳二气与水火实际上应属同一物质层次，即"介于形、气之间"，亦即介于气与土金木之间，下一个层次才是有形体的万物。他在元气与万物之间插入形及形气之间的水火二气这两个物质过渡层次，这是对传统的元气论的新补充，使由气至万物的发展历程具体化了。物质世界的构成分为下列层次：

气→水、火→土、金、木→万物

根据宋应星的"二气五行（形）之说"或"形气水火之道"，传统学说中的"五行"的正确排列顺序应当是：水、火、土、金、木，而不应是任何别的排列次序。他的这种排列与周敦颐的《太极图说》是一致的，体现了它们五者之间从低级至高级的发展序列。所谓具体含义是指有形的水火；所谓抽象含义是指构成有形水火的物质要素，不一定能看得到，相当于水素与火质或水气与火气，具有气的属性。只有从"亦形亦气"这层含义理解水火，方合宋应星之本义。对土金木亦应从这一层含义来理解，虽然三者比水火更为有形一些。宋应星在论述水、火、土、金、木五者的相互关系时指出，其中水火是最基本的，水火二气均平地含于土内（《水火三》）。土与金木比，又较为基本，因金、木均生于土，因而土介于水火与金木之间，而金木中又都含水火。他写道："土为母，金为子"（《形气五》）、"土为母，石为子"（《形气五》）、"木生土中"（《水火三》）。他又在《水火三》写道："今夫以土倚（伴随）土不得水，而以金倚土则水生，是金中有水也。以石磨石不得火，而以金击石则火出，是金中有火也。至于木，生于地下、长于空中，二气（水火）附丽其中，铢两分毫无偏重也。取青叶而绞之，水重如许。取枯叶而燃之，火重亦如许也。"（《水火三》）所以木中亦含水火。

此处的火是指火质或可燃性成分，现在可理解为碳及碳的化合物。《形气五》还注意到木燃烧后有灰烬返还于土，因而木中亦含有土质，现在可理解为矿物质成分。

由于土在水火与金木之间起着沟通与介质的作用。因而水、火、土、金、木之间不存在像过去说的那种单纯的并列关系，而是由低级到高级、由简单到复杂的过渡关系。

宋应星关于水、火、土、金、木相互关系及划分层次的观点与明代哲学家王廷相（1474—1544）及科学家李时珍的观点是一致的。王廷相也认为五行应分为水火、土、金木三个层次（《五行辩》）。而李时珍则指出："首以水火，次之以土。水火为万物之先，土为万物之母也。次之以金石，从土也。"（《本草纲目·凡例》）李时珍还指出："水火所以养民，而民赖以生者也。本草医方皆知辨水，而不知辨火，诚缺文哉，其气行于天、藏于地，而用于人。"（《本草纲目·火部》）可见，宋应星的思想直接受李时珍的影响，但他又比其前辈对万物的构成探讨得更为绵密。他像李时珍一样，也特别强调水火的作用，这反映了在他那个时代工农业生产技术和科学比前代更为发达。宋应星也指出："水火二气均平布空，宜以均平附物也。太清之上，二气均而后万物生；重泉之下，二气均而后百汇出。"（《水火三》）"尘埃空旷之间，二气（水火）之所充也。"（《水火二》）这就是说，除构成万物本原的元气而外，其发展形式水火二气也均匀地充塞于天地之间、附载于万物之内。因而"盈天地皆气也"，还应理解为元气及水火二气，二气在与土金木等形作用后，便化生万物。这是对元气论的具体化。宋应星将他的这一新说称之为"形气水火之道"（《形气二》）。

宋应星在剖析水、火、土、金、木相互关系及过渡层次，亦即解决了"亦气亦形"这一物质过渡层次与形的物质过渡层次间相互关系及过渡之后，便进一步阐述了万物生成之理。《天工开物·陶埏》指出："水火既济而土和。万室之国，日勤千人而不足，民用亦繁矣哉。"这是说，靠水火对黏土的交互作用，烧结成陶瓷，供民日用。同书《燔石》章亦云："至于矾现五色之形，硫为群石之将，皆变化于烈火。"靠着烈火对来自土中的矾矿及硫黄矿石的锻烧，得到各种颜色的矾石及黄色的硫黄。同章又称："凡石灰，经火焚炼为用。成质之后，入水永劫不坏。百里之外，土中必生可燔石，石以青色为上。"这

是说，将土内所含的青石（石灰石）用火焚烧，便得到石灰，石灰再与水配合使用，便永劫不坏。《冶铸》章称："夫金之生也，以土为母，及其形而效用于世也。"将土中所含金属矿石以炉火冶炼便得到金属，通过铸造使其成为器形而效用于世，但铸造亦需"媒合水火"。《锤锻·冶铁》云："凡熟铁、钢铁已经炉锤，水火未济，其质未坚。乘其出火之时，入清水淬之，名曰健钢、健铁。"当金属制出后，再烧红锤锻，由于水火未交互作用，其质仍不坚。乘出火之时入水淬之，方成健器。借水火与土（包括土中矿石成分）的相互作用，便得到陶器、瓷器、矾石、硫黄、砒霜、石灰、金、银、铜、铁、锡、铅、锌等金属；再通过水火与成形之金交互作用，便得到铜锌合金、铜镍合金、铜锡合金，各种各样的铸造器型如钟、鼎、锅、镜、钱币以及锻造器型如刀斧、锄、镈、锥、锯、刨、凿、锚、针、乐器等。同理，亦可制得食盐、砖瓦、银朱、火药、火器等物。这些都是无生命自然界的千万种有形之物，供百姓日用甚繁，而究其本原，都是由元气经过水火、土、金的交互作用及气→亦气亦形→形这些物质层次而生成的。

宋应星接着转向论述生命自然界万物的生成机制。他将生物分为植物与动物两大类，而在生物由低级到高级的发展序列中，植物即草木之属较为基本。他又将动物按发展序列分为虫鱼、飞禽、走兽，最后是"万物之灵"的人。他认为动物是从植物演化并生成的，而植物又是从无机物演化与生成的，归根结底，是通过水火与土木交互作用而产生。他写道："气从地下催腾一粒，种性小者为蓬，大者为蔽牛干霄之木，此一粒原本几何？其余皆气所化也。"（《形气一》）也就是说，气在土中促使一粒种子生长。种性小的成为蓬草，种性大的成为参天大树。这一粒种子原来有多少呢？其余都是由气转化而成的。这里的"气"应理解为水火二气及土气或土壤。因为如前所述，他在《水火三》中指出："至于木，生于地下（土）。长于空中，二气（水火）附丽其中。"故木中含水火。也就是说，一粒植物种子很小，入土后之所以能成长为参天大树，是因为其从土中不断摄取水及矿物质、有机质养料。因此草木借水、土及火质（可燃的有机肥料）而成长。宋应星在《天工开物》中所述各种植物如稻、麦、麻、豆、桑、棉、葛、草本染料、油料植物、甘蔗、竹、构树及各种树木的种植都是根据这一道理而进行的。他更详细地叙述了将这些植物借水火及金木石的交互作用而制成植物油、糖、衣料、染料、纸张、车船等产品以及木器、榨油器、糖车、纺织机、各种农具、蒸煮锅等工具及日常用品。虽然谷物种植主要靠水、土及金木，但没有火气配合也是不行的，这里火气以日照的形式表现出来。没有阳光（阳气、火气）而阴雨（阴气、水气）绵绵，便会减产。至于谷物加工及食品制造，离开水火与金木也是不行的。由于五气的交互作用，产生出各种各样的植物及其加工制品，像无机界万物一样，供民日用，也归根结底由元气→亦形亦气→形这些物质层次而生成的。至此为止，自然界又添加了一大类实物。

宋应星还反复论述了从无机自然界过渡到有生命现象的植物界的哲学依据。按照他的二气五行之说，草木的基本物质载体是木或木质，而木生于水、火及土，后三者都是无生命的基本物质。既然借水火土木的交互作用能生成有生命现象的植物，那就说明生物最初是从无生命物质中生成、演变的。宋应星在这里把神等超自然力排除在由无机物到有机物、由无生命到生命的万物生成及演变过程之外。他在论述了生物中较基本的草木最初由无机界生成及过渡之后，还论述了从植物界向动物界的物质过渡。他在《形气四》写道："草木有灰也，人兽骨肉借草木而生，即虎狼生而不食草木者，所食禽兽又皆食草木而生长者，其精液相传，故骨肉与草木同其类也。即水中鱼虾所食淬沫，究竟源流，亦草木所为也。"这段论述相当精彩，在宋应星看来，植物都有灰质即由无生命的物质成分构成；人与动物的躯体是靠所食植物而生长、发育的，即使是不食植物的猛兽，其所食之禽兽又都是吃植物而生的。动物与植物在物质构成上一样，以"其精液相传"。"精液相传"，此处是指构成植物的基本物质成分和养料通过植物又传递到动物。"骨肉与草木同其气类也"，只能理解为构成动物躯体的骨肉与草木都有同样的物质成分。"气"是一个物质性概念，此处是指水、火、土、金、木等基本物质成分或"五气"。宋应星还指出，即使是生长于水中的鱼虾，其所食之物，究其源流也是草木之类。这样来看，由于动物体内所含的基本物质成分，与植物所含的是同类，而植物是摄取土内无生命养料及水而生长的，因而在物质构成上，在动物界与植物界之间以及在生命自然界与无生命自然界之间并没有不可逾越的鸿沟。

上述思想自然而然地使宋应星认识到，虽然宇宙万物多种多样，但存在着物质构成上的统一性。他的这一认识不但在原则上是正确的，而且为后来自然科学的发展所证实。他的这一思想也是对唯心主义的神创论和活力论（Vitalism）的批判，而活力论哲学甚至在18世纪至19世纪时还禁锢着西方科学家的头脑。根据这一哲学，无机界与有机界之间存在着不可逾越的鸿沟，在物质构成上没有共同之点，因有机体是靠神秘莫测的"生命力"（vis vitalis）才能构成。直到1824年至1828年，德国化学家韦勒（1800—1882）在试管中从无机物人工合成出有机物尿素时，才敲起了活力论的丧钟。当物质世界靠自然力的作用从植物界逐步过渡到动物界，而动物界又逐步从虫鱼过渡到飞禽、走兽，以至最后出现人类时，大自然变得更加千姿百态、光彩夺目、生机盎然。像宋应星所说，人类可以利用大自然的这些恩惠，再一次施展运用水火及金木的交互作用，从虫类（蚕、蜜蜂）制得生丝供上等衣料用或酿出蜂蜜供作食用，还可用微生物对谷物发酵制成各种营养或医用的类，更可以利用飞禽、貂、狐、羊、水獭、虎、豹及金丝猴的毛皮制成裘服。从羊毛打成毛线织成各种毛织物，或从蚌壳内取出珍珠、用牛筋制成弓弦、以雕翎制造成箭等等，而"使草木无全功"（《甘嗜》语）。宋应星在《天工开物》的有关章中详细叙述了从上述动物体制成各种产品的技术。根据他的哲学观点，虽然动物界比植物界属于更高级的发展阶段，但究其物质本原，仍不外是从元气、亦形亦气、形及草木这些物质层次而逐步生成、

演变的，不过他没有告诉我们要花费多长时间才能完成这些过渡。他在论述动物、植物及矿物界在构成上的物质统一性时，还谈到物质世界多样性的原因。为此他提出了"形万变而不穷"的哲学命题（《气声八》）。

由于水火、土、金木这些物质要素相互间的作用是千变万化的，因此产生了众多的物。此外，正如宋应星在《天工开物》中所述，许多自然物通过人工作用后，又产生难以数计的、自然界本身没有的物。用他的话说便是"或假人力，或由天（自然界）造"（《作咸·盐产》）。

在谈到物质世界事物的多样性时，宋应星有一段哲学沉思："天覆地载，物数号万，而事亦因之，曲成而不遗。岂人力也哉？"（《天工开物序》）大意是说，天地之间，事物以万计，通过各种变化而形成完美无缺的世界，这恐怕不全是人力所能办到的。此话不假，现在地球上的生物物种估计有200万种，在宋应星生活的时代里已知植物便有近万种，还不包括无机界的矿物在内，其中绝大多数是大自然以其固有规律而造成的。但人并不是消极等待自然界的恩惠，还用人力生成数以万计的物，由"天工"与"人工"配合创造了多样性的大千世界。与此同时，今天我们还知道构成这么多自然物及人造物的基本物质成分即化学元素，只有百种左右，并且像宋应星所说的，生物与无生物的基本物质成分是一样的。而现在，他的"形万变而不穷"的哲学命题可理解为有限元素原子以其万变无穷的结合方式构成物质世界的多样性。现代物质构造理论还证明一元论物质观是正确的，因为最终宇宙万物都由原子构成。而原子又一分为二：带正电荷的原子核及带负电荷的电子。有趣的是，宋应星的元气也一分为二：水（阴）气及火（阳）气。他的理论当然不能与当代理论同日而语，但在思维方式与理论形式上还得承认他与今人有某种暗合，只不过现代物质结构理论是建立在科学基础上的更高级发展形态，然而现代理论也是从初级阶段逐步演变到今天这样的。这证实了一条哲学规律：发展是重复以往的阶段，但是在更高基础上的重复，发展是按螺旋式而不是按直线式进行的。

宋应星在发展万物生成及演变的自然哲学时，把他的哲理与科学技术紧密结合起来，用《天工开物》中所述30种技术过程的实例来支持并解释他的哲学思想。这不但是中国历史中其他哲学家做不到的，而且像李时珍那样的大科学家也未能做到这一点。他在阐述从最根本的元气经过亦气亦形及形再逐步过渡到无机世界和生命自然界时，提供了一幅万物生成与演变的图景，其基本过渡层次为：元气→水火→土→金木→无生物→草木→动物。其中最关键的一步是从无生物到生物这一质的转化。

由于受当时科学发展水平的限制，宋应星未能说明这一转化的细节，但他已从哲学上指明了生物是从无生物转化的，这一转化过程是"天工"（自然力）完成的。对于三百多年前的古人来说，达到这一认识已经很不容易了。如果我们把他的各种论述都综合起来，则可将他提供的万物生成及演变情景用图解的形式表达出来。试把根据他的思想绘制成的万物化生图与周敦颐的太极图做一比较，便会看到，周图中构成万物本原的是精神性的"无极而太极"，对水火、土、金木五气的相互关系描述得不够绵密，而阴阳又脱离了物质载体而成为抽象的东西，更重要的是没有说明生物是怎样生成的。所有这些不足都被宋应星一一克服了，因此他所提供的万物化生图景是在传统哲学范围内当时所能提供的较为完善的一种。

现在让我们再回过头来讨论宋应星的二气五行之说，首先是他的水火观。如前所述，他对水火给予了特殊地位，让其享有"气"的称号，并置于元气与形之间，起着亦气亦形的作用。这是因为他从工农业各生产领域内看到"假媒水火"的重要意义，而一些自然现象也与水火有关。

他关于水火的观点可归纳为下列五点：（1）水火各有润下炎上、行徐与行急及阴性与阳性两种矛盾的属性，是元气发展后一分为二的产物。当二者相遇并相互作用时，又最终返还并统一于元气，构成气之本体。（2）水火二气均平分布于天地间、附载于万物内，相互吸引又相互依存。（3）在生产过程中借人力使水火与土金木交互作用，便可造成各种产物。水火既促进过程实现，又参与过程之中，是过程中的积极因素。（4）水火之间的克制关系是相对的，不是绝对的。克制能否实现，取决于二者相对的量，而且存在一种当量关系。二者之间不是仇敌，而是朋友。（5）水火在五气中较为基本，同时含于土金木三气中，又通过后者进入无生物及生物的基本物质构成成分之中。

以上这五点中有的内容已见前述，此外须补述其余未提到的内容。在谈到水火相互依存时，宋应星以燃烧现象为例，他写道："尘埃空旷之间，二气之所充也。火燃于外，空中自有水意会焉。火空而木亦尽。"（《水火二》）

这是说，火在露天下烧木柴，要与空气中的水气（水素）配合，燃烧才会充分。如果在密闭状态下燃木，则火不能与水素会合，便燃烧不充分，火质仍归木骨，成为木炭。"若穴土闭火于内，火无从出空会合水意，则火质仍归母骨，而其形为炭，此火之变体也。"（同上）宋应星已隐约认识到燃烧时需依赖空中的某种气助燃，这样燃烧才能完全。他将此称为"水气"，现在看来，应属水中所含的氧气。他又说，地面的水要靠与空中的火质会合，才能保持自身存在。如将二者隔开，水的状态便不能保持，而形成冰。"水沾于空中，或平流于沼面，空中自有火意会焉。若地面沉阴飔刮，隔火气寻丈之上，则水态不能自活，而其形为冰，此水穷灾也。"（《水火二》）总之，"炭炉中，四达之水气就焉，而炭烬矣。射日燃于河滨，而冰形乃释矣"（同上）。

宋应星解释焚木出烟的现象时写道："焚木之有烟也，水火争出之气也。若风日功深，水气还虚（气）至于净尽，则斯木独藏火质，而烈光之内，微烟悉化矣。"（《水火三》）他还问道，既然"火待水而还虚"，火的燃烧有赖于风，于水何干？回答是"功非由风，［而］由风所轧之气也"。"其气受逼轧而向往一方也，火疾而水徐，水凝而火

散。疾者、散者先往，凝者、徐者后从"（《水火四》）。当熔炉借强力鼓风，涓滴水质送入薪炭，与火质会合，将其勾引，使之奋飞而出。一鼓一吹，勿懈勿断，"而燀天之势成矣"（同上）。我们不一定都赞同他的具体论述，但他力图从自然界自身解释自然现象这种精神是可取的。有时他也用"火神""水神"术语，只能将其理解为"火质""水质"，因为他的确不是指神灵。我们注意到有的外文译本将火神译为the element of fire 是较准确的，但如果理解为the spirit of fire（"火精"），便与宋应星本义相违背了。

古典五行说认为木生火、金生水，而金又克木，所以水火之间则是水胜火的相克关系。《墨子·经说下》已对此提出异议："五行毋常胜，说在宜。"也就是说，水并非总是胜火，而在力量是否相宜，水量少便扑不灭烈火。对此，宋应星发表了《水非胜火说》，从标题中已点出了他对这一问题的看法。他认为水火间与其说是"相胜"关系，还不如说是"相参"即相互配合的关系。

此说倒颇有新意。他认为这种相参表现在两个方面：（1）水火相互吸引，被隔开之后二者"相忆相思"。相遇则发生急剧变化，共同复返于气，求得统一。（2）二者相互作用，有当量关系。关于第一种关系，他写道："气传而为形，形分水火，供民日用。水与火不能相见也，借乎人力然后见。当其不见也，二者相忆，实如妃之思夫、母之望子。一见而真乐融焉，至爱抱焉、饮焉、敷焉。顷刻之间复还气，气还于虚，以俟再传（转）而已矣。"（《水火一》）关于第二种关系，他写道："是故杯水与束薪之火，轻重相若；车薪之火与巨瓮之水，铢两相同。倾水以灭火，束薪之火亡，则杯水已为乌有。车薪之火息，则巨瓮岂复有余波哉？"（《水火二》）这是说，当水火相互作用时，二者必须"轻重相若""铢两相同"。只有杯水与束薪之火、巨瓮之水与车薪之火才符合相互作用所必须的数量关系。若以杯水对车薪之火，则水力不足。于是宋应星认为："五行之内，生克之论生，水［必］胜火，见形察肤者然之。"（《水火一》）

关于水火相参关系，张载也有"水火相待而不相害"的思想（《正蒙·参两》），但宋应星对之做了定量论述。他举例告诉我们："水上而火下，金土间之，鼎釜是也。釜上之水枯竭十升，则釜下之火减费一豆。火上而水下，熨斗是也。斗上之火费折一两，则其下衣襦之水干燥十钱。水左而火右，罂缶是也。罂内之水消三分，则炉中之火减一寸；炉中之火不尽丧，则罂内之水不全消。此三者，两神（水火二质）相会，两形不相亲，然而均平分寸，合还虚无。与倾水以灭火者同，则形、神一致也。"这是说，水火相参呈现于日用，要想使其相互配合，从而发挥更好效用，必须使二者数量得宜，而且同时有数量上的变化规律。以火蒸煮釜内之水，水量增减多少，所耗费的火量亦相应增减多少。宋应星已隐约认识到水火间的热能传递有定量规律可遵。

现在我们已求得这个规律的准确形式：$Q = cm(t_2 - t_1)$。如将5000克水从20℃煮沸，则需热量按式计算为40万卡或400千卡。式中，c 为比热（水的比热为1 卡/

克·度），m 为水量。如以无烟煤为燃烧，则其热值为8000千卡/公斤。换算后，我们便知道将10斤水从20℃煮沸，需无烟煤50克。宋应星给出的数值不一定准确，但他的定量精神十分可贵，他的论断相当新颖。

他对水火相参关系做了定量讨论后引出结论说："是故由太虚（元气）而二气名，由二气而水火形。水火参而民用繁，水火合而太虚现。水与火非［相］胜也，德友而已矣。"（《水火一》）后来，他关于水火非相胜而相参相友的思想由王夫之进而发挥成水火之间相互转化的论题。

宋应星在论述了他的形气水火说及二气五行说之后，还进一步将其用于万物的发展变化过程中，提出了"土石五金生化之理"及"草木与飞潜动植生化之理"，即无机自然界与生命自然界发展变化的规律。他在《形气五》谈到土石生化之理时写道："土以载物，使其与物同化，沙与石由土而生，有生亦有化，化仍旧土，以俟劫尽。深山之中无石而有石，小石而大石。土为母，石为子，子身分量由亏母而生。当其供人居室、城池、道路之用，石工砑削，万斛委余，尽弃于地，经百年而复返于土。"这是说，沙石均由土而生，从土中采出多少沙石，则土亏损多少。石采出供人使用后，又有一些遗弃于地，经久又复返于土，亏损的部分又得到补偿。由土承载和由土所生者，有生必有化，而"由土而生者，化仍归土，以积推而得之也"。至于五金生化之理，其规律是："其生稀者，其化疏；其生广者，其化数"，而且"皆化为土，以俟劫尽"。作者认为，凡从土中生得稀少的贵金属，其化归于土的过程较疏；而广生的贱金属化归于土的过程较频密。但不管是贵金属，还是贱金属，在整个生化过程中，其总量是守恒的。

《形气五》就此写道："土为母，金为子，于身分量由母而生。"也就是说，金属产生于土，从土中炼出多少金属，则土中原有金属便亏损多少。接下叙述冶炼出的金属经使用与耗损，又逐步返还于上。土中原来所减少的金属又得到补偿。以铁为例，"凡铁之化土也，初入生熟炉时，铁华铁落已丧三分之一。自是锤锻有损焉，冶铸有损焉，磨砺有损焉，攻木与石有损焉，闲住不用而衣锈更损焉，所损者皆化为土，以俟劫尽。故终岁铁冶所出亿万，而人间之铁未尝增也"。接着指出自然界中各金属的相对蕴藏量，我们换算后得出的比例如下：假定铁的蕴藏量是两万，铅与锡为两千，铜为一千，银为十，而金则为一。可见铁的蕴藏量最大，为金的两万倍，因而铁的产量也最大。按照"其生广者，其化数"的规律，冶炼出的铁转化归土的过程比较频密。在生熟炼铁炉冶炼时已丧失三分之一，后来铸造、锻造又损失一些，制成铁器后攻木攻石及闲着不用生铁锈又损失一些，"所损者皆化为土"。

所以尽管每年冶铁很多，但由于不断归土，故"人间之铁，未尝增也"。同样，每年冶铁使土蕴铁量亏失，但因铁不断化为土，故土中之铁未尝减也。在宋应星看来，虽然自然界中的铁经历各种变化，但在生化前后总的量是守恒，"未尝增"亦"未尝减"。因

而在这里出现了物质守恒思想的闪光。

宋应星在仔细分析了铁的生化之理后指出："铜、锡经火而损，其义亦犹是已。"锡的蕴藏量两千倍于金，铜则千倍于金，也属于"其生广者"的金属，则其生化之理亦应与铁类似，也是服从守恒原理。"若夫白银、黄金，则火力不能销损者，只可以生与耗求而化土还虚，以俟劫尽。凡银为世用，从剪斧口中损者，积累丝忽，合成丘山。贱役淘厘锱者只救三分之一。"关于"淘厘锱"，《天工开物·五金》章银条云："其贱役扫刷泥尘，入水漂淘而煎者，名曰淘厘锱。一日功劳，轻者所获三分，重者倍之。其银俱日用剪、斧口中委余，或鞋底粘带，布于衢市；或院宇扫屑，弃于河沿。其中必有〔银〕焉，非浅浮土面能生此物也。"这就是说，既使是作为贵金属的银，在冶炼及成器后也逐步有耗损而归于土。与铁的情况一样，只不过"其化疏"，不如铁那样频密而已。"金之损也，以粘物之箔而刮削化灰而取者，亦救三分之一，其二则俟淘沙、开矿者之补足。此其大端也。夫不详土石五金，而生化之理未备也。"宋应星在穷究试验土石五金生化之理后得出的重要结论就是自然界的物质生化前后存在着在量上守恒的规律。

宋应星还在《形气》篇论述了草木与飞潜动植的生化之理，指出草木生于土，又复归于土，经年再潜化为气。"初由气化形，人见之。""气从地下催腾一粒"种子到树木成材，人得见之。树木枯枝、落叶于地上腐烂成泥，或人砍伐木材制成宫室器物与供饮食烧饭，或木得火而燃积为灰烬，这些人亦均可见。但木归土再化力气，"此人所不见也"（《形气一》）。归根结底，人与禽兽、虫鱼都赖草木而生，其生化之理也与草木生化之理同，不外是"形化气、气化形"而已。"草木之朽烬与血肉、毛骨之委遗"均复返于土，再化为气，"非其还返于虚无也。"（《形气一》）而生物归土化气，是靠"地脉蒸气"经极长时间才能实现（《形气三》）。天地间只有火的"化物之功，有一星而敌地气之万钧，一刻而敌百年者"（同上）。宋应星关于生命自然界生化之理告诉我们，正如同土石、五金无机化自然界一样，二者共同遵循着同样的自然规律。他描绘了万物由元气逐步生成，又逐步返还于元气的自然界生化的图景，总的思想精华是在生化过程中，物质在量上是守恒的、具体形体有生有灭，但物质是不生不灭。

《形气三》又提供了一个关于生命自然界生化过程中化速与化迟的局部规律。这就是："化，视其生也。化之速者，其生必速；生之迟者，其化亦迟也。"作者举例说，瓠瓜整个生长期充其量是180天，而杉树、桧树有长至百年者，则瓠瓜入土后，必较杉、桧入土后化得更快。人也是如此，如将成年人与小孩尸体同葬，则"殇骨必先化"。今天我们不一定会同意这个理论。

所要注意的是，作者力图对自然现象做出规律性概括。同时，他还在这条规律上附加了一个外在条件：化之迟速不同，亦"由地脉蒸气盛衰不同之故"。

这样，也许可以使他的论述更为周全一些。为了回答问难者，有时他还另用"熔化之化"来解释例外情况。从宋应星关于万物生化理论中，我们看到他除了对五行中的水火给予了特别的注意外，也还很看重土的作用。如果说，水火是五行中最基本的本原，那么其次便是土。土生金石、草木，再逐步衍繁成动物，而后者均复归于土，通过土化为气。土的功用也是很大的，因此作者在行文中用了"土为母"的说法。

在宋应星运用"形气论""二气五行说"解释自然界万物生化之理时，特别需要强调的是他论证了无机自然界与有机自然界在物质来源上的统一性、二者的自然过渡和服从同样自然规律的哲学观点，同时他还描述了自然界万物不断生生化化的一幅运动的图景。他的不少观点和论述比起一些前辈来，都具有新意和独创性，蕴藏着比较丰富的朴素唯物主义和辩证法思想。他的自然观与别的哲学家不同的是，他较少用社会现象作为论据，而主要依赖他所观察和调查的自然现象和工农业生产技术以及所掌握的科技知识。中国唯物主义思想史中所缺少的正是像宋应星这样的哲学家。不过我们也不要忘记，他的有些论述还不像专门的哲学家那样严密并上升到应有的理论高度。举个例子说，他在阐述五金生化之理时，已涌出了物质守恒思想，而且本能地具有定量概念。这个伟大思想发现对他来说几乎已垂手可得，但他没能抓住契机一鼓作气地发挥并引申下去，把物质守恒原理作为整个自然界普遍生化之理确定下来。尽管如此，他在物质守恒思想发展史中仍做出了自己的贡献。

社会上某种伟大思想的成熟总要经过长期的酝酿，要经过几代人的思想传递。物质守恒思想由王充、张载做了初步的哲学阐述，但未深入发挥，可以说是思想的闪光。这种思想经宋应星给予定量描述，再一次闪现，并引起了人们的注意。

直到宋应星《论气》出版半个世纪后，王夫之又发挥了物质守恒观念，使人们感受到这种思想的力量。他接过宋应星的论题，趁为北宋的张载《正蒙》作注之机做出了下列精采论述："车薪之火一烈已尽，而为焰、为烟、为烬，木者仍归木，水者仍归水，土者仍归土，特希微而人不见尔。一甑之炊，湿热之气，蓬蓬勃勃，必有所归。若盒盖严密，则郁而不散。汞见火则飞，不知何往，而究归于地。有形者且然，况其氤氲（气）不可象者乎？未尝有辛勤岁月之积，一旦化为乌有，明矣。故曰往来，曰屈伸，曰聚散，曰幽明，而不曰生灭。"生灭者释氏（佛家）之陋说也，王夫之利用燃烧、金属锻烧及蒸发等物理—化学现象对物质守恒思想做了较周密的哲学阐述。

这种思想在西方古代的卢克莱修（前99—前55）的哲学著作中也时有闪现，但毕竟闪现得稀疏。只有在18世纪经过欧洲化学家的实验论证，才最终以质量守恒定律的科学形式确定下来。

宋应星的唯物主义哲学思想还反映在他所写的《谈天》之中。他在序中一开始便指出："谓天不可至乎？太史、星官、造历者业已至矣。可至则可谈矣。"这是说，虽然天体距地球遥远，但天文现象还是可以认识的，天文学家、历法学家都做到了这一点，因而

其他人也可以就大体现象发表议论。但宋应星在这方面的议论主要是针对宋代理学家朱熹（1130—1200）的"天人感应"说，他认识到他的《谈天》"既犯泄漏天心之戒，又罹背违儒说之讥，然亦不遑恤也（并不害怕）。所愿此简流传后世，敢求知己于目下哉"。宋应星历来对天文学就感兴趣，除《谈天》外，还写有《观象》二卷，原准备与《天工开物》同时刊出，后决定临梓删去。赖有《谈天》传世，始得知宋氏的一些思想观点。宋应星在序中谈到朱熹的著作《通鉴纲目》时写道："《纲目》记六朝，有两日相承东行，与两月见西方，日夜出高三丈。此或民听之滥，南北两朝秉笔者苦无主见耳。若果有之，则俟颖悟神明，他年再有造就而穷之。"例如《晋书·天文志》曾载："愍帝建兴二年（314）正月辛未庚时，日陨于地，又有三日相承出于西而东行。"宋应星对所谓同时出现"两日""两月"或"三日"之说持怀疑态度，认为是史官滥人视听之谬论，而朱熹却信以为真。

天文学在中国具有悠久的发展史，古人很重视天象观测，据以制订历法。而历政是王权象征，历朝政府均设专门机构掌握天体观测、历法制订，所以中国在天文历法方面拥有大量珍贵科学遗产。

日月五星等天体的运行及其所发生的各种异常现象不但是古代天文学家的研究对象，也常常是哲学家谈论的课题。从这个意义上说，凡哲学家没有不谈天者。至迟从战国（前476—前222）以来，围绕天人关系问题便出现了唯物主义与唯心主义两种自然观的对立。以荀子（前330—前229）为代表的哲学家认为各种天体的运行及其所发生的异常现象都服从不以人的意志为转移的自然规律，人应当认识并适应这些自然规律，进而将其应用于征服自然的实践之中。《荀子·天论》篇写道："大天而思之，孰与物畜而制之？从天而颂之，孰与制天命而用之？望时而待之，孰与应时而使之？"在天人关系方面，荀子主张"天行有常，不为尧存，不为桀亡。应之以治则吉，应之以乱则凶"（《荀子·天论》）。就是说，天体的运行有其自身规律，不因人世间统治者的善恶而改变；只有适应自然规律、对事物妥善处理，才能得到善果；如果违反自然规律、胡乱妄为，便要遭致祸患。他还指出："星坠木鸣，国人皆恐，曰：是何也？〔对〕曰：无何也，是天地之变，阴阳之化，物之罕至者也。怪之，可也；而畏之，非也。夫日月之有蚀、风雨之不时、怪星之党见，是无世而不常有之。上明而政平，则是〔等〕虽并世起，无伤也。上暗而政险，则是〔等〕虽无一至者，无益也。"因而荀子提出了"天人相分"的思想："受时与治世同，而殃祸与治世异，不可以怨天，其道然也。是故明于天人之分，则可谓至人矣。"（同上）这是在天人关系方面的唯物主义自然观最典型的表述。

反之，与"天人相分"说对立的自然观是"天人感应"说，根据这种学说，似乎"天道"与"人事"、自然现象与人事事物相互影响与感应。这种思想有更早的渊源，春秋（前770—前477）时成书的《诗经·小雅·十月之交》就对这种思想有所流露："十月之交，朔日辛卯；日有食之，亦孔之丑。彼月而微，此日而微；今此下民，亦孔之哀！日月告凶，不用其行；四国无政，不用其良。彼月而食，则维其常；此日而食，于何不藏？"这是指周幽王（前781—前771 在位）昏暴，国政失纲，用奸臣害忠良，内宠嬖妾，使周室统治面临危机，因而日有食之，上天借以警告即有灾祸降临，是国政极其丑陋的象征。

中外史学家据历法推得此次日食发生于周幽王十年夏历十月辛卯朔日，合公元前771年9月6日。在这一年内，申侯联合犬戎攻破镐京，杀幽王、执其宠妾褒姒，西周灭亡。这种天象与人事间的偶然巧合成了"天人感应"说的理论依据，即所谓"天垂象，见（现）吉凶"，欲人君戒慎行，增修德政。

"天人感应"说也反映在《春秋》一书中。据说春秋末鲁国太史左丘明曾为之作传（注释），即《春秋左氏传》或《左传》。但学者考定此传实成于战国人之手，当公元前375年至351年之间。《春秋》卷十一昭公七年条载"夏四月甲辰，朔，日有食之。秋八月戊辰，卫侯恶卒，九月公至自楚，冬十有一月癸未季孙宿卒"。这次四月日食推算成公历，当公元前535年3月18日。《左传》对此解释说："晋侯（晋平公）问于士文伯曰：谁将当日食？对曰：鲁、卫恶之（受此凶恶），卫大、鲁小（卫国灾祸较大，鲁国较小）。公曰：何故？对曰：去卫地，如鲁地，于是有灾，鲁实受之。其大咎，其卫君乎，鲁将上卿。公曰：《诗》所谓'彼日而食，于何不藏'者何也？对曰：不善政之谓也。国无政，不用善，则自取谪于日月之灾，故政不可不慎也。"这就是说，作者认为这次日食是针对卫国与鲁国的，人君不善其政，则天降日食之灾以谪之。卫国受害较大，而鲁国较小，因而在同年八月卫君襄公恶卒，而冬十一月鲁国公卿季孙卒。这都是事件发生以后所做的附会解释。

古时的天人感应说至战国以后开始理论化。据《史记》卷第七十四《孟子荀卿列传》称，齐国的邹衍（约前305—前240）将早期五行学说配以五德，"五德转移，治各有宜"。以五行相克之理解释夏商周朝更替，某一朝代对应于某一行之某一德，再按相克之理说明未来的朝代当属水德。《吕氏春秋·应同》篇引述邹衍的思想称："凡帝王之将兴也，天必先见（现）祥乎下民。"

于是朴素的阴阳五行说又披上神秘的色彩，再配合天体运行的变化，构成"天人感应"说的理论基础。这种思想到西汉的董仲舒（前179—前104）那里集了大成。他把自然现象看作上天的有意安排，而自然变异是天意的表现。

在董仲舒看来，有意志的天不但支配自然界，还主宰社会人事，天人沟通、天人感应。天子代天治民，其行为好坏由天降祥瑞以奖励或降灾害以谴告。

《汉书》卷五十六《董仲舒传》引其向武帝上《天人三策》之语称："观天人相与之际，甚可畏也。国家将有失道之败，而天乃出灾害以谴告之。不知自省，又出怪异以警

惧之。尚不知变，而伤败乃至。以此见天心之仁爱人君，而欲止其乱也，自非大亡道之世者，天尽欲扶持而全安之。"后来，董仲舒的"天人感应"说在其《春秋繁露·必仁且知》等篇中获得进一步发展，成为汉代占统治地位的一种社会思潮，影响于后世甚巨。因而历代君主特别注重天象观测，天文历算受到特别的关注。《春秋繁露》既以研究《春秋》经的面目出现，而《春秋》载春秋时代432年史事中有36次日食记录，于是成为此后诸儒者发挥"天人感应"说的最好场合，也是唯物主义者批判"天人感应"说的目标集中处之一。宋代理学家陆九渊（1139—1193）在注《春秋左氏传》宣公九年（前598）"秋七月甲子，日有食之，既"时，写道："春秋日食三十六，而食之既者三。日之食与食之深浅，皆历家所能知。是盖有数，疑若不为变也。然天人之际，实相感通，虽有其数，亦有其道。日者阳也，阳为君、为父。苟有食之，斯为变矣。食至于既，变又大矣。"南宋的胡宁注《春秋》隐公三年（前720）"春王二月己巳，日有食之"时也说："《春秋》不书祥瑞，而灾异则书。君子见物之有失常者，必怕懼修省，而不敢忽。"据《左传》称，日食说明天子有举止不当者，必"用牲于社""伐鼓于朝"以服神事。

宋代理学家朱熹（1130—1200）在《诗经集传》卷五注释《诗经·小雅·十月之交》"日有食之"时，也发挥了董仲舒的"天人感应"说："然王者修德行政，用贤去奸，能使阳盛，足以胜阴。阴衰，不能侵阳，则日月之行虽或当食，而月常避日，故其迟速高下，必有参差，而不正相合，不正相对者，所以当食而不食也。各国无政，不用善，使臣子背君父，妾妇乘其夫，小人凌君子、夷狄侵中国，则阴盛阳微，当食必食。虽日行有常度，而实为非常之变矣。苏氏曰：日食，天变之大者也。"接下来又说十月为正阳之月，"纯阳而食，阳弱之甚也，阴壮之甚也。此日不宜亏，而今亦亏，是乱亡之兆也"。"凡日月之食，皆有常度矣。然其所以然者，则以四国无政，不用善人故也。如此，则日月之食皆非常矣。"以上就是朱熹对《诗经》中所载周幽王十一年十月一日（公元前771年9月6日）那次日食所做出的解释。

陆朱的理学，尤其朱熹的闽学或所谓朱子之学，在明代是占统治地位的宫廷钦定哲学。他所注释的儒学经典成为每个受教育的人的标准教科书，也是科举考试的必读书物。在宋应星所生活的年代里，朱子被尊为孔、孟以后第一人，成为准经典作家。读书人理解四书五经含义时，都不能离开朱子的注释，并以此为判断是非的标准。应当承认，朱熹是一位渊博的大学者，在各个学术领域（其中包括自然科学领域）都有深湛的造诣，令人仰慕。但这位老夫子在哲学上毕竟是唯心主义者，他对自然现象中包括日月五行之运行所做出的哲学解释显然偏离客观实际太远。要想发展唯物主义自然观，就必须逾越朱熹所设下的巨大的思想障碍，但这就要有足够的学术勇气，否则便会招致"背违儒说之讥"。宋应星对朱熹的学问是敬佩的，但对朱子哲学观点则宁持不同见解，因为他所信奉的是科学真理，而不是学术上的个人崇拜。

于是宋应星决定向他幼年时极为崇敬的先贤朱夫子进行公开的学术上的挑战，正所谓"吾爱吾师，吾更爱真理"。

宋应星在《谈天》第三章中继承了先秦哲学家荀子的"天人相分"思想，对《春秋》《左传》《诗经》及董仲舒、陆朱著作中发挥的"天人感应"说做了原则性的批评："朱注以王者政修，月常避日，日当食而不食，其视月也太儇。《左传》以鲁君、卫卿之死应日食之变，其视日也太细。《春秋》日有食之，太旨为明时治历之源。《小雅》'亦孔之丑'，诗人之拘泥于天官也。"虽然这段话文字不多，但谈到了四件事，而且件件打中要害。

首先，宋应星指出，朱熹注释《诗经》时说因为君王修德行政而感动上天，则月常避日、日当食而不食，是"其视月也太儇"。意思是说，朱熹把月亮看得太随便，似乎人怎么巧说，它就会怎么运行，而实际上日月运行各有其自身规律，不以人的意志为转移。其次，宋应星认为《左传》说昭公七年四月甲辰（公元前535年3月18日）的日食应卫君、鲁卿（不是"鲁君、卫卿"）之死是"其视日也太细"，意思是说，大小看了太阳，因为日食必有其应食之自然原因，巨大的太阳怎么会因一两个人之死而失去光辉。至于《诗经·小雅》说日食预示了周幽王因昏暴而亡国，是国政之丑事。这不过是写《小雅》那一段的诗人误信了占星家的说法而已。宋应星还认为《春秋》经传中关于"日有食之"的记载及其解说要旨成为"明时治历"或授时修历的根源。他的这一见解也有针对性。"治历明时"一语典出于《易经·系辞下》，孔子在释《易经·革卦》时，首先指出此卦水上火下，象曰革，"天地革而四时成，汤、武革命，顺乎天而应乎人，革之时大矣哉"。

人君以授时治历为大事，定正朔以宣明其统治，改换朝代则重颁历法，列人事而因以天时。如《汉书·律历志》所云："历谱者序四时之位，正分至之节，以会日月五星之辰，以考寒暑杀生之实，故圣王必正历，以探知五星日月之会、凶阨之患，其术皆出焉。此圣人知命之术也。"宋应星在批评朱注《诗经》及《左传》关于日食的解说时，总的目的是指出"天人感应"说毫无根据。

他的批判精神是可取的，但他作为明代学者没有列举出日月食之所以发生的精确天文学论据是为不足。

然而当宋应星运用历史事实批判"天人感应"说时，他的论据又显得十分有力。

在《谈天》第二章我们读到："儒者言事应，以日食为天变之大者。臣子傲君，无已之爱也。试以事应言之，主弱臣强，日宜食矣。乃汉景帝乙酉（景帝元年，前156）至庚子（前141），君德清明，臣庶用命。十六年中，日为之九食。

王莽（前45—23）居摄乙丑至新凤乙酉（6—25），强臣窃国莫甚此时，而二十年中，日仅两食，事应果何如也？女主乘权，嗣君幽闭，日宜食矣。乃贞观丁亥至庚寅（627—630），乾纲独断、坤德顺从，四载之中，日为之五食。永徽庚戌迄乾封己巳

（650—669），牝鸡之晨无以加矣。而二十年中，日亦两食，事应又何如之？"宋应星用以批判"天人感应"说的方法是"以子之矛，试子之盾"，而所列举的证据则均属事实。在历代史书《五行志》中都有关于日食的记载，而宋应星正是利用了这些材料。他指出，按照"天人感应"说，主弱臣强当应之以日食，但汉景帝（前156—前141在位）时"君德清明"、臣民听命，史称"文景之治"，16年却有9次（实际是10次）日食。而西汉末年王莽摄政篡位，"强臣窃国"无以复加，应当有日食，但20年中，日仅两食。这些事实不是正好与"天人感应"说相矛盾吗？宋应星还指出，女主握权、幼君被幽闭，按"天人感应"说是阴盛阳衰，理应日食。但唐代则天武后（624—705）专权的20年内只有两次日食；而唐太宗李世民（599—649）即帝位之后，君权独断、后妃顺从，可谓阳盛阴衰，但4年间却有5次日食。在这种情况下，天和人又是如何感应呢？可见此说毫无道理。

我们前已指出，宋应星自然观体系中含有不少朴素的辩证法思想。这种思想也同样反映在《谈天》这部作品中，第三章一开始便指出："无息乌乎生，无绝乌乎续，无无乌乎有？"这就是说，没有息灭怎会有生长，没有断绝怎会有延续，没有无形怎会有有形，灭与生、断与续、无与有这些矛盾的事物都是相反相成，在一定条件下物极必反，结果使这些矛盾的事物相互转化。

日月有明，则亦有暗，日月之食则无光，但食尽后又现光明。明与暗也是相反相成、互相转化的。草木的生与息、气候的寒与暖也是如此。宋应星因而写道："今夫山河之中，严霜一至，草木凋零。蠢尔庶民蹙额憔颜、怨咨肃杀，而不知奇花异卉、珍粒嘉实悉由此而畅荣。通乎绝处逢生、无中藏有之说，则天地之道指诸掌矣。"（《日说三》）这是说，山河大地之中天气寒冷以后，草木凋零，人们不必为此忧愁、埋怨天气，岂不知奇花异草、珍粒嘉实均由此而畅荣。当天寒至极冷、草木凋零至极点时，便发生转化，即所谓"绝处逢生""无中藏有"，于是寒冷变成温暖、草木由凋零而重发生机。这不正是辩证法思想的具体体现吗？

《谈天》第一章还描述了作者登山东泰山观日时的感受："气从下蒸，光由上灼，千秋未泄之秘，明示朕于泰山。人人得而见之，而释天体者卒不悟也。以今日之日为昨日之日，刻舟求剑之义。"这是宋应星从万物都处于不断运动、变化的普遍的辩证自然观出发，结合自己在泰山观日的感受而悟出的思想。在宋应星看来，太阳不但沿其轨道周行不已，而且其自身不断处于变化之中，因而"今日之日非昨日之日"，认为"今日之日为昨日之日"者，是"刻舟求剑之义"。"刻舟求剑"典出于《吕氏春秋·察今》篇，其中说一楚国人乘船过江，佩剑掉在江中，他便在剑落的船身刻了记号。待船靠岸，再按船上记号下水求剑，自然不会找到。后人用此典比喻拘泥固执、不知变化。宋应星关于"今日之日非昨日之日"的命题具有重大的哲学意义，也与今日科学暗合，并为同时代人所赞赏。

其友人陈弘绪（1597—1665）于其《寒夜录》内对此评述说："日生一日，非以昨日之日为今日之日也。新吴宋长庚尝有此议，后当有信之者。"此处所说的"新吴宋长庚"就是奉新人宋应星。按《寒夜录》不见于《陈士业先生集》，此书于清乾隆时列为"禁书"，我们所见乃清初手抄本，但民国年时曾刊印。

宋应星在《谈天》中提出的"日日新"之哲学命题亦为其后辈王夫之接过去，并反复加以论证与发挥。因为宋应星这一思想与汉代的董仲舒所谓"道之大原出于天，天不变，道亦不变"的形而上学自然观对立，也不同于宋代的张载所说"日月之形，万古不变"。宋应星既反对汉儒董仲舒的说法，也修正了张载自然观中的不足之处，这就是他的新贡献。王夫之在宋应星这一思想的基础上，于《思问录外篇》中写道："天地之德不易，天地之化日新。今日之风雷非昨日之风雷，是以知今日之日月非昨日之日月也。"他还进而指出："质日代而形如一，无恒器而有恒道也。江河之水，今犹古也，而非今水之即古水。灯烛之光，昨犹今也，而非昨火之即今火也。水火近而易知，日月远而不察耳。爪发之日生而旧者消也，人所知也。肌肉之日生而旧者消也，人所未知也。人见形之不变，而不知其质之已迁，则疑今兹之日月为邃古之日月，今兹之肌肉为初生之肌肉，恶足以语日新之化哉？"王夫之的这些精彩议论甚至比19世纪一些"伟大的科学家、渺小的哲学家"们还要高明，而很像是出于近代伟大哲人之口。

现代科学的发展已证实由宋应星所提出、而由王夫之所发挥的这一"质日新"的天才思想。哲学家的理论思维和预示常常走在自然科学家的前面，此又一例。

七、《天工开物》著作版本

一、涂本

这是《天工开物》的明刊初刻本，最为珍贵，此后所有版本都源出于此。此本原序中名为《天工开物卷》，但书口仍作"天工开物"，分为上、中、下三册线装，印以较好的江西竹纸。原书高26.2厘米、阔16.8厘米，板框高21.7厘米、阔14.3厘米。单叶9行，行21字。序文与正文均为印刷体，序尾有"崇祯丁丑孟夏月，奉新宋应星书于家食之间堂"的题款。

这是1637年4月由作者友人涂绍煃（字伯聚，1582—1645）任河南汝南兵备道而居家丁忧（丧母）时资助刊刻于南昌府的。为表彰绍煃的这一功绩，故此本称为"涂本"。从该本版式、字体、纸张及墨色来看，与明末赣刻本极为相近，因此想将涂本定为江西刻本

当无疑问。种种迹象表明，此本是仓促间出版的，因刊行前文字没有经过仔细校订，故书中错别字也不在少数，总共约400多处。例如"梢"误为"稍"，"尾"误为"尼"，"扬"误为"杨"，"径"误为"经"，"玫"误为"枚"等，属于形近之误。而"亦"误为"易"，"泻"作"写"，"防"误为"妨"，"框"作"匡"，"裹"作"果"等属于音近之误。这都是刻字不慎所造成的。但因该本为初刻本，文字及插图都直接来自宋应星所写的手稿，故仍然是珍贵版本。

涂本《天工开物》向来稀见。中国境内现传本原由浙江宁波蔡琴荪的"墨海楼"珍藏，长期不为人们所知。清末时藏书归同邑李植本的"萱荫楼"。

1951年夏，李植本后人李庆城先生将全部珍藏书籍捐献给国家，其中包括涂本《天工开物》，后转国立北京图书馆善本特藏部收藏。1959年，中华书局上海编辑所曾依此本出版了三册线装影印本，印以竹纸，从此，国内外人士才有机会得见此书原貌。但读者使用此书时，须注意其中文字刊误之处。此本原版还藏于日本国东京的静嘉堂文库及法国巴黎国立图书馆（Bibliotheque Nationalea Paris）。到目前为止，世界上只存有这三部原刊本。关于涂本版次，在20世纪80年代时俄籍汉学家贝勒（1833—1901）曾认为《天工开物》第二版刊行于1637年，即崇祯十年丁丑岁。首版刊于何时，他没有说明。

显然，他认为印有手书体序文而无年款的杨素卿刊本似为第一版，而涂本似为第二

版。此说恐欠妥。按照中国古代版刻通例，初刻本序文无年款，而在翻刻第二版时再补加年款，这是违反常理与常例的。如果仔细研究序文并对照观看书的内容，也不会得出涂本为第二版的结论。

二、杨本

这是刻书商杨素卿于明末刻成而于清初修补的坊刻本，以涂本为底本而翻刻的第二版。因有关此本的版本学问题较多，故此处应该详加论述。查杨本与涂本不同的地方是：（1）序文为手书体，末尾无年款，只作"宋应星题"；（2）杨本在文字上经过校改，但个别插国翻刻时走样。

有助于对杨本断代的证据是，《乃服·龙袍》涂本作"凡上供龙袍，我朝局在苏、杭"，杨本改成"凡上供龙袍，大明朝局在苏、杭"。又《佳兵·弩》，涂本作"国朝军器造神臂弩"，而杨本改为"明朝军器造神臂弩"，且"明朝"二字歪邪离行。

涂本行文是明朝人口气，而杨本为改朝换代后清人口气。如杨本为明刊，为何将"我朝"改为"明朝"？再从插图来看，涂本《乃粒·水利》节载桔槔各部件是完整的，但杨本则漏绘"坠石"，而没有这个部件，则杠杆两端失去平衡，说明杨本勾描时漏绘。此外，全书总序称："《观象》《乐律》二卷，其道太精，自揣非吾事，故临梓删去。"涂本在全书各章总目末尾有四行墨钉，正是"临梓删去"的痕迹，而杨本无此现象。这也说明杨本是再刊本。杨本板框高23.2厘米、阔11.8厘米，为6册装订，白口，单叶9行，行21字。其扉页有两种形式。第一种形式中书名、作者及出版者为三直栏手书体，各栏间有栏线相隔。左、右两边各为"宋先生著"及"天工开物"，字体较大；中栏居下为"书林杨素卿样"六个小字。此本藏于北京图书馆，1965年购自北京琉璃厂中国书店。此本另有"佐伯文库"及"江南黎子鹤家藏书之章"。经考订，此本与日本水户彰考馆旧藏本属一版本，印以福建竹纸，但不及涂本用纸精良，部分书页已蛀。三枝先生在1943年曾将静嘉堂文库藏涂本与彰考馆藏杨本对校，那时他尚不知日本国除彰考馆外，佐伯文库亦藏有同一版本。这是先前很多专家不知道的，查日本史料始知此佐伯文库为江户时代（1608—1868）丰后（今大分县）佐伯藩藩主毛利高标（1755—1801）于天明元年（1781）所设，珍藏内外秘籍，则此本当于此时流入日本。黎子鹤，名世蘅，1896年生于安徽当涂，民国初年留学于京都帝国大学，习经济学，则杨本必是他购自日本后再携回中国。黎世蘅于20世纪60年代卒于北京，其后人遂将《天工开物》售与中国书店。而彰考馆是水户藩藩主德川光国（1628—1700）于明历三年（1657）修《大日本史》时建立的书库，则其所藏杨

本进入该馆当在17世纪，即该本刚刊行不久。二次大战期间，彰考馆藏书全部毁于战火，因此20世纪50年代时研究《天工开物》的薮内清先生一直未能见到杨本原著。

但江户时代加贺藩藩主前田纲纪（1643—1724）的尊经阁旧藏过另一种杨本，与北京图书馆及彰考馆藏本相同，只是扉页具不同形式。该本扉页上面横栏有"一见奇能"四字。横栏下左、右两侧直栏各为手书体"宋先生著"及"天工开物"八个大字，二者中间部位上方还以双行刻出小字"内载耕织造作、炼采金宝／一切生财备用、秘传要诀"二十个小字，下面是"书林杨素卿梓"。1926—1927年武进人陶湘（字兰泉，1870—1940）先生刊刻《天工开物》时曾从尊经阁取得此本校勘，其后辗转入藏于北平人文科学研究所。在人文所藏书简目中著录说："《天工开物》三卷，明宋应星撰，明杨素卿刊本，三册。"1934年，北京图书馆对此做了晒蓝复印。1945年以后，人文所藏书移交原中央研究院历史语言研究所。1949年前，此本被提调至南京，后又运到台北，今藏台北历史语言研究所。由此可见，《天工开物》两种早期刊本都在中国境内有传本。顺便说一下，此处所谈到的杨本还藏于巴黎的国立图书馆。关于杨本刊刻年代，先前多认为是明代。三枝注意到涂本与杨本的异点，但仍认为二者均是明刻本，或其中之一可能是明刊伪版。薮内因未见杨本，引三枝之说后认为："这两个本子都被断定为明板，但是断定两者的先后，是很困难的问题。"过去孙殿起（1894—1958）先生可能经售过杨本。他在其《贩书偶记》中写道："天工开物三卷，明分宜宋应星撰。无刻书年月，约天启间书林杨素卿刊。"此或因孙先生经手古书太多，未细心考订，故引出结论欠妥。查宋应星是奉新人，只在分宜任教谕而著此书。且书成于崇祯十年，天启时尚未成书。陶湘等人也认为杨本为明刊原版，还认为杨本手书体序为宋应星手迹。前述俄籍汉学家贝勒和人文所书目作者也将此本定为明刊版本。其之所以如此，主要是手书体序给人造成一种错觉。而其实这是明清之际书林杨素卿为使此书发行不得已而为之的，黄彰健第一个认定杨本是明刊清修本。这是正确判断。明末时，杨素卿已将翻刊本板木准备就绪，时值明代骤亡，为使此书在清初发行，他遂决定去掉原序中崇祯年款，将正文中"我朝"改为"明朝"。但因署年款那一行字过多，挖板困难，乃决定请一书法高手重新抄序，末尾只书"宋应星题"。造成一种印象，似乎作者是清初人。杨素卿还在扉页上加刻了些广告性文字以吸引读者，他颇有一番生意经。

结果判定杨本为明刻清修本。杨素卿当为明末清初江南刻书商，其籍贯及事迹尚难查出。但我们注意到杨本用纸的帘纹形刻及纸的质地与所见清初福建竹纸相似。因此疑此人为福建人，而明清之际，福建刻书商也确有不少杨姓者，福建又与江西相邻，能使杨素卿很快得到《天工开物》。应当说，虽然杨本在明显地方改动了涂本个别文字，以适应当时政治形势，但改动得不够彻底。如《佳兵》章涂本有"北房""东北夷"等反清字样杨本却一仍其旧。

而保留这些字样比使用"我朝"或"崇祯"字样，更有政治风险。这只能在清初书籍审查制度不严的情况下才能顺利出书。杨本刊行的具体年代当是17世纪50至80年代。很可能是顺治年间（1644—1661），再晚不能晚过康熙初年。而这时作者宋应星尚健在于世。

康熙中期以后至乾隆年间，清统治者加强了思想控制。顺治年刊行的一些著作在修《四库全书》时均被列为"禁书"，下令全毁。而康、乾时引用《天工开物》的《古今图书集成》则将"北虏"改为"北边"。可见当时编纂官已注意到这些字样是清廷所不容的。杨本还对《天工开物》中其余错字做了文字校勘，并加以断句，颇便读者。杨本作为清初坊刻本，发行量较大，使《天工开物》在清代继续流传于世，也作为后世中外刊行其他新版本时校勘用参考书，起到了不小的历史作用。因此它仍然是珍贵版本。至于杨馆本与杨所本的关系，二者可能是同时发行，只不过扉页形式略有不同。也可能是杨馆本在先，售完之后再印一次，换了个扉页，再添加一些出版商广告文字。

三、菅本

这是《天工开物》最早在国外刊行的版本。此书在17世纪传入日本以后，引起学者注意，竞相传抄，并陆续从中国进口。为满足日本广大读者的需要，18世纪60年代，出版商便酝酿出和刻本。从享保年（1716—1735）以后的《大阪出版书籍目录》中所见，早在明和四年（1769）九月，大阪传马町的书林伯原屋佐兵卫就已向当局提出发行《天工开物》的申请，同年十一月得到发行许可。因一时缺乏善本，出版计划被推迟。后来刻书商从藏书家木村孔恭（1736—1802）那里借得善本，遂决定椊行。因伯原屋佐兵卫是菅生堂主人，故此版遂称"菅生堂本"，或简称"菅本"。木村孔恭，字世肃，号巽斋，元文元年（1736）生于大阪，是18世纪日本书画家、书画收藏家，其藏书室名"蒹葭堂"，藏海内外珍本秘籍甚为丰富。当他将蒹葭堂藏《天工开物》借给菅生堂使用后，加速了出版进程。更请备前（今冈山县）的学者江田益英（南塘先生）做文字校订并施加"训点"，遂于明和八年辛卯岁（1771）出版了和刻本《天工开物》。书前再请当时大阪著名学者都贺庭钟作序。序文是用草书体和式汉文写的。

都贺庭钟，字公声，号大江渔人、千路行者，大阪人，是18世纪日本著作家，博学多闻，长于诗歌，著《狂诗选》《大江渔唱》《明诗批评》等书，汉学造诣很深，与木材孔恭友善，同为当时大阪名士。他的生年不明，卒于宽政年间（1789—1800）。都贺氏也在促成《天工开物》出版方面做出了努力。他在菅本序中介绍了出版经过及本书内容。

日本都贺庭钟撰《天工开物序》（1771）区别其他，易其有无。废于古，兴［于］今；如日［自］东，如日［自］西，上下纵横者，维其天乎。

夫五材废一旦不可，食粒之于人也，莫急焉。设使神农氏倡始，亦其时而行则天也。自是而外，抑亦末矣、缓矣。降于人而后令为木铎与。天意怠乎，是亦无非天意也哉。故多闻之余，不为无宜矣。

博哉，宋子（宋应星）所为也。禾役之于穟穟，彼黍之于离离，种艺至春簸，馨无［不］宜。若裳服则起［于］枲麻、卒［于］机杼。扬色章采，织纴可就，执针可用。其在馀，则舟于深、舆于重，陶有瓦甖，铸有钟釜，琼琚琼瑶，可赠可报。皆发于笃志，得于切问之所致矣。其论食麻，断杀青也，所见远矣。夏鼎之于魑魅，硝铅之于琉璃，可谓能使物昭昭焉。一部之业，约言若陋，虽则若陋，有益治事矣。岂不谓蜘蛛之有智，不如蠢蚕之一缫哉。升平年深，一方为人，专意于民利，引水转硙，煮树取沥，烧矾石、淘沙金，多有取于此焉。

初，颇乏善本也。有书贾分篇托于老学，不几乎其取正。老学不勤，终莫能具。而其本今不知所落矣。奚为稗官野乘日以灾木，今此书晚出者，造物惜其秘乎。今已在人工者半矣，以为不足惜乎。

客岁（1770），书林菅生堂就而请正，一开卷则勿论其善本，大改旧观。叩之，则出于木［村］氏兼葭堂之藏。江子发（江田益英）备前人也，以句以训，既尽其善，于余何为？早春镌成也，又来请言。遂不可以辞乎，乃举所从来之者，以为序云。

可见最初已有书林将不完善的本子送到都贺庭钟那里，希望他帮助校订，但由于缺乏善本，他一时没有做成，于是《天工开物》出版便被推迟了。至1770年，菅生堂从木村孔恭得到杨本抄本，又请江田益英校订后，再将书稿送到都贺庭钟处征求意见时，他对此很满意，认为"大改旧观"，遂迅即授梓，次年出版。从文字内容来看，菅本以涂本为底本，以杨本对校，做三册或九册线装。菅本的出版使《天工开物》拥有更多的日本读者，加速了此书在江户时代学术界中的传播，同时又成为后来中国再版《天工开物》时最初依据的底本。菅本的历史作用同样不小。但它在翻刻过程中也不可避免地出现一些错字或漏字，例如将"匀"误作"句"，"朱砂"误为"米砂"，"必失《禹贡》初旨"误为"必贡初旨"，漏掉"失禹"二字，等等。阅读时宜仔细注意。后来菅本在文政十三年（1830）重印，重印本没有什么变化，只在书后开列出年月及书林的名字："文政十三年庚寅季六月，皇都（京都）出云寺丈二郎、东都（江户，今东京）须原屋茂兵卫、冈田屋嘉七、须原屋伊八、摄都（大阪）敦贺屋七为、大野木市五郎、秋田屋源兵卫。"这个再版的刊本所载出版厂家与明和八年所载书林不同，但书的内容则一致。文政再印本多装成九册。在这以前，宽政六年（1794）八月，由大阪书林河内屋八兵卫的崇高堂出版的有关天文历法书《天经或问注解图卷》书末载有《崇高堂藏板目录》，即出版书目，第一本便是《天工开物》，下面是《朱子书节要》《圆机活法》《朱子年谱》等。每种书下都有简短的内容提要。河内屋八兵卫是菅本刊行者之一，则此本在1894年还可在大阪买到。此后销路较好，遂有文政十三年再印之举。如果文政年刊本的书林未得菅生堂转让出版的许可而擅自印此书，是侵犯其权益的，因为菅本扉页上还印有"千里必究"字样，即"版权所有、翻印必究"之义。

四、陶本

这是20世纪以来中国刊行的第一个《天工开物》新版本。从整个版本史上属于第四版，1927年，以石印线装本形式出现。该书卷首印有下列字句："岁在丁卯（1927）仲秋（八月），武进涉园据日本明和年所刊，以《古今图书集成》本校订付印。"1929年，该本又刊行重印本，在书的扉页背面印有"岁在己巳（1929）/涉园重印"八字。出版此书的是出版家陶湘（1870—1940），陶湘，字兰泉，号涉园，清同治九年生，江苏武进人，以其出版《喜咏轩丛书》而知名。由于他是民国年间《天工开物》的最早刊行者，因此本称为"陶本"。陶本是用安徽泾县宣纸印的，分为上、中、下三册。早在民国初年《天工开物》便受到丁文江（1888—1936）、章鸿钊（1878—1951）、罗振玉（1866—1940）及陶湘等人的注意，但国内难以找到传本，他们遂以明和八年（1771）和刻本为底本谋求出一新版。关于出版经过，丁文江在1928年写的《重印天工开物卷跋》中做了详细说明，载陶本1929年版书末。陶湘本人也在《重印天工开物缘起》（1927）中做了类似简介。此本虽以菅本为底本，但亦参考了杨本。前三版（涂本、杨本及菅本）体例大致相同，版面、行款、文字位置都完全一样，插图也基本上为同一系统。至陶本开始则完全打乱了前三版原有的布局，而另起炉灶。

陶本在体例上的重大改变是对书中全部插图重新请画工加绘制版，有些图参照清代《古今图书集成》（1726）、《授时通考》（1747）加绘或改绘；有些图（如《作咸》章）据《两淮盐法志》（1748）、《河东盐法志》（1627）、《四川盐法志》（1882）加绘，结果弄得面目全非、图文不符。也许陶湘的用意是好的，意在提供精绘插图，使之胜过原有版本。而实际上陶本在艺术技巧上确实精工，但因是民国年间画工所画，在人物服饰及神态、室内陈设上反不如涂本、杨本及菅本那样淳朴、真实，甚至有画蛇添足之虞。对此，三枝氏已在其论版本的文内做了中肯的批评。然而陶本也有可取之处，即它做

了文字校订，排除了前三个版本中不少错字。陶本中文字可取，但插图则全不可取。遗憾的是，20世纪以来，中外学者使用插图时，常取自陶本，而其中插图已失去涂本原有的真实性。有绘画鉴赏力的人可以看出，陶刊本插图带有民国年间艺人的画风，与明人画法迥异。陶本书首扉页有罗振玉的篆文题签，下面是陶湘的《重印天工开物缘起》、影印的杨本手书体序，再往下是涂本序及正文。删去了菅本中都贺庭钟的序，书末附丁文江撰《奉新宋长庚先生传》及《重印天工开物卷跋》。正文前还有原书各章总目，但又另加各节分目。陶本的贡献在于，它毕竟是中国中断了二百多年后于20世纪新刊出的本子。它的出版激发了国内外对《天工开物》的注意及研究，弥补了中国版本上的不足。陶本问世多年不曾再版，直到1983年台北广文书局影印《喜咏轩丛书》时，才将陶本《天工开物》列入其中第一册，文字及插图都没有变动，只是将插图施以朱色，看起来效果不是很好，反而不如原来黑白分明。

五、通本

这是20世纪以来中国出版的菅本影印本，是继陶本之后中国境内出版的第二个本子，从整个《天工开物》版本史上属第五版。因为是由上海华通书局于1930年出版的，所以称为"华通书局本"，或简称为"通本"。

该本以日本明和八年（1771）菅本照原样制成胶版影印，分九册线装，书中删去供日本人阅读时使用的训读假名，保持原有汉字，再删去菅本扉页、都贺庭钟序和书尾的版权页。通本是单纯影印本，没做文字校勘及任何解说，故在版本学上不及他本重要。但因陶本插图大换班，人们在未得涂本及杨本前，不知原插图是何面目。今有通本，可提供这个机会。

六、商本

这是《天工开物》第一个现代铅字竖排本，在版本史上是第六版。因由上海商务印书馆出版，故称为"商务本"，或简称"商本"。20世纪20年代时，丁文江从罗振玉那里看到菅本后，曾请上海商务印书馆照像复制，谋求铅印出版。但因陶本已于1927年提前问世，于是这个铅印本迟至1933年才出版。商本以菅本为底本，文字校勘参考陶本。文字基本上是涂本系统，增加句点，但插图则涂本及陶本兼而用之，成为混合系统，显得体例不一。

但因是铅印本，故阅读起来颇觉方便。此本有两种形式：其一作36开本，分三册装订，列入《万有文库》第719 种，"商万本"；其二作一册装32开本，收入《国学基本丛书简编》中，称"商国本"。二者版型、文字、插图全同，只是装订册数及开本不同。商国本使用起来方便，1954年曾重印一次，是较通行的本子。此本发行量较大，使《天工开物》更为普及。

七、局本

此本也是铅印竖排本，但文字经特别校勘、断句，在版本史上是第七版。1936年由上海的世界书局出版，称为"局本"。董文先生在书首《弁言》中说："这书的文字极为简奥，而且中多术语，我们现在特加句读，以便读者。菅生堂本讹字很多，陶本间亦有误，现在把两本互勘一过，遇有异文，注明'某本作某'或'某本误某'；如两本均误，则注明'菅本、陶本并误某'。这本图画今即依陶本摄影制版。"这是一个正规的校勘本，可惜当时没能掌握涂本、杨本这类善本，书中插图也没有采用较为可靠的菅本，而用了标新立异的陶本。局本用大四号仿宋铅字，作一册精装，书末附《陶订图目》、丁文江撰《奉新宋长庚先生传》及陶本丁《跋》。在1965 及1971年台北世界书局再予重印，名为《校正天工开物》，列入杨家骆主编的《中国学术名著丛书》第五辑《科学名著》第二集第一册。文字及插图全然未变，是20世纪30年代局本的单纯重印本。

八、枝本

这是三枝博音博士提供的版本，称"三枝本"，或简称"枝本"。它是20世纪以来在中国以外出版的第一个《天工开物》版本，在版本史上是第八版。该版于1943年由东京的十一组出版部出版，共发行3000册，在当时，这个印数并不算少。此书为大32开本全一册，分为两部分：第一部分是菅本《天工开物》影印；第二部分是三枝氏的《天工开物之研究》，用铅字竖排。全书的名字仍叫《天工开物》，但扉页印有"宋应星原著、三枝博音解说"字样。本书第二部分是三枝氏为解说《天工开物》而写的七篇有价值的学术论文：（1）《天工开物》在中国技术史中的地位；（2）《天工开物》的技术史意义；（3）《天工开物》对日本技术诸部门的影响；（4）《天工开物》诸版本的研究；（5）《天工开物》中技术诸名词的注释；（6）各版本（指菅本、涂本、杨本及局本）校勘表。这七篇精彩论文开创了本世纪研究《天工开物》的新局面。三枝博士肯于如此勤奋而认真地全面钻研《天工开物》的精神令人敬佩。他为后人研究《天工开物》打下了坚固基

础，提供了莫大便利。尽管因条件关系，他的个别结论难免失周，但从总的方面来看，他的研究至今仍具有其学术价值和历史意义。

九、薮本

这是20世纪50年代日本著名科学史家薮内教授主持的本子，称"薮内本"。它是战后日本出版的第一个全新的版本，也是《天工开物》第一个外文全译文和注释本。1952年由东京的恒星社以《天工开物研究》为名用铅字排印发表（竖排），作大32开本全一册精装。此本以东京的静嘉堂文库所藏涂本为底本，以菅本、陶本、局本为校勘参考，插图取自涂本，纠正了陶本在插图上的缺点。全书分为三部分：第一部分是《天工开物》的日文译文及注释；第二部分是《天工开物》的汉文原文，附断句及文字校勘；第三部分是11篇专题研究论文，书末附索引。薮本集《天工开物》原著校勘断句、日文译注及专题研究于一体，在体例上是最为完善的本子。

20世纪50年代时，薮内博士主持京都大学人文科学研究所内的科学史研究班。当时以《天工开物》为课题，在每周至少开两次讨论会，由薮内主持，参加的有吉田光邦、大岛利一、天野元之助、篠田统、太田英藏、木材康一等专家，大家做集体研究，由薮内氏总其成。在取得文部省资助后，这项专题很快便以胜利告终。薮本的出版给现代不能直接读《天工开物》原著的日本广大读者和通晓日本语的外国读者提供了很大方便，也进一步推动了中国国内对这项工作的开展。薮本第三部分已于1959年由吴杰译成汉文、由章熊作补注，以《天工开物研究论文集》为名由北京商务印书馆出版，1961年又重印一次。这一部分还由苏乡雨译成汉文，1956年以《天工开物之研究》为名在台北出版。

十、华本

20世纪50年代以前，中国出版的各种版本因缺乏善本为底本，故在文字及插图上都有不尽满意之处。1952年，国立北京图书馆入藏明刊涂本后，大家都盼望一睹为快。因属珍贵版本，故能见到的读者毕竟有限。为此，1959年中华书局上海编辑所将涂本照原样影印，实为功德无量的事。此本分三册线装，印以竹纸，见此本如见涂本。从此，国内外研究《天工开物》的学者有了最可靠的善本。该本有编辑所写的《天工开物后记》。华本对原著未加任何变动，是单纯影印本。它不但为中、日两国，还为欧美国家出现《天工开物》新版提供了底本，由此可见，不能低估它的历史功绩。

十一、任本

这是20世纪以来第一个英文全译本，在版本史上是第十一版。虽然早在19世纪30年代以来，巴黎的法兰西学院汉语教授儒莲（1799—1873）已将《天工开物》一些章译成法文，再由法文转译成英、德、俄、意文，而且1869年他还将有关工业各章合起来出法文单行本。但这还不是全译本，只能说是摘译本。真正的西文全译本，是1966年美国匹茨堡城宾夕法尼亚州州立大学历史系的任以都博士及其丈夫孙守全（1982年卒）合译的英文本，称"任本"。任以都是中国老一代化学家任鸿隽（1888—1961）教授的女儿，但她的领域是中国史。她所取用的底本是上海1959年中华书局的影印涂本，参考其他已出的版本，插图取用涂本。作一册16开精装，除译文外，还包括注释。

任本的全名是《宋应星著〈天工开物〉——17世纪的中国技术》。此本的出版使《天工开物》在欧美各国获得了更多读者，也为各国研究中国古代科学文明提供了原始文献。这是首先需要肯定的。该本书首有译者前言，书末有中西度量衡及时历换算等附录及索引。就英文行文本身来说，这个版本是无可挑剔的。但由于《天工开物》内容广泛，加上技术术语很多，中西文字又有差异，因此在一些技术术语及字句的翻译上诚有商榷余地。

十二、薮平本

这是20世纪以来日本出版的第三个《天工开物》版本，是薮内博士提供的第二个日文译注本，在整个版本史上属于第十二版。自从1952年薮本发表以来，各国学者们发表了书评，提出一些对译文的意见，而1959年中国又出版了影印的涂本，1966年，任以都的英文本也问世，而原本研究篇又有了汉本译本，1952年，薮本早已售光。薮内氏考虑到所有这些因素，决定再出一个新版本，以简明精干为特色，主要面向青年读者。

此本以薮本第一部分译注篇为基础，加以补充修改，删去其中汉文原文及研究论文，只取《天工开物》日文译文及注释。它作为《东洋文库》丛书第130种，由东京的平凡社于1969年出版，称"薮平本"。此本作一册布面精装36开本，铅字竖排，字体较小。但书是很便于携带的，所占体积甚小。此本前有译者前言，接下是译文正文及译注，最后有译者写的解说，附有索引，插图当然取自涂本。对照此本与1952年薮本，译文上有很多改进，解说篇也增添新资料。它在体例、开本及文字上不同于薮本，列为另一新版是有理由的。此本特别受到读者欢迎。

十三、钟本

这是20世纪70年代在中国出版的译注本，在整个版本史上是第十三版。此本由广东人民出版社于1976年出版，由广州中山大学同各省市25个有关专业单位协作集体完成，书的注释者署名为"钟广言"，并无其人，是集体写作班子的署名，称"钟本"。该本与中国先前出版的各本相比，采用了全新的体例。其特点是：（1）全书一律用横排汉字简体铅字印刷，附以新式标点符号；（2）正文原文经过文字校勘，错字较别本少，另又译成现代汉语；（3）正文后有注释，正文用四号铅字，注用五号字，易于区别。此本作一册大32开平装，以涂本为底本，插图也取自涂本，一改陶本以来插图安排之失当。书首有前言、目录，接下来是正文，但插图比例似乎缩得过小，书后无索引。但各章前都有一段按语，似无必要，因为在1975年至1976年的历史条件下，写出的按语连同正文中某些注文难于摆脱当时流行的某些错误观点。阅读此书时宜注意这些地方，大体来说，其余部分还是好的。这个版本的出版使《天工开物》更易于普及。

十四、李本

这是20世纪以来《天工开物》的第二个英文全译本，是中国境内出版的第一个外文译本，在版本史是第十四版。此本于1980年收入《中国文化丛书》，而由台北的中国文化学院出版部出版。译者在译者前言中指出，早在1950年，台北的李熙谋博士便发起翻译《天工开物》，并成立了工作小组。1956年完成初译稿，但是由于某种原因而没有及时出版。1975年李熙谋逝世后，译稿遗失。后来研究中国化学史的专家李乔苹（1895—1981）博士找到失稿后再次主持英译工作，参加这项工作的有李乔苹、沈宜甲等十五位先生，终于，其在1980年问世。次年（1981），李乔苹先生也逝世。由于海峡两岸信息不通，因此李本仍以过时的陶本为底本，插图亦取自陶本，这就显得不足。他们自己也说："我们很难找到一个供翻译的明代版本。"不过要是这些科学家与当地史学界通个气，他们就会知道明刻清修本早已藏于台北的历史语言研究所，而且他们完全可以参考数本，便不致走弯路了。

十五、赣科本

这是20世纪80年代出版的版本，在版本史上是第十五版，书名为《天工开物新注研究》，作一册大32开本，1987年由江西科学技术出版社出版，称"赣科本"。将此本与

1976年钟广言本对比，则可看出它在正文体例安排及文字内容上与钟本基本相同。但钟本作者署名"钟广言"，这本来是当时集体写作组的共同笔名，而此次赣科本则署名"杨维增编著"，则确有其人。料想当年他参加过"钟广言"写作组，现在在1976年原有集体劳动成果的基础上对钟本加以改编，删去钟本对各章写的按语，重写前言，加入七篇他写的研究文章，排除了钟本一些错误观点及错字、错注，比钟本有所改进。比如钟本将"磨不"误为"磨木"，"黄罐釉"误为"黄罐油"等，这次都做了改正，相信此本会受到读者欢迎的。但该本仍有改进余地，比如钟本（涂本亦如此）将"腾筐"误为"誊筐"，将"松江"误为"淞江"等，此次一仍其旧。还有《舟车》章中"平江伯陈某"，钟本释为"苏州府布政使陈某"，而此次亦一仍其旧（P198），这就错了。查布政使亦称方伯，为省一级行政长官（从二品），苏州虽古称平江，但府一级最高官吏是知府（正四品），苏州府怎么会有布政使？实际上，《舟车》章讲的是陈瑄（1365—1433），当明成祖遣"靖难"燕军南下渡江时，陈瑄迎降，遂封其为"平江伯"，"伯"是伯爵的伯。永乐元年（1403），陈瑄任总兵官兼总督海运，他并未任过布政使。诸如此类，不再列举。今后如能有机会再版，希望改进。

悦享摘抄

悦享摘抄

悦享摘抄